DIE UHR

GESCHICHTE · TECHNIK · DESIGN

AUDEMARS, PIGUET
GENÈVE

DIE UHR

GESCHICHTE · TECHNIK · DESIGN
EINE CHRONOLOGIE DES 20. JAHRHUNDERTS

ALEXANDER BARTER

PRESTEL
MÜNCHEN · LONDON · NEW YORK

VORHERIGE SEITE Patek Philippe Ref. 5516, hergestellt 1955.
Armbanduhr aus 18 Kt Gelbgold mit Ewigem Kalender, Schaltjahres- und Mondphasenanzeige (Kal. 13VZSSQP) Durchmesser 36 mm

OBEN Vacheron Constantin Ref. 3372, hergestellt 1933.
Lépine-Uhr aus 18 Kt Roségold mit Weltzeitanzeige auf dreifach farblich abgestuftem Zifferblatt, Weltzeitmechanismus von Louis Cottier (Kal. RA 17‴ 15/12) Durchmesser 45 mm

INHALT

VORWORT 6

1900–1909 8
Die 1900er-Jahre 10
Dekorative Emaillierungen 18
Komplikationsuhren 22
Zeitzonen 26

1910–1919 28
Die 1910er-Jahre 30
Anhängeuhren 36
Komplikationsuhren 42
Frühe Armbandchronographen 46
Uhren des Ersten Weltkriegs 48

1920–1929 52
Die 1920er-Jahre 54
Schmuckuhren 60
Uhren mit wandernder und springender Stunde 64
Kalender- und Chronographenfunktionen 66
Schutz des Gehäuses 70
Die Rolex Oyster 74
Die Movado Ermeto 76
Die ersten Automatikarmbanduhren 78

1930–1939 80
Die 1930er-Jahre 82
Schließ- und Schiebemechanismen 88
Automatikuhren und die Rolex Perpetual 92
Armbanduhren mit acht Tagen Gangreserve 94
Lindbergh und Weems 96
Chronographen 98
Ewige Kalender 102
Weltzeituhren 104
Die Henry Graves Supercomplication 106
Rechteckuhren 110
Wasserdichte Uhren mit Formgehäuse 114
Van Cleefs Cadenas und eine Ringuhr von Cartier 116

1940–1949 118
Die 1940er-Jahre 120
Formgehäuseuhren 126
Damenuhren 130
Militäruhren 134
Chronographen 138
Kalenderuhren 142
Automatikarmbanduhren 146
Uhren in Münz- und Briefform 148

1950–1959 150
Die 1950er-Jahre 152
Taucheruhren 164
Uhren mit Zeitzonenanzeige 166
Chronographen 168
Kalenderuhren 172
Weckeruhren 180
Antimagnetische Uhren 182
Automatikuhren 186
Dekorative Emaille-Zifferblätter 188

1960–1969 192
Die 1960er-Jahre 194
Asymmetrische Formen 200
Damenuhren 204
Chronographen 208
Kalenderuhren 214
Taucheruhren 218
Elektronische Uhren und schnell schwingende mechanische Uhren 222

1970–1979 224
Die 1970er-Jahre 226
Das Beta 21 232
Elegant-sportliche Hybriduhren 234
Chronographen 236
Audemars Piguet Perpetual Calendar 240
Farbige Zifferblätter 242
Kompositmaterialien 246
George Daniels 248

1980–1989 250
Die 1980er-Jahre 252
Swatch 262
Kunstuhren 264
Uhren mit reichem Edelsteinbesatz 268
Chronographen 270
Kalenderuhren 274
Innovative Komplikationen 280
Patek Philippes Jubiläum 1989 284

1990–1999 290
Die 1990er-Jahre 292
Uhren mit springender und wandernder Stunde 300
Tourbillons 302
Chronographen 306
Kalenderuhren 310
Weltzeituhren 316
Grande und petite Sonnerie 318
Panerai und Offshore 320

GLOSSAR 324
ANMERKUNGEN 328
BIBLIOGRAPHIE 330
DANKSAGUNG 332
BILDNACHWEIS 333
REGISTER 334

VORWORT

Die Entwicklung der Uhr im 20. Jahrhundert sagt ebenso viel über das kollektive Bedürfnis nach der Uhrzeit wie über Persönlichkeiten und sozialen Status aus. Seit den Anfängen der Kleinuhren vor über 500 Jahren war ihre Form und Ästhetik von beinahe ebenso großer Wichtigkeit wie ihre mechanische Funktion. Die Zeit und unser Bedürfnis, sie zu kennen, zu besitzen, festzuhalten – und, wenn möglich, gar anzuhalten –, altert niemals.

Vor 200 Jahren war der Besitz einer Uhr meist nur wohlhabenden Menschen möglich. Neue Techniken der Massenfertigung, die in der zweiten Hälfte des 19. Jahrhunderts entwickelt wurden, führten jedoch zu einer Demokratisierung der Uhr und machten sie für einen weiteren Bevölkerungskreis erschwinglich. Diese Entwicklung ging mit der Ausbreitung der Eisenbahnnetze und sozioökonomischen Veränderungen einher, die genaue Zeitanzeigen für die allgemeine Öffentlichkeit unentbehrlich machten. Zu Beginn des 20. Jahrhunderts war die Taschenuhr die einzige verbreitete Form einer tragbaren Zeitanzeige, die Realitäten der modernen Kriegsführung sorgten jedoch bald dafür, dass die Taschenuhr fast bedeutungslos und durch eine praktischere Form verdrängt wurde: die Armbanduhr.

Armbanduhren sind sehr persönliche Objekte; sie werden direkt am Körper getragen, statt in einer Tasche zu verschwinden, sie gehen eine Verbindung mit ihrem Träger ein und sind zugleich für jedermann sichtbar. Nachdem sie sich in den Schützengräben des Ersten Weltkriegs als praktisch erwiesen hatte, erkannten die Uhrenhersteller in den folgenden Jahren schnell das Marketingpotenzial, das diese neue Art einer massengefertigten Zeitanzeige bot. Die 1920er- und 1930er-Jahre erwiesen sich als ausgesprochen experimentier- und entwicklungsfreudige Periode, die eine Fülle neuer Stile und Formen hervorbrachte. Unternehmergeist, verbunden mit einer hoch entwickelten und gut organisierten Industrie, sorgte dafür, dass sich die Schweiz schnell eine dominierende Stellung bei der Fertigung hochwertiger Armbanduhren eroberte und Großbritannien und Amerika hier das Nachsehen hatten. Entwicklungen wurden nicht nur durch Modetrends veranlasst, vielmehr wirkten sich auch die beiden Weltkriege erheblich auf das Uhrendesign aus und beeinflussten zivile Uhrenmodelle der folgenden Jahre. Auf ähnliche Weise flossen technische und stilistische Elemente, die für bestimmte Anwenderkreise wie Flieger, Astronauten, Bergsteiger oder Taucher entwickelt worden waren, in das Design und die Produktion von Alltagsuhren ein.

In den 50 Jahren nach dem Ende des Ersten Weltkriegs genossen die Schweizer Uhrenhersteller eine fast ungebrochene und beispiellose Periode des Wachstums und Wohlstands. Diese endete jedoch in den 1970er-Jahren, als riesige Stückzahlen preisgünstiger und höchst genau gehender Quarzuhren aus Japan und den USA den internationalen Markt überschwemmten und das Ende der mechanischen Uhr einzuläuten schienen. In den frühen 1980er-Jahren grassierten in der Schweiz Spekulationen über den Untergang der Schweizer mechanischen Uhr. Am ernüchterndsten war das Gerücht, dass die Schweizer beabsichtigten, die Produktionsmaschinen für mechanische Werke zu zerstören und stattdessen Technik für die Fertigung von Quarzwerken zu installieren.

Tatsächlich verschwanden in der Folge der so genannten Quarzkrise viele Schweizer Uhrenhersteller und Tausende von Arbeitsplätzen. Es war jedoch nicht alles verloren, denn dank der Entschlossenheit einiger Akteure wurden neue Hersteller aus der Taufe gehoben und alte wiederbelebt oder erfolgreich verschmolzen, um sie zukunftsfähig zu machen. Einige der berühmtesten und traditionsreichsten Uhrenhäuser gingen aus der Krise zwar mit Blessuren, letztlich aber gestärkt hervor – nach einer Zeit der Neubesinnung und Neuausrichtung wurde klar, dass die Nachfrage nach und das Marketing für feine Uhren von der weiteren Verwendung von mechanischen Werken statt Quarzwerken abhängig war.

In der Zeit unmittelbar nach der Quarzkrise begann die Wertschätzung für antike Uhren unerwartet stark zuzunehmen. Sammler von Taschenuhren, die Armbanduhren bisher belächelt hatten, übertrugen plötzlich ihr Wissen auf eine ganz neue und einzigartige Sammelkategorie. Die neue Leidenschaft für Vintage-Armbanduhren war zum Teil von Nostalgie, zum Teil vom scheinbaren Ende einer horologischen Epoche befeuert, sorgte für ein sprunghaft ansteigendes Interesse bei einer weiteren Öffentlichkeit und heizte so den Sammlermarkt weiter an. In den frühen 1980er-Jahren begannen Auktionshäuser wie Sotheby's, ganze Sektionen ihrer Uhrenauktionen nur für Armbanduhren zu reservieren, und innerhalb weniger Jahre war der Markt gereift. Der Erfolg des Vintage-Marktes blieb den zeitgenössischen Herstellern nicht verborgen und inspirierte sie zu neuen Höhepunkten in Design und Qualität, die zu einer Neubelebung des Marktes in den letzten beiden Jahrzehnten des 20. Jahrhunderts führte.

Von der Renaissance der mechanischen Uhr profitierten nicht nur existierende Unternehmen, sie führte auch dazu, dass sich im Zuge der steigenden Nachfrage nach feinen und innovativen mechanischen Uhren zahlreiche neue unabhängige Uhrmacher etablieren konnten. Der erste und bedeutendste dieser Unabhängigen war der englische Uhrmacher George Daniels. Daniels war davon überzeugt, dass er eine neue, dem Quarzwerk ebenbürtige Art von mechanischem Werk konstruieren konnte. Das Ergebnis seiner Bemühungen war die Co-Axial-Hemmung. Mehr als 20 Jahre lang bemühte sich Daniels um Akzeptanz für seine Erfindung und erreichte schließlich die erste erfolgreiche kommerzielle Nutzung einer neuen Hemmung seit über 200 Jahren. Daniels verkaufte seine patentierte Konstruktion an den Hersteller Omega, der 1999 seine erste Uhrenlinie mit Co-Axial-Hemmung vorstellte. Mit seiner Genialität und Beharrlichkeit inspirierte Daniel eine neue Generation talentierter Uhrmacher.

Das 20. Jahrhundert war in vielen Bereichen eine Periode voller dramatischer und rapider Veränderungen, in der auch die Uhr sich in nahezu jede erdenkliche Form wandelte. Jahrzehnt für Jahrzehnt erzählt dieses Buch die faszinierende Geschichte der stilistischen Entwicklung des persönlichsten aller Zeitmesser, der Armbanduhr.

DARYN SCHNIPPER
LEITERIN DER INTERNATIONALEN UHRENABTEILUNG VON SOTHEBY'S

LINKS George Daniels, hergestellt 1970.
Taschenuhr aus 18 Kt Gelbgold mit zwei Federhäusern, Ein-Minuten-Tourbillon, Chronometerhemmung mit Feder und retrogradem Stundenzeiger
Durchmesser 62 mm

AUX Fabriques DE Genève
HORLOGERIE
BIJOUTERIE
JOAILLERIE
ORFÈVRERIE
SPÉCIALITÉ POUR MARIAGES
ENVOI FRANCO du Catalogue sur demande
R. Hem.
E. BILLARD
8 Rue Grosse Horloge
LA ROCHELLE
AFFICHES KOSSUTH PARIS

1900–1909

DIE 1900er-JAHRE

Die weite Verbreitung der klassisch gestalteten Taschenuhr der frühen 1900er-Jahre hat dazu geführt, dass diese Epoche oft zu Unrecht als eine von nüchternem und zuweilen sprödem Design geprägte Zeit wahrgenommen wird. Im letzten Viertel des 19. Jahrhunderts hatte die Massenproduktion billiger und zugleich zuverlässiger Uhren durch Firmen wie Roskopf in der Schweiz dafür gesorgt, dass tragbare Uhren erstmals für breite Bevölkerungsschichten erschwinglich wurden.[1] Für die echte Transformation des Marktes hin zu günstigen und zuverlässigen Uhren waren jedoch Techniken verantwortlich, die in der zweiten Hälfte des 19. Jahrhunderts in den USA entwickelt wurden; so konnte die Firma Elgin in Illinois um 1886 eintausend Uhrwerke pro Tag fertigen.[2] Auch der US-Uhrengigant Waltham hatte zu dieser Zeit Techniken für die Massenfertigung von Präzisionsuhren entwickelt, die von Herstellern in der Schweiz, Japan und England aufgenommen wurden.[3] Ab den späten 1870er-Jahren fertigten einige US-Hersteller neben hochwertigeren Modellen auch so genannte »Dollaruhren«[4] mit aus Blech gestanzten Werkplatinen und Zifferblättern meist aus Papier. Bedingt durch das hohe Produktionsvolumen im ausgehenden 19. Jahrhundert ist die Überlebensrate der Standard-Taschenuhren aus dieser Zeit deutlich höher als bei allen früheren Epochen. Die Tatsache, dass viele dieser Uhren ähnliche Formen und Stilelemente aufweisen, hat unser Bild von der Uhr des frühen 20. Jahrhunderts maßgeblich beeinflusst.

Dennoch war die Uhr seit jeher von Vielfalt geprägt und wechselnden Moden unterworfen. Im Luxussegment des Marktes schufen Uhrmacher schon seit Jahrhunderten gemeinsam mit Emaillierern und Juwelieren Zeitmesser von außergewöhnlicher Schönheit. Die dekorativen Künste übten von Anfang an starken Einfluss auf die Uhrmacherei aus, weswegen es nicht verwunderlich ist, dass die Uhrendesigns der früher 1900er-Jahre Einflüsse von Belle Époque und Art nouveau aufgriffen.

Niellierungen, Ziselierungen und Gravuren sowie vielfältige dekorative Emailletechniken herrschen in dieser Periode vor. Besonders beliebt war die Verwendung

UNTEN LINKS Waltham, um 1908.
Lépine-Uhr aus Walzgold
(Kal. 19¼‴ Größe 16)
Durchmesser 51 mm

UNTEN RECHTS Breguet, um 1900.
Halbsavonnette aus Silber mit Niello
Durchmesser 51 mm

GEGENÜBER Patek Philippe, verkauft 1902.
Lépine-Uhr aus Silber, Gehäuseboden ziseliert und graviert mit Schwertlilien, Narzissen und Libelle (Kal. 19‴)
Durchmesser 51 mm

PATEK, PHILIPPE & Cie
GENEVE

transluzenter Emaille, die oft auf guillochierte goldene Gehäuseböden aufgebracht wurde und dort eindrucksvolle wellenförmige Muster erzeugte, die der Uhr Tiefe und Raffinement verliehen. Das Bild unten zeigt eine Uhr von Omega aus dem Jahr 1905 mit einem Gehäuseboden, der zwei konzentrische Einfassungen aus ziselierten und gravierten Lorbeerzweigen aufweist, die den Zwischenring aus opak grüner Emaille in naturalistischer Manier durchbrechen. Das zentrale Medaillon wird von einem Ring aus türkisfarbener Emaille auf guillochiertem Untergrund umrundet, der von zwei Ringen aus opak weißer Emaille eingefasst ist. Die Uhr weist klassische Elemente auf und ist deutlich vom Stil der Belle Époque beeinflusst. Das Zifferblatt ist traditionell gestaltet und mit einer dekorativen Guillochierung im Zentrum, einem satinierten Ziffernring und arabischen Ziffern versehen. Auch erhabene, durchbrochene Ziselierungen harmonierten gut mit der Ästhetik der Art-nouveau-Bewegung. Die gegenüber abgebildete Taschenuhr von Patek Philippe ist mit naturalistisch gestalteten plastischen Mistelblättern und -zweigen über einer blau, grün und gelb emaillierten Gehäuserückseite dekoriert. Die Mistelbeeren werden durch Perlen dargestellt, die Dekorationen setzen sich in der an der Uhr befestigten passenden Brosche fort.

In der Ornamentik wurde weiterhin auf traditionelle, seit Jahrzehnten bewährte dekorative Techniken zurückgegriffen. So schuf die Londoner Uhrmacherwerkstatt Jump & Sons im ersten Jahrzehnt des 20. Jahrhunderts einige besonders schöne Taschenuhren, die dem von Abraham-Louis Breguet im ausgehenden 18. und frühen 19. Jahrhundert in Paris begründeten Stil huldigten und reich finissierte Zifferblätter mit mehreren unterschiedlichen Guillochierungen aufwiesen. Auf Seite 14 ist ein Beispiel für Jumps Arbeit aus dem Jahr 1904 abgebildet. Die Uhr mit Silberzifferblatt ist mit unterschiedlichen Guillochierungen dekoriert, die Tiefe und Kontrast verleihen. Der glänzend satinierte Ziffernring beherbergt gravierte und gefüllte römische Ziffern. Oberhalb der 12-Uhr-Position befindet sich ein Fenster für die Mond-

UNTEN Omega, hergestellt 1905.
Lépine-Uhr aus Gelbgold, opaker Emaille und transluzenter Guilloche-Emaille
Durchmesser 51 mm

GEGENÜBER Patek Philippe, hergestellt 1900 und verkauft durch Critzer Bros., San Antonio, Texas.
Anhängeuhr aus 18 Kt Gelbgold, Emaille und Perlen mit Mistelzweigmotiv und passender Brosche (Kal. 10‴)
Durchmesser 27 mm

PATEK. PHILIPPE.
& Cº
GENÈVE

phasenanzeige und ein kleineres Fenster bei 6 Uhr für das Datum.

Taschen- und Anhängeuhren waren die dominierenden Kleinuhrenformen im ersten Jahrzehnt des 20. Jahrhunderts, jedoch gab es auch weitere Ausgestaltungen. Reversuhren etwa, die so am Jackett getragen wurden, dass das Zifferblatt aus dem Knopfloch hervorschaute und der übrige Teil der Uhr verborgen blieb. Reversuhren blieben einige Jahre populär und wurden meist mit eher einfachen Gehäusen aus Rotguss gefertigt. In dieser Zeit begann sich auch die Armbanduhr als eigene Form der Kleinuhr zu etablieren.

Zu Beginn des 20. Jahrhunderts war die Armbanduhr noch keine klar definierte Kategorie. Die Uhr mit einem Glieder- oder Spangenarmband auszustatten, wurde als dekoratives Element angesehen, folglich wurden Armbänder oft emailliert, mit Edelsteinen und Perlen besetzt oder mit ziselierten und gravierten Einsätzen aus Gold versehen. Armbanduhren tauchten vereinzelt bereits im Verlauf des 19. Jahrhunderts auf, waren zu dieser Zeit aber fast ausschließlich wohlhabenden Frauen vorbehalten und blieben von der breiten Öffentlichkeit unbemerkt. Patek Philippe etwa produzierte 1868 eine Spangenarmbanduhr, die Archive von Patek Philippe weisen jedoch bis zur Jahrhundertwende auf keine weiteren Spangen- oder Gliederarmbanduhren hin.[5]

Die Abbildung rechts gegenüber zeigt eine um 1900 entstandene Armbanduhr aus Gelbgold und Platin mit Diamantbesatz. Die prächtige und reich verzierte Uhr entspricht der für das 19. Jahrhundert typischen Interpretation der Armbanduhr als Schmuckobjekt, bei dem die Uhr selbst fast nebensächlich ist. Der Uhrenkopf ähnelt stilistisch den dekorativen Anhängeuhren dieser Zeit und weist klar darauf hin, dass die Uhr nicht für den Alltagsgebrauch bestimmt war. Die Lünette ist mit umlaufenden floralen Festonen aus graviertem Gelbgold dekoriert, die von schwarzer, mit weißen Blüten bemalter Emaille eingefasst sind. Das goldene Armband ist in Form von Lorbeerkränzen gestaltet, die von diamantbesetzten Schleifen durchflochten und mit Platten aus schwarzer,

UNTEN LINKS Jump, London, gepunzt 1904.
Lépine-Uhr aus Platin und Gelbgold mit Mondphase und Datum
Durchmesser 50 mm

UNTEN RECHTS Golay Fils & Stahl, um 1900.
Reversuhr aus Roségold mit Diamantbesatz
Durchmesser Zifferblatt 13 mm, Gehäuse 24 mm

UNTEN LINKS Unsigniert, um 1905.
Damenarmbanduhr aus Platin und Gold mit Smaragden, Saatperlen und Diamanten
Gesamtlänge 140 mm

UNTEN RECHTS Henri Husson und Henri Sandoz & Fils, um 1900.
Damenarmbanduhr aus Gelbgold, Platin und Emaille mit Diamantbesatz;
Armband mit Grisaille-bemalten Platten
Durchmesser 26 mm, Gesamtlänge 185 mm

in Grisaille-Technik mit Theaterszenen bemalter Emaille verbunden sind. Das Werk stammt vom Schweizer Uhrmacherunternehmen Henri Sandoz & Fils, das außergewöhnliche Armband samt Gehäuse wurde vom französischen Juwelier und Goldschmied Henri Husson gefertigt.

Mit dem zunehmenden Eintritt von Frauen in die Arbeitswelt wurde auch die Armbanduhr immer mehr zum nützlichen Zeitanzeiger. Solche für die Arbeitswelt gedachten Armbanduhren mussten als Gebrauchsgegenstände nicht besonders dekorativ sein und waren oft abgeänderte kleine Taschenuhren. Unten abgebildet ist eine Damenarmbanduhr aus Roségold. Die in der Schweiz gefertigte Uhr wurde nach Großbritannien exportiert und trägt eine englische Einfuhrpunze von 1909. Das Design ist von den im ausgehenden 19. und beginnenden 20. Jahrhundert beliebten kleinen Taschenuhren abgeleitet und hat die typische Halbsavonnetteform. Der Deckel ist in der Mitte verglast, das Fenster ist von einem guillochierten, rosafarben emaillierten Ziffernring mit römischen Ziffern aus blauer Emaille und einem inneren Minutenring umgeben. Da die Uhr nicht zum Anhängen an eine Brosche oder Kette ausgelegt ist, fehlt eine entsprechende Vorrichtung. Die Aufzugskrone ist relativ flach und für leichteres Aufziehen gerändelt. Durch Drücken der Krone in Richtung des Gehäuses wird der Öffnungsmechanismus des Sprungdeckels ausgelöst, sodass das weiße Zifferblatt mit schlanken schwarzen römischen Ziffern und roter 12-Uhr-Ziffer sichtbar wird. Am Zifferblattrand befindet sich ein schwarzer Minutenring. Die Zeiger sind aus gebläutem Stahl gefertigt, wobei der Stundenzeiger eine doppelte Birnenform aufweist. Die innere Birne weist bei geschlossenem Deckel auf die Stunden auf der blau gravierten Stundenskala, die Spitze der äußeren zeigt bei geöffnetem Deckel auf die schwarzen römischen Ziffern. Gestellt wird die Uhr nicht durch Herausziehen der Krone, sondern mithilfe eines kleinen, durch abgerundete Schultern geschützen Drückers an der Gehäuseflanke unterhalb der Krone, der mit dem Fingernagel gedrückt wird. Bei betätigtem Drücker können die Zeiger mit der Krone bewegt werden. Um ein Armband anbringen zu können, wurden Bandanstöße aus Golddraht angelötet.

UNTEN Schweiz, unsigniert, mit Londoner Einfuhrpunze aus 1909.
Damenarmbanduhr in Halbsavonnette-Gehäuse mit Zylinderwerk (Kal. 10,5‴)
Durchmesser 27,5 mm

UNTEN Schweiz, unsigniert, um 1900.
Zylinder-Damenuhr mit Halbsavonnette-Gehäuse aus 18 Kt Gelbgold
Durchmesser 32 mm

Wurde die Armbanduhr in den frühen 1900er-Jahren noch als reines Damenaccessoire angesehen, tauchten im weiteren Verlauf des Jahrzehnts sehr langsam und vereinzelt auch Herrenmodelle auf. Der Schweizer Hersteller Girard-Perregaux gehörte zu den ersten, die Armbanduhren in Serie fertigten. Im Jahr 1879 beauftragte Kaiser Wilhelm I. anlässlich einer Messe in Berlin die Firma Girard-Perregaux mit der Produktion einer Uhr, die mit einem Armband am Handgelenk getragen werden konnte. Diese Uhren waren für die Offiziere der kaiserlichen Kriegsmarine bestimmt und mit einem Gitter zum Schutz des Uhrenglases ausgestattet. Nach der Fertigung eines Prototyps im Jahr 1880 sollen 2000 Exemplare bestellt worden sein. Leider sind keine Exemplare dieser Uhr erhalten, ihre Beschreibung ähnelt aber Uhren, die von Soldaten im Ersten Weltkrieg getragen wurden.[6] 1904 erhielt Eterna ein Patent auf ein Armbanduhrengehäuse unter der Schweizer Patentnummer 29974.[7] Im selben Jahr fertigte Louis Cartier für den befreundeten Luftfahrtpionier Alberto Santos-Dumont eine Armbanduhr, die ein Ablesen der Zeit beim Steuern des Flugzeugs ermöglichte. Das Original dieser Uhr ist verschollen, sie dürfte jedoch Vorbild für die Santos II gewesen sein, die 1908 entwickelt und drei Jahre später als Modell Santos-Dumont vermarktet wurde (s. Abb. S. 34).[8] Die Bedeutung der Santos beruht darauf, dass sie mit ihren ins Gehäuse integrierten Bandanstößen zur Fixierung des Armbands von Grund auf als Armbanduhr konzipiert und kein abgeändertes Taschenuhrmodell war.

Mit Beginn der 1910er-Jahre war es dann die Armbanduhr, die als Vorreiter der Transformation wirkte. Der beginnende Erste Weltkrieg sollte sich als bedeutendster Treiber dieser Veränderung erweisen, weil er einer breiteren Öffentlichkeit die Praxistauglichkeit der Armbanduhr vor Augen führte. Experimente in Bezug auf Form und Gestalt der Armbanduhr führten zu dekorativeren und vielfältigeren Zifferblattdesigns. In der Schweiz hatte sich die Dominanz der Präzisionsuhrmacherei fest etabliert und den Alpenstaat als Produktionsstandort für Luxusuhren bekannt gemacht. Verbesserte Produktionstechniken ermöglichten höhere Stückzahlen bei Komplikationsuhren, sodass Chronographen, Repetitions- und Kalenderuhren für einen weiteren Käuferkreis erschwinglich wurden.

DEKORATIVE EMAILLIERUNGEN

Die Aufwertung von Uhrengehäusen und Zifferblättern durch dekorative Emaillierungen hat eine lange Tradition, in der Kunsthandwerkern aus der Schweiz und Frankreich eine dominierende Rolle zukommt. Im ersten Viertel des 19. Jahrhunderts machten in der Schweiz Emailleminiaturisten mit spektakulären Arbeiten Furore, in der zweiten Hälfte des Jahrhunderts gehörte der begnadete Emaille-Porträtmaler John Graff (1836–1903) zu den profiliertesten Künstlern dieses Genres. Graff wurde von bedeutenden Familien in ganz Europa und darüber hinaus beauftragt, zu seinen faszinierendsten Arbeiten zählen jedoch seine Porträts der Maharadschas von Indien. Diese naturalistisch gemalten Porträts sind oft mit Edelsteinen besetzt, die zuweilen in den von den Porträtierten getragenen Schmuck eingearbeitet sind.

Seit Beginn des 20. Jahrhunderts wurde eine breite Palette an dekorativen Emailletechniken zur Verfeinerung von Uhrengehäusen eingesetzt. Die Abbildung gegenüber zeigt eine Taschenuhr aus Gelbgold im Design des Art nouveau mit einem Zifferblatt aus Elfenbein und einem Gehäuseboden mit Elfenbeineinlage. Beide sind in gedämpften Emailletönen mit klassischen Figuren in einem eher freien, fast pompejisch anmutenden Stil bemalt. Die Einlagen werden dem französischen Miniaturisten Fernand Paillet (1850–1918) zugeschrieben. Paillet war ein Schüler von Albert-Ernest Carrier-Belleuse, der neben zahlreicher amerikanischer Prominenz auch die Schriftstellerin Edith Wharton porträtierte. Seinem wachsenden Renommee verdankte Paillet auch Aufträge des Pariser Juweliers Boucheron und des Hauses Tiffany, New York. Die Abbildung auf S. 20 unten zeigt eine von Verger Frères für Tiffany gefertigte Anhängeuhr mit von Paillet signierten Einlagen. Die oval geformte Uhr ist mit Perlen eingefasst und wie die oben erwähnte Taschenuhr mit Elfenbeineinlagen auf Vorder- und Rückseite versehen, die ebenfalls in gedämpften Farben mit neoklassischen Figuren und Putti bemalt sind.

Leuchtendere und kräftigere Emailledekorationen wurden mit der Cloisonné-Technik erzielt. Die Abbildung auf S. 20 oben zeigt ein mit mehrfarbiger

UNTEN Seeland, mit Emaille-Porträtminiatur von John Graff, um 1890.
Savonnette aus 18 Kt Gelbgold und Emaille, besetzt mit Rubinen und Diamanten, das Emaille-Porträt zeigt Maharadscha Pratap Singh von Orchha
Durchmesser 51 mm

GEGENÜBER Unsigniertes Schweizer Werk, um 1900.
Lépine-Uhr aus 18 Kt Gelbgold mit Elfenbeineinlagen mit Miniatur-Emaillemalerei, Fernand Paillet zugeschrieben
Durchmesser 46 mm

OBEN Longines, hergestellt 1903.
Lépine-Uhr aus 18 Kt Gold und Cloisonné-Emaille (Kal. 18.89)
Durchmesser 48 mm

RECHTS Verger Frères für Tiffany & Co., mit Elfenbeineinlagen signiert von Fernand Paillet, um 1905–1910.
Anhängeuhr aus 18 Kt Weißgold mit Diamant- und Perlenbesatz und Elfenbeineinlagen mit Miniatur-Emaillemalerei
Länge 37 mm

OBEN LINKS Unsigniert, um 1905.
Zylinderuhr in Käferform aus Gold mit Guilloché-Emaille, besetzt mit Diamanten und Rubinen, sowie dazu passende Kette
Länge 50 mm

OBEN, MITTE Paul Ditisheim, um 1905.
Zylinderuhr in Eiform aus 18 Kt Gold mit Guilloché-Emaille und Diamantbesatz, dekoriert mit mehrfarbigen Blumen in Emaille-Malerei
Länge 28 mm

OBEN RECHTS Unsigniert, um 1905.
Kugelförmige Uhr aus Gold und Emaille mit Perlenbesatz an passendem broschenförmigem Anhänger (später hinzugefügt)
Durchmesser 23 mm

Cloisonné-Emaille dekoriertes Uhrengehäuse, das der Schweizer Hersteller Longines 1903 an seine Vertretung in Berlin lieferte. Dieses Exemplar ist typisch für eine Art von Dekoration, die im überwiegenden Teil des vergangenen Jahrhunderts an unterschiedlichen Gehäuseformen angewendet wurde. Das goldfarbene Zifferblatt ist traditionell gestaltet und im Zentrum mit stilisierten Blumen graviert.

Anhänge- und Broschenuhren in Gestalt von Insekten – insbesondere Käfern – waren als originelle Uhrenformen beliebt. Diese Uhren waren mit beweglichen Flügeln ausgestattet, die mit einem am Rumpf oder Kopf des Käfers befindlichen Schnappverschluss entfaltet werden konnten. Die Flügel selbst waren für ein naturalistisches Erscheinungsbild stets mit transluzenten Emaillen auf ziseliertem und graviertem Grund dekoriert, und auch Rumpf und Beine waren meist realistisch ausgestaltet. Die dekorativen Elemente wurden oft durch Diamantbesatz und weitere Emaillierungen verfeinert und die Augen der Insekten durch Rubine oder andere Farbsteine dargestellt. Am Kopf des Insekts wurden Vorderbeine und Fühler zu einem Rahmen ausgeformt, an dem die Anhängekette befestigt werden konnte.

Uhren in Kugelform (oft als *boule de Genève* bezeichnet), Kürbis- oder Eiform waren im letzten Viertel des 19. und im frühen 20. Jahrhundert beliebt. Diese Uhren wurden an einer Halskette oder Brosche mit nach unten weisendem Zifferblatt als besonders dezente Zeitanzeiger getragen. Viele dieser Uhren waren mit einem Aufzugsmechanismus per Drehlünette ausgestattet, bei dem die Uhr durch Drehen der oberen Gehäusehälfte aufgezogen wurde; ein kleiner Drücker seitlich am Gehäuse erlaubte das Stellen der Zeiger. Diese Uhren waren mit Emaillen, Perlen, Diamanten und anderen Edelsteinen in unterschiedlichen Kombinationen dekoriert, meist mit passend gestalteter Kette oder Brosche.

KOMPLIKATIONSUHREN

Obwohl die Uhrmacherkunst Englands im unausweichlichen Niedergang begriffen schien, war sie zu Beginn des 20. Jahrhunderts noch ein wichtiger Akteur. Nach wie vor stellten Uhrmacher wie Charles Frodsham Uhren von herausragender Qualität her. Die unten abgebildete, von Frodsham 1902 gefertigte Uhr verfügt über ein hochfeines Werk mit Minuten-Tourbillon, Schleppzeigerchronograph und Minutenrepetition. Das altweiße Emaillezifferblatt zeichnet sich durch einen wundervollen Glanz aus, ist im typisch englischen Stil gehalten und stammt von T. J. Willis, einem der besten Zifferblattmacher. Bei der Herstellung wurde nicht an Gold gespart: Das 63 mm messende Gehäuse ist groß und schwer und liegt angenehm in der Hand, auch die Deckel sind massiv und tragen zum beträchtlichen Gewicht der Uhr bei. An der rechten Gehäuseflanke befindet sich ein Schieber, mit dem sich das Schlagwerk für Stunden, Viertelstunden und Minuten aktivieren lässt. Der Schieber ist zum Schutz teilweise versenkt in der Gehäuseflanke angebracht und lässt sich solide und genau betätigen. Auch der Zeigerstelldrücker ist durch Schultern geschützt und befindet sich rechts neben dem Ring bei 1 Uhr. Wird er mit dem Fingernagel eingedrückt, kann mit der anderen Hand die Krone zum Stellen der Zeiger bewegt werden. Durch Drücken der Krone bei 12 Uhr starten die beiden zentralen Chronographenzeiger. Wird der Drücker bei 11 Uhr betätigt, stoppt einer der beiden Zeiger, während der zweite weiterläuft – so lassen sich zwei Ereignisse mit gleicher Start- und unterschiedlicher Stoppzeit messen. Ein weiteres ausgeklügeltes Merkmal der Uhr ist der Bügel mit Diebstahlsicherung: Der Bügel, an dem die Kette befestigt wird, ist drehbar am Pendant angebracht, dies erschwert das Abdrehen der Uhr von der Kette, welches bei fest angebrachten Bügeln deutlich leichter möglich ist.

Einer der größten Förderer Frodhams war die US-Bankiersfamilie Morgan. 1854 wurde Junius Morgan Partner der englischen Niederlassung des Bankhauses George Peabody & Co. Während seiner Zeit in England begründete Junius die Tradition, Uhren von Frodsham für sich selbst und als Geschenke für seine Familie, Freunde

UNTEN Charles Frodsham, gepunzt 1902. Taschenuhr aus 18 Kt Gelbgold in Lépine-Gehäuse mit Minuten-Tourbillon, Schleppzeigerchronograph und 60-Minuten-Register
Durchmesser 63 mm

UNTEN Charles-Henri Meylan, um 1900. Taschenuhr aus 18 Kt Gelbgold in Lépine-Gehäuse mit Ewigem Kalender, Mondphase, Schleppzeigerchronograph und Minutenrepetition
Durchmesser 54 mm

und Mitarbeiter zu erwerben. Diese Tradition wurde durch Junius' Sohn John Pierpont Morgan (1837–1913) und dessen Sohn John Pierpont Morgan Jr. (1867–1943) fortgeführt. Die hier gezeigte Uhr ist Teil einer Gruppe von ca. 25 Exemplaren, die zwischen 1897 und 1931 im Auftrag der Pierpont Morgans von Frodsham angefertigt wurden und als Geschenke für Partner und Mitarbeiter der Firma Morgan gedacht waren. Alle diese als »Morgan-Kaliber« bekannten Uhren verfügten über die gleichen Funktionen wie die hier gezeigte. Die sehr kostspieligen Uhren wurden für Preise zwischen 200 und 300 £ verkauft und zählten damals zu den teuersten und komplexesten Uhren aus englischer Fertigung.[9] Der innere Staubdeckel (Cuvette) der Uhr ist graviert mit »W.G.H. from J.P.M.«, die Uhr wurde also von John Pierpont Morgan Sr. an den US-Bankier William Gould Harding überreicht.[10] Harding war später, 1916–1922, der zweite Präsident der US Federal Reserve.

Uhren mit Zusatzfunktionen wie Kalenderanzeige, Chronograph und Repetition wurden gegen Ende des 19. Jahrhunderts immer beliebter. Die Schweiz war auf diesem Gebiet bereits führend, und die Entwicklung innovativer Formen der Komplikationsuhr wurde in der ersten Hälfte des 20. Jahrhunderts zu einem Wachstumsmotor der Branche.

Diese Abbildung zeigt eine feine Taschenuhr von Charles-Henri Meylan aus Le Brassus in der Schweiz. Die um 1900 gefertigte Uhr ist mit einem Ewigen Kalender und zusätzlicher Mondphasenanzeige ausgestattet. Der Ewige Kalender berücksichtigt die unterschiedlich langen Monate und darüber hinaus den Extratag im Februar eines jeden Schaltjahrs. Die Uhr beherbergt außerdem einen Schleppzeigerchronographen und eine Minutenrepetition. Sie zählt sicherlich zu den komplexeren Uhren dieser Ära, ist aber hinsichtlich der Gestaltung von Zifferblatt und Gehäuse typisch für die Zeit, in der ähnliche Uhren, wenn auch in kleinen Stückzahlen, von den meisten größeren Uhrenhäusern gebaut wurden.

Obwohl eine überwiegende Zahl von Uhren mit kombinierter Datums-, Wochentags- und Monatsanzeige

wie etwa die eben erwähnte Meylan Hilfszifferblätter nutzte, gab es auch Modelle mit Fenstern für die Kalenderanzeige. Die unten abgebildete unsignierte Uhr stammt aus der Zeit um 1890–1900. Das Emaillezifferblatt ist mit einem länglichen Fenster zur Anzeige von Tag, Datum und Monat ausgestattet, die auf separaten, auf der oberen Platine montierten Scheiben graviert sind. Obwohl sich diese Form durch Klarheit und gute Ablesbarkeit auszeichnet, blieb das traditionelle Hilfszifferblatt bis zum Aufkommen der Armbanduhr mit Kalender vorherrschend. Angesichts der wachsenden Beliebtheit von Armbanduhren mit Kalender zur Mitte des 20. Jahrhunderts hin erwies sich die Fensteranzeige als willkommene Möglichkeit, Platz einzusparen und auf dem kleineren Armbanduhrenzifferblatt für Klarheit zu sorgen.

Uhrmacherische Innovationen von Firmen wie Le Phare aus der Schweiz sorgten dafür, dass Komplikationsuhren um 1910 nicht mehr ausschließlich der wohlhabenden Elite vorbehalten waren. Neue Maschinen, die Le Phare unter dem Markennamen Dixi entwickelte, ermöglichten die kostengünstigere Herstellung von Repetitionsuhren, Chronographen und Kalenderuhren, sodass die Firma gute Komplikationsuhren zu deutlich niedrigeren Preisen als die exklusive Konkurrenz anbieten konnte.[11]

RECHTS Anonym, um 1890–1900.
Lépine-Uhr aus 18 Kt Gold mit linearem Dreifachkalender und Mondphasenfenster
Durchmesser 50 mm

GEGENÜBER Le Phare, um 1905.
Savonnette aus 14 Kt Roségold mit Dreifachkalender, Viertelstundenrepetition, Chronograph und Mondphasenanzeige
Durchmesser 57,5 mm

VEN
OCT

ZEITZONEN

Zu Beginn des 20. Jahrhunderts gewann die Kenntnis, welche Zeit aktuell an unterschiedlichen Orten in der Welt herrschte, für Wirtschaft und Politik zunehmend an Bedeutung. Mit der wachsenden Ausbreitung des Eisenbahnnetzes in Nordamerika, Europa und Indien zur Mitte des 19. Jahrhunderts wurde die Festlegung einer Standardzeit immer wichtiger. In der Vergangenheit hatten Städte und Gemeinden ihre jeweils eigene Ortszeit, die auf der Sonnenzeit basierte, mit der Folge, dass es zu enormen Abweichungen bei der Uhrzeit selbst zwischen Orten ein und desselben Landes kommen konnte. Angesichts der durch immer mehr Orte führenden Bahnstrecken wuchs die Problematik der Abweichung der Eisenbahnzeit von der Ortszeit, da es durch Unklarheiten bei den Fahrplänen zu Unfällen kam. 1884 fand die Internationale Meridiankonferenz in Washington, D.C. statt, an der Vertreter von 26 Nationen teilnahmen. Hier sprach sich eine überwältigende Mehrheit für Greenwich in London als Nullmeridian aus. Die Festlegung des Nullmeridians führte direkt zur Aufstellung eines standardisierten Systems von 24 auf der ganzen Welt verwendeten Zeitzonen, bei dem jede Zeitzone 15 Längengrade umfasste und für eine Stunde stand. Gleichzeitig wurde der Bereich der Kommunikation revolutioniert: Ein quer durch den Atlantik verlegtes Unterwasserkabel ermöglichte bereits 1866 die Übermittlung von Zeitsignalen vom Königlichen Observatorium in Greenwich bis zur Harvard University in Cambridge, Massachusetts.

Schon bald nach der Meridiankonferenz von 1884 kamen Uhren mit Weltzeitanzeige auf. Die gegenüber abgebildete Schweizer Uhr lässt sich auf etwa 1900 datieren und ist ein zeittypisches Beispiel für eine Uhr mit zwei Zifferblättern, die unterschiedliche Zeitzonen anzeigen. Beide Zifferblätter sind weiß emailliert, das vordere ist mit »Greenwich Time« markiert und bietet zusätzlich einen vollen Kalender und eine Mondphasenanzeige. Das rückseitige Zifferblatt ist in sieben Hilfszifferblätter unterteilt, die die Ortszeiten von New York, St. Petersburg, Kalkutta, Melbourne, Wien, Berlin und Paris anzeigen. An den Gehäuseflanken der Uhr sind eine Reihe von Stelldrückern angeordnet, die im Zusammenspiel mit der Krone die Einstellung der einzelnen Zeiten ermöglichen. Dieses Exemplar war eindeutig auf den britischen Markt ausgerichtet, andere wurden mit abweichenden Städtenamen auf dem Hauptzifferblatt und der Zeitanzeige für London auf einem der Hilfszifferblätter angefertigt. Für den Erstbesitzer der Uhr muss es ein außergewöhnliches, den Blick auf die Welt veränderndes Erlebnis gewesen sein, die rund um den Globus herrschenden Zeiten simultan auf einer einzigen Uhr ablesen zu können.

GEGENÜBER Schweiz, um 1900.
Taschenuhr aus 18 Kt Gelbgold mit zwei Zifferblättern mit Mehrfach-Zeitzonenanzeige, Dreifachkalender und Mondphase
Durchmesser 54 mm

GREENWICH TIME
SWISS MADE
NEW-YORK
PARIS

NEW-YORK
PARIS

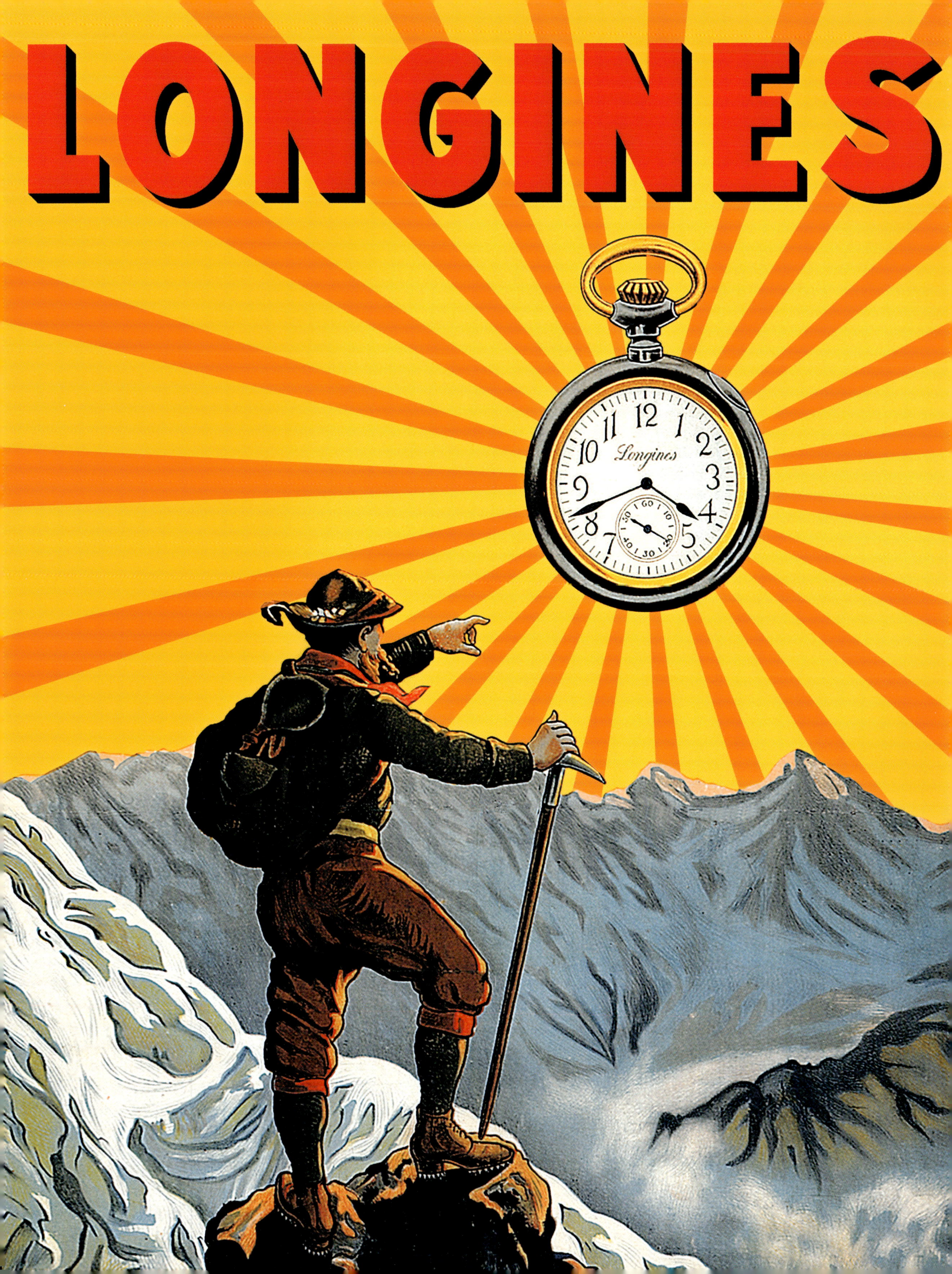
LONGINES
Longines

1910–1919

PATEK PHILIPPE & Cie
GENEVA SWITZERLAND

DIE 1910er-JAHRE

GEGENÜBER Patek Philippe, hergestellt 1917.
Armbanduhr aus 18 Kt Gelbgold mit Emaillezifferblatt und mit Radium-Leuchtmasse belegten Ziffern und Zeigern
Durchmesser 31 mm

UNTEN LINKS Léon Hatot, um 1910.
Flache Halbsavonnette in quadratischem Gehäuse aus Platin mit Diamantbesatz
Breite 28 mm

UNTEN RECHTS Vacheron Constantin, hergestellt 1919.
Armbanduhr aus 18 Kt Gelbgold mit rautenförmigem Gehäuse
(Kal. RA 9‴ VNP)
Länge 46,5 mm

Zu Beginn des neuen Jahrzehnts bildeten die bewährten und beliebten Designs und Formen der Jahrhundertwende unverändert den Grundstock vieler Kataloge und Schaufenster. Gleichwohl zeichnete sich ein Wandel ab. Die ungebrochene Popularität der Anhängeuhr und der langsame, aber stetige Aufstieg der Armbanduhr setzten Anreize für Experimente mit Form und Gestalt. Traditionell war die Taschenuhr von runder Form, und zwar aus praktischen Gründen – die wichtigsten Werkteile wie Räderwerk, Unruh und Federhaus waren rund, das Zifferblatt war rund, damit die Minutenskala mit gleichen Abständen dargestellt werden konnte, und das Gehäuse war rund, nicht nur, weil es runde Werkteile aufnehmen musste, sondern auch, um leicht in die Tasche zu gleiten. Was lag nun näher, um die Uhr zu modernisieren und individualisieren, als ihre Form zu ändern?

Die Armbanduhrenhersteller erkannten schnell die Designpotenziale, die dieses neue Zeitanzeigemedium bot, und nutzten die Formgebung gezielt als Mittel zur Diversifizierung ihres Angebots. Die natürliche Wölbung des Unterarms legte nahe, Armbanduhren ebenso komfortabel wie ästhetisch ansprechend zu gestalten. Zu den frühesten Designs zählen Rechteck-, Rauten- und Tonneau-Gehäuse, die von der anatomischen Wölbung zusätzlich profitierten und Eleganz mit einem angenehmen Tragekomfort am Handgelenk verbanden.

Viele Armbanduhren der 1910er-Jahre weisen vergrößerte Ziffern auf. Ein Grund dafür ist, dass immer häufiger mit reichlich Radium-Leuchtmasse belegte Ziffern verwendet wurden. Außerdem regten die neuen Gehäuseformen dazu an, Ziffern zu strecken, um das Zifferblatt oder sogar die Lünette besser auszufüllen. Ein großer Teil der frühen Armbanduhren war mit einem Hilfszifferblatt für die Sekunden ausgestattet, das meist bei 6 Uhr, in manchen Fällen aber auch bei 9 Uhr positioniert war. Bei vielen Armbanduhren, insbesondere solchen mit kleinerem Zifferblatt, wurde jedoch auf die Sekundenanzeige verzichtet. Armbanduhren mit Sekundenanzeige aus der Mitte sind in dieser Zeit eher unüblich. Eines der frühesten Armbanduhrenmodelle

von Rolex mit Zentralsekunde ist auf Seite 32 (unten links) abgebildet. Die Uhr mit Punze für 1914 ist mit ihrem Silbergehäuse mit Klappdeckel und dem Emaillezifferblatt ansonsten zeittypisch gestaltet.

Die klassischen Taschenuhren der 1910er-Jahre in Savonnette- und Lépine-Form wurden kaum verändert und dienten als Vorlage für frühe Armbanduhrenmodelle, besonders jene, die im Ersten Weltkrieg getragen wurden. Zugleich stieg jedoch die Nachfrage nach flachen, eleganten Uhren, insbesondere mit Emailledekorationen. Die gegenüber (oben) abgebildete Golduhr von Movado lässt sich auf die Zeit um 1915 datieren. Sie weist eine besonders fein bearbeitete Gehäuserückseite mit transluzenter grauer Emaille auf guillochiertem, ziseliertem und graviertem Untergrund auf. Das Zentrum des Gehäusebodens zeigt die Büste eines römischen Zenturios in Profildarstellung, umgeben von einer feinen Guillochierung und eingefasst von einem Lorbeerkranz. Auch Uhren mit polychromer Emaillemalerei und floralen Motiven, Landschafts- und Städtemalerei und Porträts wurden weiterhin gefertigt. Insbesondere Anhängeuhren für Damen zeichneten sich durch besondere Kreativität hinsichtlich Design und Dekor aus und belegen das perfekte Zusammenwirken von Uhrmacher- und Juwelierskunst, dem diese Periode Uhren von außergewöhnlicher Schönheit verdankt.

In dieser Ära entstehen nur wenige Armbanduhren im eigentlichen Sinn, jedoch bringt Cartier 1911 sein Modell Santos auf den Markt,[1] während Movado 1912 ein Patent für ein eigenes innovatives Armbanduhrenmodell, die Polyplan (Schweizer Patent 60 360, 7. Juni 1912), eintragen lässt. Die Polyplan war eines der ersten Armbanduhrenmodelle überhaupt, das mit einem eigens konstruierten Armbanduhrwerk und nicht mit einem ursprünglich für Taschen- oder Anhängeuhren verwendeten Kaliber ausgestattet war. Sie wies eine längliche Rechteck- oder Tonneau-Form auf und war passend zum Handgelenk gewölbt. Zum Zeitpunkt ihres Erscheinens wirkte sie als klar erkennbare Armbanduhr, die keine umgearbeitete Taschen- oder Anhängeuhr war, besonders modern und markant. Der bemerkenswerteste Aspekt der Uhr war jedoch ihr Werk, das Movado Kaliber 400. Das auf drei Ebenen (daher »Polyplan«) aufgebaute Kaliber besteht aus einem flachen Mittelteil, der das Räderwerk beherbergt, und oben und unten zwei um 25° nach unten abgewinkelte Ebenen. Am oberen Ende befinden sich der Aufzugs- und Stellmechanismus, während der untere

UNTEN LINKS Rolex, mit Londoner Einfuhrpunze für 1914.
Armbanduhr im Silbergehäuse mit Klappdeckel und Zentralsekunde
Durchmesser 34 mm

UNTEN RECHTS Movado Polyplan, mit Londoner Einfuhrpunzen für 1918.
Armbanduhr in gewölbtem, tonneauförmigem Sterlingsilbergehäuse (Kal. 400)
Länge 44 mm

GEGENÜBER, OBEN Movado, um 1915.
Flache Halbsavonnette aus 18 Kt Gelbgold mit opak weißer und transluzent grauer Guilloché-Emaille (Kal. 580)
Durchmesser 47 mm

GEGENÜBER, UNTEN Longines, verkauft durch L. Kramer & Co., Kairo 1912.
Savonnette aus 18 Kt Gelbgold mit Motiven in polychromer Emaillemalerei (Kal. 11.87)
Durchmesser 48 mm

MOVADO
SÛRETÉ

Teil die Unruh beherbergt, die über einen angewinkelten Teil des Palettenankers mit dem Räderwerk verbunden ist. Das 38 mm lange, 15,2 mm breite und 4,5 mm hohe Werk ist »umgekehrt« aufgebaut – Räderwerk und Unruh liegen oben unter dem Zifferblatt, während zum Gehäuseboden hauptsächlich nur eine Platinenrückseite zu sehen ist. Diese Anordnung ermöglichte eine etwas größere Unruh zugunsten einer höheren Ganggenauigkeit und eine geringere Bauhöhe des Werks. Polyplans wurden in ihrer Originalform 1912–1917 produziert.[2] Die Kosten und der Herstellungsaufwand für das Spezialwerk dürften die Produktion erschwert haben. Dennoch hat Movado weiter mit dem Modell experimentiert, und im Jahr 1929 wurde eine weiteres Patent für die Polyplan eingetragen. Die Polyplan schien ihrer Zeit ein wenig voraus zu sein, war jedoch ein wichtiger früher Entwicklungsschritt in der Geschichte der Armbanduhr und ließ das große Potenzial für massenproduzierte echte, nicht aus Taschenuhren abgeleitete Armbanduhren erahnen.

Zum Ende der Dekade sorgte der innovative Geist des Art déco für eine Renaissance des Uhrendesigns. Die in der zweiten Hälfte des 19. Jahrhunderts entwickelten Massenfertigungstechniken schienen die Taschenuhr zunächst mehr und mehr zu einem reinen Nutzobjekt zu degradieren, in den 1920er-Jahren jedoch wurden Kleinuhren aller Art immer mehr zum Glamour- und Modeartikel. Den Uhrenherstellern boten sich neue Potenziale durch das mit der modernen Welt einhergehende Bedürfnis nach individueller Zeitanzeige. Technische Innovationen und Designvarianten ermöglichten die Abstimmung von Gehäusen und Zifferblättern auf bestimmte Aktivitäten oder Anlässe und ermunterten so zum Besitz mehrerer Uhren. Außerdem begann der Aufstieg der Armbanduhr. Sie erwies sich als wichtiger Begleiter auf den Schlachtfeldern des Ersten Weltkriegs und rückte durch die hohe Verbreitung unter heimkehrenden Soldaten immer mehr ins Bewusstsein der Allgemeinheit. Im Dezember 1917 schrieb das *Horological Journal*: »Die Armbanduhr, vor dem Krieg nur selten beim starken Geschlecht anzutreffen, ist nun am Handgelenk fast jeden Mannes in Uniform und auch bei vielen Zivilisten zu sehen.«[3] 1917 war auch das Jahr, in dem Cartier die Armbanduhr Tank entwickelte, die 1919 herauskam und sich als eines der erfolgreichsten Armbanduhrendesigns des 20. Jahrhunderts erweisen sollte. Zu Beginn der 1920er-Jahre nahm der Produktionsanstieg bei Armbanduhren weiter an Fahrt auf, was für innovative und kreative Impulse bei einer Reihe von Pionierunternehmen sorgte.

UNTEN **Cartier Santos, in den 1910er-Jahren lanciert.**
Armbanduhr aus 18 Kt Gelbgold
Breite 25 mm

GEGENÜBER, OBEN **Patek Philippe, verkauft 1912.**
Armbanduhr in Tonneau-Gehäuse aus 18 Kt Gelbgold, Lünette mit gestreckten dunkelblauen römischen Ziffern
Länge 33,5 mm

GEGENÜBER, UNTEN **Cartier Tank, um 1919.**
Armbanduhr in Rechteckgehäuse aus Platin und Gold mit Diamantbesatz
Länge 28 mm

PATEK PHILIPPE & Co
GENÈVE

CARTIER

ANHÄNGEUHREN

Die 1910er-Jahre waren von einer hohen Experimentierfreudigkeit hinsichtlich des Stils und des Designs der Uhr geprägt, die sich besonders deutlich bei den Anhängeuhren für Damen äußerte. Als besonders einflussreich erwiesen sich in dieser Zeit französische Kunsthandwerker, die neben Diamanten und anderen Edelsteinen auch Emaille, Bergkristall und Onyx als Materialien für die Gehäusedekoration einsetzten. Vielfach kauften Juweliere Uhrwerke an, um in Eigenregie komplette Uhren anzufertigen, oder sie wurden von Uhrenherstellern für Spezialanfertigungen beauftragt.

Die Abbildungen gegenüber zeigen eine sechseckige Anhängeuhr aus 18 Kt Gelbgold und Emaille mit Diamant- und Rubinbesatz, am 15. Juni 1910 vom Schweizer Uhrenhersteller Longines an seine Vertretung in Paris, die Firma Hauser-Zivy, geliefert. Das Gehäuse wurde vom Pariser Juwelier Joseph Vergely für Longines gefertigt. Vergely, der sich mit seiner Arbeit bei Cartier einen Namen gemacht hatte, bewies ein besonderes Talent für ungewöhnliche Uhrengehäuse. Das sechseckige Gehäuse mit tropfenförmiger, diamantbesetzter Anhängeröse lässt an einen Boudoir-Handspiegel denken; der Gehäuseboden ist mit transluzent blaugrauer Emaille auf guillochiertem Goldgrund dekoriert und zeigt ein reizvolles wellenförmiges Muster. Die Tafel in der Mitte, ähnlich mit grüner Guilloché-Emaille dekoriert, zeigt im Zentrum ein neoklassisches Frauenmotiv in weißer Emaille-Malerei und ist von einem Kranz aus Diamanten im Rosenschliff umringt. Die Gehäuseflanken sind mit Rubinen im Calibré-Schliff besetzt. Die neoklassischen Figurenmotive auf den Anhängeuhren dieser Periode waren wie bei der eben erwähnten Longines-Uhr oft in gedämpften Farben gemalt, in manchen Fällen aber auch plastisch ausgeformt. Die Abbildungen unten zeigen eine Uhr des französischen Juweliers Georges Fouquet. Das quadratische Gehäuse ist aus Onyx gefertigt, auf der Rückseite ist eine Tafel aus Bergkristall mit einer geschnitzten und gravierten neoklassischen Figur eingelassen, die mit Diamanten im Achtkantschliff eingefasst ist.

UNTEN Georges Fouquet, um 1915.
Anhängeuhr aus Platin mit Onyx, Bergkristall und Diamantbesatz
Breite 41 mm

GEGENÜBER Longines mit Gehäuse von Joseph Vergely, hergestellt 1910.
Sechseckige Anhängeuhr aus 18 Kt Gelbgold mit Guilloché-Emaille, Rubin- und Diamantbesatz und neoklassischem Motiv (Kal. 10.85)
Breite 31 mm

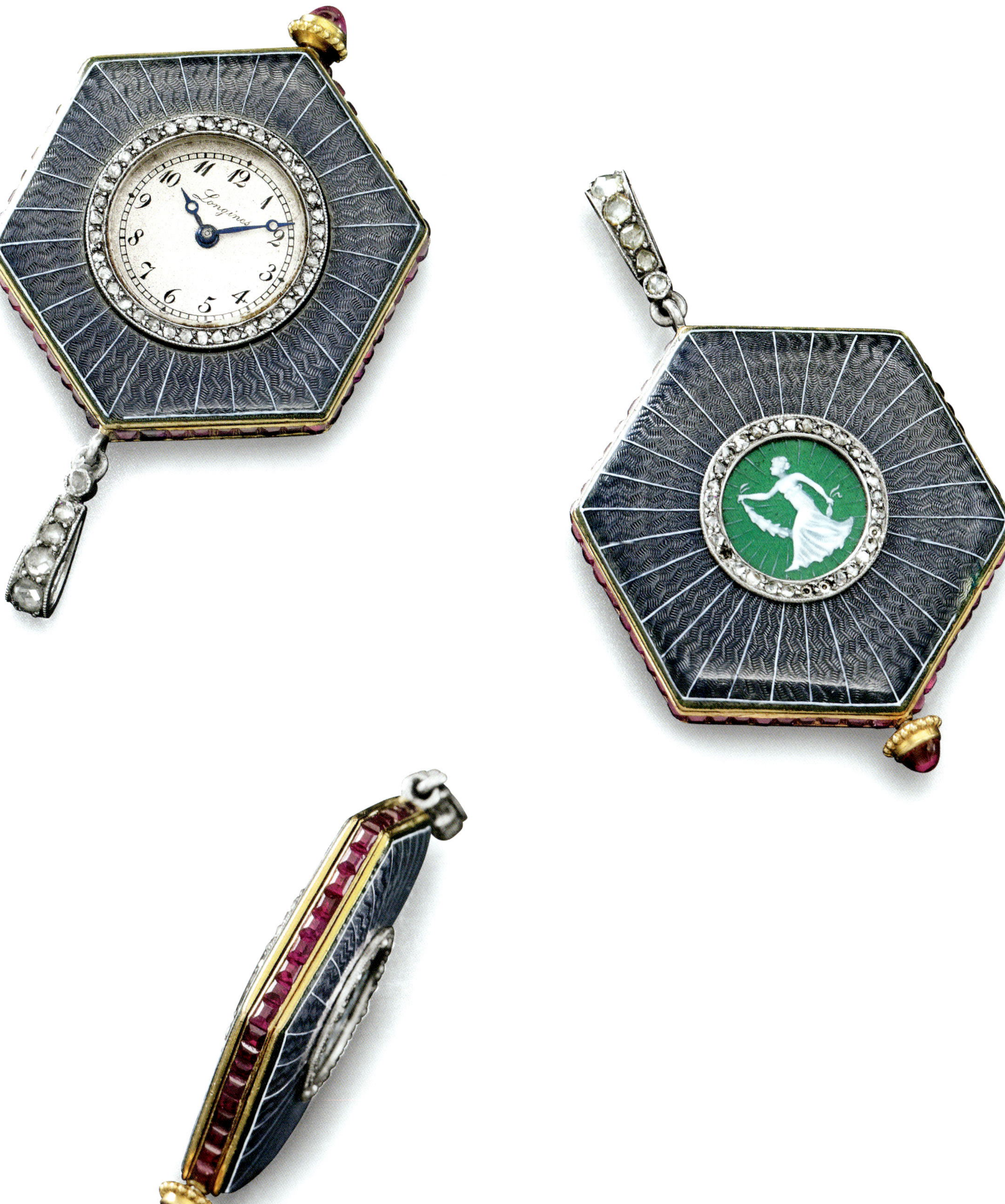
Longines

UNTEN Haas Neveux & Cie, um 1910.
Anhängeuhr aus Gold und Platin mit
Guilloché-Emaille und Diamantbesatz
Breite 33 mm

UNTEN Cartier, um 1911.
Anhängeuhr aus Platin mit Guilloché-Emaille und Diamantbesatz, Gehäuserückseite mit einem Diamanten in Tropfenform, umringt von Diamanten in Altschliff und Achtkantschliff
Länge 89 mm

CARTIER
PARIS

GEGENÜBER Cartier, um 1915.
Damenuhr aus Gold mit Guilloché-Emaille, Diamantbesatz und Smaragdcabochons
Durchmesser 27 mm

OBEN Cartier, um 1917.
Damenarmbanduhr in Tonneau-Form aus Platin und Gold mit Diamantbesatz
Länge 30 mm

Aufwändige Diamantbesätze waren außerordentlich beliebt. Die auf Seite 38 abgebildete, mit Haas Neveux & Cie signierte Uhr ist ein typisches Beispiel für die reichlich von Diamantbesatz umrahmten Uhren der 1910er-Jahre. Etliche Hersteller, darunter auch Patek Philippe und Cartier, fertigten ähnliche Uhren. Die Fülle unterschiedlichster Anhängeuhren, die Cartier in dieser Zeit herstellte, ist erstaunlich und reicht bis zu opulenten Schmuckstücken, in denen die eigentliche Uhr kaum mehr als eine nützliche Nebensache ist.

Emaille- und Diamantdekorationen waren keineswegs auf Anhängeuhren beschränkt. Gegenüber ist eines der frühesten Armbanduhrendesigns von Cartier abgebildet. Diese Damenuhr folgt den etablierten Designprinzipien der Anhängeuhr. Die Lünette ist mit transluzenter hellblauer Emaille auf guillochiertem Gold dekoriert. Das silberne, ebenfalls guillochierte Zifferblatt ist von Diamanten im Rosenschliff umgeben. Der Gehäuseboden aus poliertem Gold ist nicht dekoriert, da er beim Tragen der Uhr verborgen bleibt. Auch die Bandanstöße edelsteinbesetzter Uhren werden als gestalterisches Element genutzt. Die Abbildung oben zeigt ein Modell von Cartier, das zwar von Anhängeuhren beeinflusst ist, sich aber dank der originellen Bandanstöße eindeutig als Armbanduhr zu erkennen gibt.

TATSÄCHLICHE GRÖSSE

KOMPLIKATIONSUHREN

GEGENÜBER, OBEN Audemars Piguet, hergestellt 1912.
Kleine Lépine-Uhr aus Platin mit Minutenrepetition (Kal. 9½''' SMV Nr. 61)
Durchmesser 25 mm

GEGENÜBER, UNTEN LINKS
Detailansicht der Werkrückseite

GEGENÜBER, UNTEN RECHTS
Detailansicht der Werkoberseite

UNTEN H. Moser & Cie, um 1915.
Armbanduhr aus Silber mit Wochentags- und Datumsanzeige
Durchmesser 36 mm

Schon früh war die Miniaturisierung des Uhrwerks für den Uhrmacher eine Möglichkeit, sein Können unter Beweis zu stellen. Die Grenzen der Uhrmacherkunst werden jedoch erst mit der Verkleinerung von komplizierten Werken wirklich ausgelotet.

Die Abbildungen gegenüber zeigen eine bemerkenswert kleine Minutenrepetitionsuhr. Das Werk wurde 1912 von Audemars Piguet gebaut, und die Uhr wurde 1914 an P. Schuch in Wien verkauft. Das Werk hat einen Durchmesser von lediglich 21,4 mm und ist ganze 3,1 mm hoch, bietet auf diesem kleinen Raum aber nicht nur eine herkömmliche Zeitanzeige, sondern außerdem eine der anspruchsvollsten Komplikationen überhaupt: die Minutenrepetition. Die Miniaturisierung des Werks, das auf Wunsch die Stunden, Viertelstunden und Minuten nach der vollen Stunde mit zwei Hämmern und zwei Tonfedern schlägt, ist eine herausragende Leistung.

Die Bedeutung dieser Art von Uhrwerk liegt in der Tatsache, dass die Miniaturisierung es den Uhrenherstellern ermöglichte, extrem komplexe Werke zu fertigen, die dennoch in einem kleinen Armbanduhrengehäuse Platz fanden. Auch andere Komplikationen wie der Ewige Kalender oder der Schleppzeigerchronograph wurden erfolgreich miniaturisiert. 1898–1899 entwickelte Victorin Piguet & Cie für Patek Philippe ein kleines (27 mm Durchmesser) Rohwerk mit Ewigem Kalender, das später komplettiert, 1925 in ein Armbanduhrengehäuse eingebaut und damit die früheste bekannte Armbanduhr mit Ewigem Kalender wurde. 1903 belieferte Victorin Piguet & Cie Patek Philippe mit einem ähnlichen Werk mit Schleppzeigerchronograph, das von Patek Philippe fertiggestellt und in den 1920er-Jahren als Armbanduhr verkauft wurde (s. S. 68–69). Uhren wie diese bildeten die Grundlage für die weitere Entwicklung der Komplikationsarmbanduhr.

Die Nachfrage nach Komplikationsarmbanduhren war in den 1910er-Jahren sehr gering, dennoch gibt es einige Beispiele. Die Abbildung unten zeigt eine seltene frühe Kalenderuhr, um 1915 von H. Moser & Cie hergestellt. Ein längliches Fenster im Zifferblatt zeigt den

Wochentag an, das Datum wird am äußeren Zifferblattring abgelesen. Das Gehäuse aus Silber verfügt über große, bügelförmige Bandanstöße. Auch Repetitionsarmbanduhren sind aus dieser Zeit bekannt. Zwischen 1908 und 1918 fertigte und verkaufte Audemars Piguet fünf Armbanduhren mit Minutenrepetition. 1910 beauftragte der Londoner Händler Guignard Audemars Piguet sogar mit der Fertigung einer Armbanduhr mit einem Kaliber von 10 *Linien* (22,6 mm Durchmesser) mit Minutenrepetion und Chronograph. Das Projekt wurde offenbar mit Ausbruch des Ersten Weltkriegs gestoppt, und es bleibt unklar, ob die Uhr jemals fertiggestellt wurde.[4] Als fertige Uhr wäre sie ein enorm bedeutsames Beispiel einer frühen Komplikationsarmbanduhr.

Die Weiterentwicklung und Verfeinerung der Komplikationstaschenuhr schritt derweil voran und brachte Modelle mit Chronographen, Kalenderanzeigen und/oder Repetitionsfunktionen hervor. Ehrgeizige Uhrmacher ließen es sich jedoch nicht nehmen, immer innovativere und komplexere Uhren zu entwickeln. So entstanden Unikate, die die Fähigkeiten der besten Uhrmacher ausloteten und nicht nur als Aushängeschild für die Fähigkeiten der Marken, sondern auch als Sprungbrett für zukünftige Entwicklungen dienten. Etliche dieser Uhren waren Sonderbestellungen, die zunehmend von Industriellen und Unternehmern Nordamerikas geordert wurden.

1914 fertigte Patek Philippe eine außergewöhnliche Taschenuhr mit zwei Zifferblättern für George Thompson, einen in England geborenen Unternehmer, der in den 1880er-Jahren in die Vereinigten Staaten ausgewandert war. Die hier abgebildete Uhr zeigt die Vorteile der Komplikationsuhr im Taschenformat gegenüber dem kleineren Armbandmodell. Durch Aufteilung der Funktionen auf zwei Zifferblätter können ein Schleppzeigerchronograph und ein Ewiger Kalender untergebracht werden, ohne dass die Klarheit der Darstellung leidet. Auf der Vorderseite werden die Zeit in Stunden und Minuten und auf einem Hilfszifferblatt die Sekunden dargestellt. Unterhalb der 12-Uhr-Position zeigt

GEGENÜBER UND UNTEN Patek Philippe, hergestellt für George Thompson 1914.
Einzigartige Taschenuhr in Lépine-Form mit zwei Zifferblättern und Ewigem Kalender, Mondphase, Schleppzeiger-chronograph und Schlagwerk (Kal. 19‴ Victorin Piguet & Cie ébauche)
Durchmesser 54 mm

ein weiteres Hilfszifferblatt mit 30-Minuten-Skala die abgelaufenen Minuten der Chronographenmessung an – die nur halbkreisförmig beschriftete Minutenskala überdeckt dabei nicht die Stundenmarkierungen. Das Zifferblatt auf der Rückseite ist ausschließlich dem Ewigen Kalender vorbehalten und zeigt auf Hilfszifferblättern Wochentag, Datum, Monat und Mondphase an. Zusätzlich zu den visuellen Darstellungen verfügt die Uhr über eine Minutenrepetition, die über einen Schieber an der Gehäuseflanke aktiviert wird. Ein Drücker in der Kronenachse setzt die beiden zentralen Chronographenzeiger in Bewegung; ein zusätzlicher Drücker an der Gehäuseschulter stoppt die Zwischenzeit, sodass zwei simultane Ereignisse gemessen werden können. Das von Victorin Piguet & Cie für Patek Philippe entwickelte Werk beeindruckt durch seine Komplexität, Ausführung und Finissierung. Bemerkenswert ist insbesondere, dass die Uhr mit 54 mm Durchmesser und 15 mm Höhe (ohne Gläser) nicht besonders groß ist. George Thompson war ein versierter Mathematiker und hatte vielleicht aus diesem Grund ein besonderes Interesse an mechanischer Komplexität, die ihn veranlasste, diese Uhr in Auftrag zu geben. Thompson muss auch von der Klarheit des Designs fasziniert gewesen sein, das diese mechanische Meisterleistung hinter zwei Zifferblättern verbarg.

Auch in der folgenden Dekade entstanden immer komplexere Taschenuhren, die für Faszination sorgten; außerdem erlebte die Fertigung von Armbanduhren mit mechanischen Komplikationen einen Aufschwung, der die 1940er- und 50er-Jahre zu einem goldenen Zeitalter der Uhrenproduktion werden ließ.

FRÜHE ARMBANDCHRONOGRAPHEN

Schon im ersten Jahrzehnt des 20. Jahrhunderts wurden einzelne Armbandchronographen beworben, die Produktion im größeren Stil begann jedoch erst in den 1910er-Jahren. Die meisten frühen Armbandchronographen wurden mit recht großen Werken von 40 bis 45 mm Durchmesser gebaut. Es handelte sich um traditionelle Taschenuhrwerke, daher waren diese Armbandchronographen übergroß. Da die meisten frühen Armbanduhren nüchtern gestaltet und bescheiden dimensioniert waren, war die Nachfrage nach großen Armbandchronographen begrenzt und beschränkte sich auf Kunden mit besonderen Bedürfnissen wie etwa Piloten. Viele der frühen Armbandchronographen waren kaum mehr als Taschenuhren mit angeschweißten Bügeln zur Befestigung eines Armbands und mit einer um 90° gegen den Uhrzeigersinn versetzten Skala zur besseren Ablesung am Handgelenk.

Der gegenüber abgebildete übergroße Armbandchronograph von Omega wurde 1917 hergestellt und hat einen Durchmesser von 46 mm. Das Werk misst 18 Linien (40,6 mm), und schon 1913 wird ein fast identisches Modell vom Hersteller beworben. Das Uhrengehäuse aus Silber hat eine traditionelle Taschenuhrform mit Scharnierdeckeln an Lünette und Gehäuseboden und entsprechenden Lippen zum leichteren Öffnen. Das Armband wird an schlichten Bandanstößen aus Draht befestigt. Das weiß emaillierte Zifferblatt ist mit schwarzen arabischen Ziffern markiert; das linke der beiden Hilfszifferblätter zeigt die laufenden Sekunden an, das rechte mit 15-Minuten-Register die vergangenen Minuten der Chronographenmessung. Die 15-Minuten-Einteilung ist eher ungewöhnlich; Chronograph mit Minutenregister verfügten meist über eine 30- oder 60-Minutenskala. Da nur 15 Minuten angezeigt werden, ist ausreichend Platz, um jeden Schritt der Skala mit einer eigenen Ziffer statt einem Strichindex darzustellen. Der rosévergoldete Betätigungsdrücker für den Chronographen bei 6 Uhr ist breit, aber recht formschön. Bei vielen frühen Armbandchronographen wie dem hier abgebildeten Exemplar von H. Moser & Cie ist der Drücker in die Aufzugskrone integriert. Durch die separate Funktion von Krone und Drücker und die schlanken bügelförmigen Bandanstöße wirkt die Uhr minimalistisch und funktionell.

UNTEN H. Moser & Cie, um 1915.
Eindrücker-Armbandchronograph aus 14 Kt Gelbgold mit Emaillezifferblatt und 30-Minuten-Register
Durchmesser 43 mm

RECHTS UND UNTEN Omega, hergestellt 1917.
Eindrücker-Armbandchronograph aus Silber mit Emaillezifferblatt und 15-Minuten-Register (Kal. 18‴ P CHRO)
Durchmesser 46 mm

UHREN DES ERSTEN WELTKRIEGS

Die frühesten seriengefertigten Armbanduhren waren eng an Taschenuhren in Bassine-Form angelehnt – mit abgerundeter Gehäuseform, Scharnierdeckel am Gehäuseboden und abgerundeter Lünette mit Uhrenglas. Im Unterschied zur Taschenuhr verzichtete man jedoch auf das Pendant und den Bügel zur Befestigung der Kette und brachte stattdessen Bandanstöße für das Armband an. Diese Bandanstöße waren häufig nicht mehr als einfache, an das Gehäuse angelötete Drahtbügel, oft wurden jedoch auch größere, bewegliche Bügel im Stil der herkömmlichen Taschenuhr montiert.

Das Zifferblatt der Armbanduhr bedurfte einer Anpassung gegenüber der Lépine-Taschenuhr. Bei traditionellen Taschenuhren in Lépine-Form war die 12 unterhalb der Aufzugskrone angeordnet, das entspricht 3 Uhr bei einer Standard-Armbanduhr. In frühen Werbeanzeigen für Armbanduhren trifft man zwar auf einige Beispiele mit der 12 unterhalb der Krone, offenbar bestand aber schon früh ein allgemeines Einverständnis darüber, dass die Zifferblattkonfiguration auf das abweichende Format der Armbanduhr abgestimmt werden musste – und vieles spricht dafür, dass es sich bei etlichen der Modelle mit Krone bei 12 Uhr um umgearbeitete Taschenuhren handelt. Um die Umorientierung zu erleichtern, wurde die neu positionierte Ziffer 12 bei frühen Armbanduhren oft andersfarbig, meist rot, in manchen Fällen auch blau, ausgeführt. Dies war bereits eine gängige Vorgehensweise bei ungewöhnlich geformten Uhren wie Kugeluhren oder Reversuhren, bei denen die 12-Uhr-Position ohne Markierung nicht sofort erkennbar war.

Der Erste Weltkrieg, für dessen Einsätze Kommunikation und synchronisierte Zeitmessung von größter Wichtigkeit waren, führte vielen die hohe Praxistauglichkeit der Armbanduhr vor Augen und beschleunigte ihre Durchsetzung. Die Zeit durch einen schnellen Blick ans Handgelenk zu erfassen, statt zunächst die Uhr in der Tasche suchen zu müssen, war ein unbestreitbarer Vorteil. Im März 1916 schrieb der Geschäftsführer der H. Williamson Ltd: »Man geht davon aus, dass jeder vierte Soldat eine Armbanduhr trägt und die anderen drei sich so schnell wie möglich eine besorgen möchten. Armbanduhren sind kein Luxus … (und) verkaufen sich seit vielen Monaten in größten Mengen.«[5]

Die oben abgebildete Silberuhr ist ein typisches Beispiel für die frühesten Herrenarmbanduhren. Das Gehäuse und weiße Emaillezifferblatt der Uhr mit Punze für die Jahre 1911–1912 sind im traditionellen Taschenuhrstil gehalten. An das Gehäuse ist dicker Silberdraht zur Befestigung eines schmalen Lederarmbands angelötet. Die Uhr ist mit einem Schweizer Ankerwerk

GEGENÜBER, OBEN Schweiz, unsigniertes Werk, Gehäuse mit Londoner Einfuhrpunze für 1911.
Armbanduhr aus Silber mit Scharnierdeckel, Emaillezifferblatt und Ankerwerk
Durchmesser 34 mm

GEGENÜBER, UNTEN Schweizer Werk in Borgel-Gehäuse mit Londoner Einfuhrpunzen für 1914.
Armbanduhr aus Silber mit Schrapnellschutz, schwarzem Emaillezifferblatt und Leuchtziffern und -zeigern
Durchmesser 35 mm

RECHTS Schweizer Werk in Borgel-Gehäuse mit Glasgower Einfuhrpunzen für 1915.
Armbanduhr aus 9 Kt Gelbgold in frühem feuchtigkeitsgeschütztem Gehäuse; Emaillezifferblatt mit Leuchtziffern und -zeigern
Durchmesser 34 mm

UNTEN Harrods-Werbung aus der Zeitschrift *Punch* vom 24. April 1918

guter Qualität bestückt. Zum Stellen der Zeiger wird ein kleiner Drücker unterhalb der Aufzugskrone mit dem Fingernagel betätigt. Dieser entkoppelt den Aufzugsmechanismus und aktiviert zugleich den Stellmechanismus, sodass die Zeit bei betätigtem Drücker mit der Krone eingestellt werden kann. Uhren dieser Art wurden vielfach von den Soldaten des Ersten Weltkriegs verwendet.

Diese frühen Armbanduhren waren mit ihren dünnen, oft aus Gold oder Silber bestehenden Gehäusen alles andere als robust, und trotz »Schrapnellgittern« (s. S. 48 unten) zum Schutz des Glases blieb der mangelnde Schutz des Uhrwerks durch das Gehäuse eines der größten Probleme. Scharnierdeckel mit Reibpassung boten keinen echten Schutz gegen Stöße oder das Eindringen von Schmutz oder Feuchtigkeit, den natürlichen Feinden des mechanischen Uhrwerks. Darüber hinaus erwiesen sich Zifferblätter ohne Leuchtmasse in der Dunkelheit des Schützengrabens als nahezu nutzlos. Unter den Uhren für Offiziere fanden sich Modelle, deren Stundenmarkierungen und Zeiger mit Leuchtmasse belegt waren und deren Gehäuse einen gewissen Schutz gegen Feuchtigkeit boten. Die Abbildung auf S. 49 (oben) zeigt eine solche Offiziersuhr aus Gold von 1915. Ihr weißes Emaillezifferblatt weist markante, mit Radium-Leuchtmasse belegte arabische Ziffern und Zeiger auf, die eine gute Sichtbarkeit bei Nacht gewährleisteten. Das Gehäuse wurde von der Schweizer Firma Borgel gefertigt, die auf staub- und feuchtigkeitsgeschützte Gehäuse spezialisiert war. Anders als die üblichen Scharniergehäuse mit Schnappdeckel war das Hauptgehäuse von Borgel aus einem Stück Silber oder Gold gefertigt, in das das Werk mitsamt Zifferblatt eingesetzt und mit einer verschraubten Lünette geschützt wurde. Diese Konstruktion bot einen erheblich besseren Schutz gegen das Eindringen von Feuchtigkeit und Schmutz und erhöhte so die Zuverlässigkeit der Uhr deutlich. Zur Jahrzehntmitte kamen so genannte »unzerbrechliche« Uhrengläser auf. Diese Gläser auf Zelluloidbasis konnten das zerbrechliche Mineralglas ersetzen und ein Schrapnellgitter überflüssig machen.

Trotz dieser Versuche zum Schutz der Armbanduhr blieb sie ein empfindliches Objekt. Ihre im Vergleich zur Taschenuhr kleine Größe in Verbindung mit den rauen Einsatzbedingungen zog es nach sich, dass Taschenuhren in vielen Fällen die zuverlässigeren Zeitmesser waren. Zuweilen wurde auf große Lederarmbänder mit integrierter Taschenuhrhalterung zurückgegriffen; abgebildet ist ein typisches Beispiel. Berücksichtigt man die altersbedingte Schrumpfung, war das Gehäuse im Originalzustand knapp 60 mm breit. Es beherbergt eine Taschenuhr mit einem Durchmesser von 44 mm. Ein

GEGENÜBER Unsigniert, um 1915.
Lederarmband mit integrierter Taschenuhrhalterung, darin eine Schweizer Taschenuhr in Lépine-Gehäuse aus Grauguss (Kal. 16‴)
Breite 60 mm

UNTEN Vacheron Constantin, hergestellt 1918.
Taschenuhr aus Silber in Lépine-Form mit Emaillezifferblatt, Leuchtziffern und -zeigern (Kal. RA 19‴ 194)
Durchmesser 53 mm

Gehäuse dieser Größe konnte ein großes, robustes und hochwertiges Werk, hier in der Größe von 16 Linien (36 mm), aufnehmen. Das Gehäuse ist aus Grauguss gefertigt und zusätzlich zum Gehäuseboden mit einem weiteren schützenden Klappdeckel (Cuvette) über dem Werk ausgestattet. Diese Konstruktion ermöglichte einen abgestuften Rand von etwa 4,5 mm, der einen gewissen Schutz vor Schmutz und Feuchtigkeit bot (die Uhr war jedoch in keinster Weise wasserdicht). Die Lederhalterung, die die Uhr samt Lünette im Neuzustand recht dicht umschlossen haben dürfte, schützte die Uhr zusätzlich vor Stößen, Schmutz und Feuchtigkeit.

Die herkömmliche Trageweise von Taschenuhren an einer Kette war während des Ersten Weltkriegs nach wie vor weit verbreitet. Speziell für militärische Zwecke gefertigte Exemplare waren ausnahmslos mit großen Leuchtmasseziffern auf Emaillezifferblättern ausgestattet. Trotz der wachsenden Beliebtheit der Armbanduhr in Soldatenkreisen wurden bis Kriegsende tatsächlich weiterhin beträchtliche Mengen von »Militär«-Taschenuhren geordert. 1918 bestellten die American Expeditionary Forces mehrere Tausend Lépine-Taschenuhren mit Chronographenfunktion bei Vacheron Constantin. Im Auftrag war festgelegt, dass die Uhren mit Leuchtziffern und -zeigern und Gehäusen aus oxidiertem Silber zu liefern waren.

Der Erste Weltkrieg hat zweifellos für eine neue Wahrnehmung der Armbanduhr gesorgt. Die unter Männern vorherrschende generelle Zurückhaltung gegenüber der Armbanduhr trat durch ihre vielfache Verwendung im Krieg in den Hintergrund. Etliche Frontheimkehrer trugen die Armbanduhr nach dem Krieg weiter, und obwohl die Exporte der Schweizer Uhrenhersteller auch in den nächsten eineinhalb Jahrzehnten von der Taschenuhr dominiert wurden, begann sich das Blatt zugunsten der Armbanduhr zu wenden.

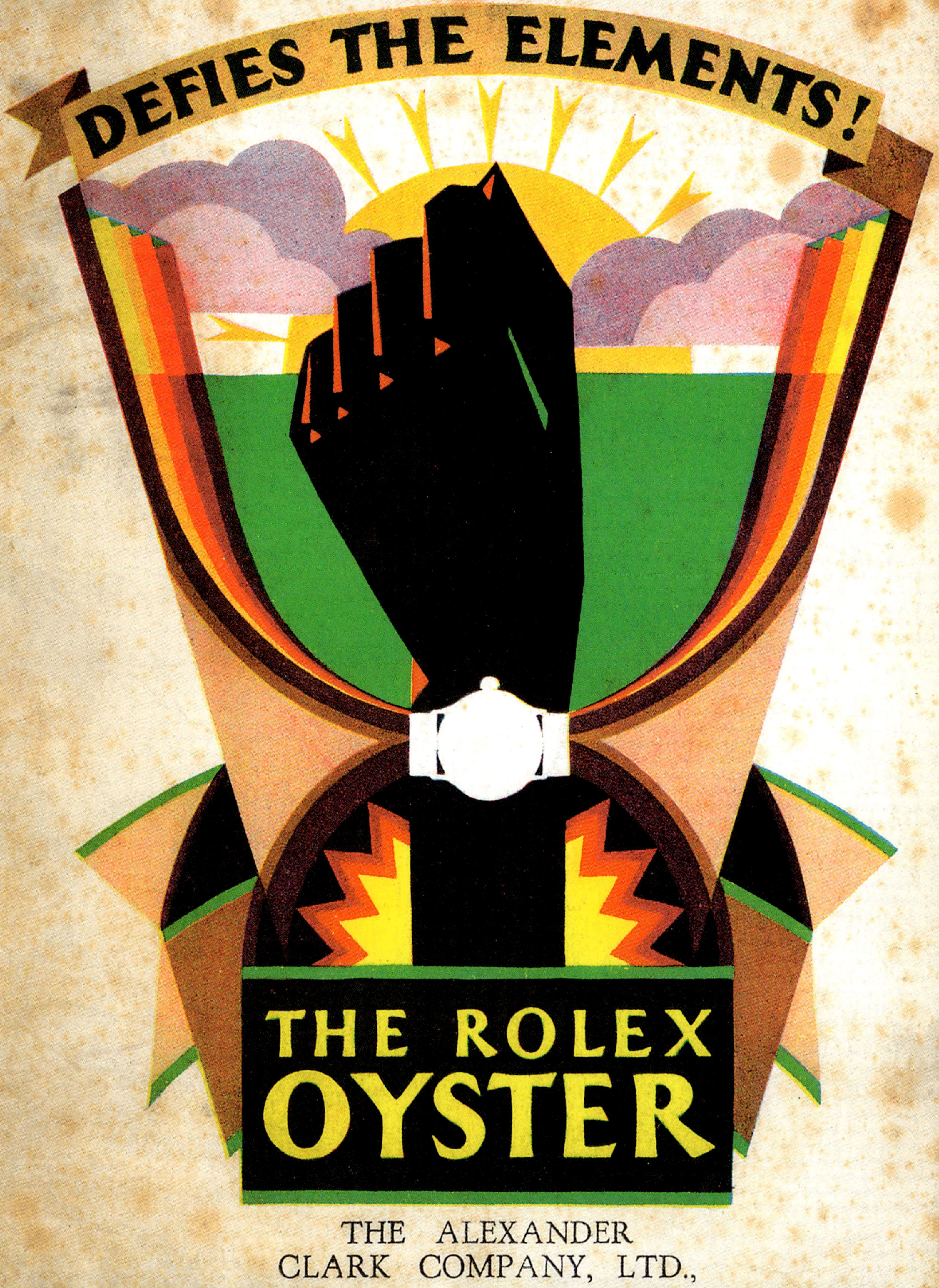
DEFIES THE ELEMENTS!
THE ROLEX
OYSTER
THE ALEXANDER
CLARK COMPANY, LTD.,

1920–1929

DIE 1920er-JAHRE

Die Uhr, die sich von ihrem reinen Dasein allein als Taschenuhr befreit hatte, schien plötzlich überall zu sein. Sie hatte nicht nur am Handgelenk ihren Siegeszug begonnen, sondern auch an allerlei Gegenständen: von Bleistiften über Lenkräder bis zu Lippenstift- und Zigarettenetuis. Die Formen der Uhr entwickelten sich weiter, und es entstanden Designs, die sich über die folgenden Jahrzehnte als einflussreich erweisen sollten. Die wachsende Vielfalt unter den Uhren führte dazu, dass breitere Konsumentenschichten eine Möglichkeit bekamen, ihren persönlichen Geschmack auszudrücken. Uhren wurden zu einem Symbol für Modernität und immer mehr auch zum Modeobjekt.

In der Uhrenindustrie wurde die Armbanduhr von vielen immer noch als Spielerei angesehen. Und tatsächlich mögen gewisse Avantgardemodelle aus der Mitte der 1920er-Jahre wie etwa Armbanduhren in Kühlergrillform als Argument dafür gedient haben, die Armbanduhr nur als kurze Modeerscheinung anzusehen. Aus diesem Grund waren Innovationen in dieser Dekade entscheidend – die Armbanduhr hatte ihre Unverzichtbarkeit unter Beweis zu stellen. Dabei spielte die Praxistauglichkeit eine entscheidende Rolle: Die Armbanduhr musste zuverlässig und robust sein. Für manche Uhrenhersteller bestand das ideale Ziel darin, die Uhr wasserdicht, stoßfest und automatisch zu machen. Originelle und interessante Gehäuseformen erwiesen sich jedoch als ebenso wichtig für die Erschließung neuer Käuferschichten. Rechteckige und tonneauförmige Armbanduhren entsprachen dem Zeitgeist des Art déco. 1921 stellte Cartier das Modell Tank Cintrée vor, eine extrem elegante Armbanduhr mit länglichem, schmalem Rechteckgehäuse und einer ans Handgelenk angepassten Wölbung.

In den 1920er-Jahren produzierte Patek Philippe eine Reihe außergewöhnlicher Armbanduhren für den brasilianischen Händler Gondolo & Labouriau. Diese meist üppig dimensionierten – und in vielen Fällen für diese Zeit übergroßen – Uhren hatten quadratische, rechteckige, tonneau-förmige oder runde Gehäuse. Überwiegend waren sie mit versilberten Metallzifferblättern mit gravierten und mit schwarzer Emaille aufgefüllten Minuten- und Stundenmarkierungen ausgestattet. Zu den spektakulärsten Designs dieser Periode zählen Uhren mit großen, gewölbten Rechteckgehäusen und Zifferblättern mit gestreckten arabischen Ziffern und halbrunden Skalen. Äußere Gestaltungselemente wie diese waren keineswegs nur Patek Philippe vorbehalten, aber das Unternehmen perfektionierte zu jener Zeit diese Art des Armbanduhrendesigns und schuf Motive, die bis in

UNTEN LINKS Dunhill, gepunzt 1929.
Zigarettenetui aus 9 Kt Gelbgold mit integriertem Feuerzeug und Uhr
Länge 116 mm, Breite 77 mm

UNTEN RECHTS Mido Bugatti, hergestellt 1925.
Armbanduhr aus 18 Kt Gelbgold in Form eines Bugatti-Kühlergrills
Breite 24 mm

GEGENÜBER Patek Philippe, hergestellt 1928.
Armbanduhr aus 18 Kt Gelbgold mit Emaillezifferblatt und gewölbten, angeschraubten Bandanstößen und Gehäuse mit Scharnierdeckel Durchmesser, 33 mm

UMSEITIG, LINKS Cartier Tank Cintrée, erstmalig vorgestellt in den 1920er-Jahren.
Armbanduhr aus Platin in gewölbter Rechteckform mit Platinarmband, Werk von der European Watch & Clock Co.
Länge 47 mm

UMSEITIG, RECHTS Patek Philippe Chronometro Gondolo, verkauft durch Gondolo & Labouriau 1924.
Übergroße Armbanduhr mit gewölbtem Rechteckgehäuse aus 18 Kt Gelbgold (Kal. 12‴)
Länge 49 mm

PATEK PHILIPPE & Cie
GENÈVE

CARTIER

PATEK, PHILIPPE & Co
GENÈVE
CHRONOMETRO GONDOLO

OBEN Audemars Piguet, hergestellt 1922, verkauft durch Gübelin.
Kissenförmige Lépine-Uhr aus Platin und Gelbgold mit Ewigem Kalender und Mondphase (Kal. 17SVF)
Breite 43 mm

RECHTS Cartier Éclipse, um 1929.
Etuiuhr aus 18 Kt Gelbgold und Emaille mit Jalousieverschluss
Länge 46 mm

UNTEN LINKS Cartier, um 1926.
Achteckige Lépine-Uhr aus Platin, Gold, Emaille und Bergkristall mit Werk von der European Watch & Clock Co.
Breite 46 mm

UNTEN RECHTS Léon Hatot, hergestellt 1927.
Achteckige Armbanduhr aus 18 Kt Gelb- und Weißgold
Länge 38 mm

die Gegenwart von vielen Uhrenmarken immer wieder aufgegriffen werden. Patek Philippes Geschäftsbeziehung mit Gondolo & Labouriau war von enormer Bedeutung – in dieser Zeit lieferte der Hersteller fast ein Drittel seiner Gesamtproduktion an den Händler in Rio de Janeiro.[1]

Mitte der 1920er-Jahre machte die Armbanduhrenproduktion nach wie vor nur rund ein Drittel aller Schweizer Uhrenexporte aus. Mechanisch komplexe Werke mit einer Vielzahl von Funktionen trafen auf eine wachsende Nachfrage, und in diesem Bereich konnte die Taschenuhr ihren Größenvorteil nutzen. In den 1920er-Jahren kam außerdem eine alternative Form der tragbaren Uhr auf, die so genannte Etuiuhr. Die Etuiuhr wurde für Männer und Frauen gleichermaßen entwickelt und bot eine Fülle von Möglichkeiten hinsichtlich der mechanischen Gestaltung, wie etwa Schiebe-, Scharnier- und Federverschlüsse, aber auch der Dekoration.

Das Jahrzehnt war außerdem von einer zunehmenden Fülle an Materialien und dekorativen Techniken geprägt. Zur Verwendung kam eine breite Auswahl an Metallen einschließlich Platin sowie Gelb-, Rosé-, Weiß- und sogar Grüngold. Zu dekorativen Zwecken setzte man Emaillen, Edel- und Halbedelsteine, Korallen, Saatperlen, Perlmutt und Bergkristall ein. Gehäuse wurden oft mit geometrischen Mustern graviert und in manchen Fällen zur Akzentuierung mit Emaille aufgefüllt. Metallzifferblätter erfreuten sich wachsender Beliebtheit und wurden in immer mehr Gestaltungsvarianten angeboten, neben aufwändig gestalteten Ziffern kamen auch kontrastfarbene Unterteilungen und dekorative Guillochierungen auf.

Diese Dynamik und Kreativität führte zu einem Boom in der Uhrenproduktion. Während 1920 noch 13,7 Millionen fertige Uhren und Uhrwerke aus der Schweiz exportiert wurden, waren es 1929 fast 21 Millionen.[2] Die starke Expansion barg jedoch auch Risiken. Am 29. Oktober 1929 ereignete sich der Börsencrash an der Wall Street, der die Zeit der Weltwirtschaftskrise einläutete. Diese wirkte sich stark auf die Schweizer Uhrenindustrie aus und drohte, die revolutionäre Entwicklung der Uhr zum Stillstand zu bringen.

SCHMUCKUHREN

Kaum etwas verkörpert die Opulenz des Art déco so sehr wie der Schmuck dieser Zeit. Die Abbildung unten zeigt eine beeindruckende Taschenuhr aus Platin mit Diamanten und synthetischen Rubinen. Die von Longines gefertigte Uhr wurde am 9. Juni 1921 an den Händler des Unternehmens in Mexiko ausgeliefert. Die zarten Filigranzeiger und sanft stilisierten arabischen Ziffern sind typisch für die ersten beiden Jahrzehnte des 20. Jahrhunderts. Das Gehäuse mit seinen klaren Linien, das mit 4,65 Kt Pavé-Diamanten und Stundenmarkierungen aus synthetischen Rubinen besetzt ist, ist jedoch ein Musterbeispiel für den Glamour der 1920er-Jahre. Das schöne Emaillezifferblatt ist in Grisaille-Technik mit einem klassischen Skulpturmotiv einer Jungfrau auf einem Löwen vor purpurfarbenem Hintergrund bemalt. Die Gehäuseflanken sind mit einem griechischen Mäanderornament graviert; dieses Designelement ist an vielen Uhren des Art déco anzutreffen.

Das Haus Cartier übte einen enormen Einfluss auf den Art déco aus. Auf der stilbildenden Weltausstellung *Exposition internationale des Arts décoratifs et industriels modernes,* die ab April 1925 in Paris stattfand, stellte Cartier rund 150 Schmuckstücke aus, darunter 15 Uhren, die mit opulenten Materialien wie Koralle, Onyx, Lapis, Bergkristall, Diamanten, Platin und Gold ausgeführt waren.[3] Die Abbildungen gegenüber zeigen eine ungewöhnliche achteckige Anhängeuhr von Cartier. Die Uhr im unverwechselbaren Stil des Art déco weist außerdem zeittypische neoägyptische Anklänge auf. Die Uhr mit Platingehäuse ist mit einer weiß emaillierten Lünette mit gestreckten römischen Ziffern aus Gold unter einer strahlenden Sonne ausgestattet. Das funktionelle Zifferblatt zeigt pfeilförmige Stundenmarkierungen, die auf die Goldziffern weisen. Die Gehäuserückseite bildet einen starken Kontrast in Form einer von funkelnden Pavé-Diamanten umringten trapezförmigen Platte aus Onyx an einer passend gestalteten breiten Gliederkette mit Onyx und Diamanten. In der Zeit des Art déco fertigte Cartier zahlreiche sensationelle Schmuckuhren mit Edelsteinbesatz, darunter auch spektakuläre Armband-

UNTEN Longines, 1921 verkauft durch Diener Hermanos, Mexico City.
Lépine-Uhr aus Platin mit Emaille, Diamanten und synthetischen Rubinen (Kal. 10.85)
Durchmesser 41 mm

GEGENÜBER Cartier Egyptian, um 1929.
Trapezförmige Anhängeuhr aus Platin mit Onyx und Diamanten und Uhrwerk von der European Watch & Clock Co.
Länge 36 mm; 140 mm mit Kette

CARTIER
FRANCE

GEGENÜBER, OBEN Cartier, um 1920.
Flache Lépine-Uhr aus Platin mit Saphirbesatz; Werk und Gehäuse von der European Watch & Clock Co. Durchmesser 45 mm

GEGENÜBER, UNTEN Vacheron Constantin, Gehäuse von Verger Frères, hergestellt 1927.
Damenarmbanduhr aus Weiß- und Gelbgold mit Champlevé-Emaille und Diamantbesatz (Kal. RA 8‴ 15/12)
Breite 20 mm, Länge 70 mm

OBEN Cartier, um 1925.
Rechteckige Damenarmbanduhr aus Platin mit Koralle, Emaille und Diamanten; Werk von der European Watch & Clock Co.
Länge 36 mm

uhren. Ein herausragendes Beispiel ist die oben abgebildete Damenarmbanduhr, die Mitte der 1920er-Jahre von der Marquesa de San Carlos de Pedroso von Biarritz in Auftrag gegeben wurde. Die Platinuhr ist mit Korallen, Emaille und Diamanten dekoriert. Die Faltschließe zeigt Cartiers Liebe zum Detail; die Unterseite, die Kontakt zur Haut hat, ist in Gold ausgeführt, während nach außen nur schlichte schwarze Emaille zu sehen ist.

Zur Mitte des Jahrzehnts kamen Damenuhren mit außerhalb des Zifferblatts verlängerten Gehäusepartien in Mode. Diese verlängerten Uhrengehäuse ließen Armband und Uhr verschmelzen und boten eine größere Oberfläche für Dekorationen mit Farbemaillen, Diamanten und anderen Edelsteinen.

Auch dezente Schmuckuhren waren anzutreffen. Im Zuge der Mode extraflacher Taschen- und Schmuckuhren wurde die Gehäuseflanke als Dekorationsobjekt entdeckt. Vertiefungen in der Gehäuseflanke wurden mit Edelsteinen im Calibré-Schliff besetzt, meist waren es Diamanten, gelegentlich auch andere Steine wie Saphire. Schmuckuhren in diesem Stil bestechen durch ihr Raffinement: Die schlichte Vorderseite lässt das farbenfrohe Funkeln der Flanke zunächst nicht vermuten.

UHREN MIT WANDERNDER UND SPRINGENDER STUNDE

Innovationen spielten sich nicht nur auf der ästhetischen Ebene ab, vielmehr experimentierte man in den 1920ern auch mit der Zeitdarstellung selbst. Zu den spektakulärsten Formen der Zeitdarstellung im Art déco zählen die Uhren mit springender Stunde oder Digitalanzeige. Uhren, die die Zeit in Fenstern darstellten, gab es seit über 300 Jahren, aber die Wiederaufnahme dieses Anzeigestils in den 1920er-Jahren passte hervorragend zum selbstbewusst-modernen Zeitgeist der Epoche.

Das Jahrzehnt brachte eine ganze Reihe unterschiedlicher Modelle mit springender Stunde hervor. 1926 ließ sich Breguet eine der ungewöhnlichsten Formen des Genres patentieren. Die Uhr mit so genannter wandernder Stundenanzeige arbeitet mit einer zentralen Stundenscheibe mit guillochiertem Pfeil (s. Abbildung unten links), in dessen Spitze sich ein Fenster für die Stundenanzeige befand. Die zentrale Scheibe dreht sich um sich selbst und zeigt dabei mit der Pfeilspitze die Minuten an. Beim Erreichen der 60. Minute springt die Stundenscheibe weiter und zeigt im Fenster des Pfeils die nächste Stunde an. Die geniale Zeitanzeige ist ästhetisch ansprechend, aber mitunter nicht leicht abzulesen. Beim hier gezeigten Exemplar dürfte in ungünstigen Lichtverhältnissen schwierig zu erkennen sein, ob in dem sich drehenden Stundenfenster eine umgedrehte 9 oder 6, vielleicht sogar eine 8 oder 5 angezeigt wird. Die Uhr mag nicht die beste Wahl für eine schnell ablesbare Zeit sein, ästhetisch beeindruckend ist sie jedoch in jedem Fall.

Eine etwas praktischere Variante der springenden Stunde mit Stundenfenster und herkömmlichem zentralem Minutenzeiger wurde von unterschiedlichen Herstellern angeboten. Die kommerziell erfolgreichste Form der Uhr mit Digitalanzeige war jedoch jene mit Sichtfenstern für Stunden und Minuten (und im Folgejahrzehnt zunehmend auch Sekunden). Diese Anzeigeform wurde ermöglicht, indem die Werkplatine für die Aufnahme von Stunden- und Minutenscheibe modifiziert wurde. Bei der letztgenannten Form der Uhr mit springender Stunde war ein gewölbtes Glas

UNTEN LINKS Breguet, um 1927.
Lépine-Uhr aus 18 Kt Weißgold mit wandernder springender Stunde (Kal. 16,5‴)
Durchmesser 44 mm

UNTEN RECHTS Touchon, um 1925.
Lépine-Uhr aus 18 Kt Weißgold mit springender Stunde
Durchmesser 41 mm

UNTEN LINKS Haas Neveux & Cie, um 1925.
Armbanduhr aus 18 Kt Weiß-, Gelb- und Roségold mit springender Stunde
Breite 26,5 mm

UNTEN RECHTS Audemars Piguet, ausgeliefert 1926 an den Händler Bittmann in St. Moritz.
Taschenuhr aus 18 Kt Weißgold mit springender Stunde, Minutenrepetition und linear dargestelltem einfachem Kalender; Gehäuseboden mit Deckel und verglaster Cuvette zum Betrachten des Werks und Mondphasenfenster (Kal. 18''' SMV#2)
Durchmesser 48 mm

über dem Zifferblatt überflüssig, vielmehr bildete der Gehäuseabschluss eine Art Gitter, und die Zeitscheiben wurden durch verglaste Sichtfenster geschützt.

Obwohl einige frühe Beispiele der Armbanduhr mit springender Stunde dekorative Gehäuse aufwiesen, so wie die unten links abgebildete Uhr mit Weißgoldgehäuse, die mit eingearbeiteten Streifen aus Gelb- und Roségold dekoriert ist, waren die meisten dieser Uhren doch schlicht gehalten und stellten die Gehäuseform und die Fenster in den Mittelpunkt. Wie wir schon gesehen haben, bieten sich Fensteranzeigen auch besonders für Kalenderfunktionen an. Die Abbildung rechts zeigt eine außergewöhnlich komplexe Taschenuhr, die von Audemars Piguet Mitte der 1920er-Jahre gefertigt wurde. Die Uhr weist nicht nur Fenster für Stunden und Minuten, sondern auch eine lineare Kalenderanzeige mit drei Fenstern für Tag, Datum und Monat auf. Wie die Stunden und Minuten werden auch die Kalenderfunktionen auf jeweils eigenen Scheiben angezeigt. Mit einem in der Aufzugskrone befindlichen Drücker kann der Gehäuseboden geöffnet werden, sodass das Werk unter einer verglasten Cuvette sichtbar wird. Ein Fenster in der Cuvette zeigt zusätzlich die Mondphase an. Die verdeckte Darstellung der Mondphase sorgt dafür, dass nichts von der nüchternen, monochromen Anzeige von Zeit und Datum ablenkt. Der links zu sehende Schieber lässt erkennen, dass diese Uhr außerdem eine Minutenrepetition beherbergt. So kann die Zeit mit dem Schlagwerk auch akustisch dargestellt werden.

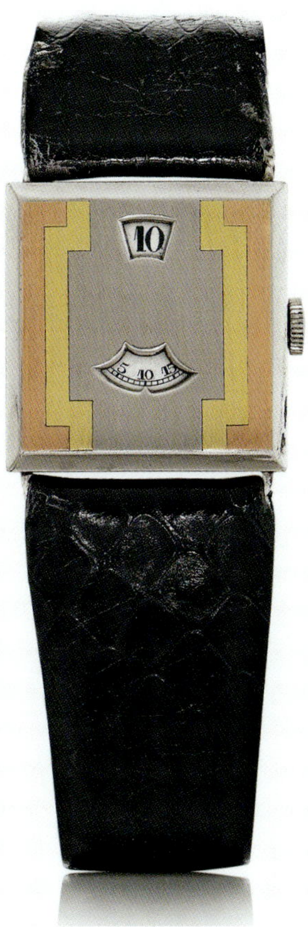

KALENDER- UND CHRONOGRAPHENFUNKTIONEN

Uhren mit mechanischen Komplikationen erfreuten sich in den 1920er-Jahren wachsender Beliebtheit. Der berühmte Uhrenwettstreit zwischen den beiden Industriellen James Ward Packard aus Ohio und Henry Graves Jr. aus New York, die Hersteller wie Patek Philippe und Vacheron Constantin beauftragten, führte zur Fertigung einiger der komplexesten bisher dagewesenen Uhren. Alle erdenklichen Funktionen wurden entwickelt, von der Gezeitenanzeige bis zur Sternenkarte. Die meisten wohlhabenden Uhrenkäufer bevorzugten jedoch Komplikationen wie Kalender, Chronographen oder Repetitionen, entweder einzeln oder in Kombination.

Armbanduhren mit Kalenderfunktion tauchten in den 1920er-Jahren nur in Einzelfällen auf. Prinzipiell sprach nichts dagegen, Kalenderfunktionen auch im Armbanduhrformat zu verwirklichen, dennoch stellte die kleinere Größe im Vergleich zur Taschenuhr eine gewisse Herausforderung dar. Auch die Kosten spielten eine Rolle, außerdem bot die Taschenuhr im Vergleich mehr Raum für die Darstellung komplexer Funktionen, sodass letztendlich in diesem Jahrzehnt nur sehr wenige Kalenderarmbanduhren gefertigt wurden. Wenn wir uns in die Lage eines Käufers der 1920er-Jahre versetzen, der eine teure Kalenderuhr kaufte, wird für ihn in der Tat das Taschenuhrformat naheliegend gewesen sein; eine Kalenderarmbanduhr mag ihm dagegen als Spielerei vorgekommen sein.

Die Abbildung gegenüber zeigt eine faszinierende Armbanduhr. Die ursprünglich vom Schweizer Händler Gübelin verkaufte Uhr dürfte eine der am schönsten gestalteten frühen Armbanduhren sein. Die Uhr verfügt über ein »einfaches« Kalendarium: Das Datum rückt jeden Tag weiter, berücksichtigt aber nicht wie beim Jahres- oder Ewigen Kalender die unterschiedlich langen Monate, sodass das Datum am Ende der Monate mit weniger als 31 Tagen neu gestellt werden muss. Die von Audemars Piguet gefertigte Uhr war eine Sonderbestellung von Gübelin, dessen Signatur auf Zifferblatt, Gehäuse und Werk zu sehen ist. Besonders faszinierend ist die Gravur an der Außenseite des Gehäusebodens, deren Text unterhalb des Namens des Ersteigentümers in Übersetzung besagt: »Dies ist die allererste von uns gefertigte Kalenderarmbanduhr und meines Wissens die einzige überhaupt. E. Gübelin, Luzern 1924 Schweiz.« Textgravuren dieser Art auf Armbanduhren sind extrem selten, daran wird deutlich, als wie besonders diese Uhr 1924 empfunden wurde. Der Originaleigentümer Mr. Barr wird die Uhr sicherlich voller Stolz seinen Freunden und Bekannten gezeigt haben.

OBEN UND GEGENÜBER Audemars Piguet, 1924 verkauft durch Gübelin, Luzern.
Rechteckige Armbanduhr aus 18 Kt Weißgold mit einfachem Kalender und Mondphasenanzeige (Kal. 10 HPVM)
Länge 28 mm, Breite 24,5 mm

UNTEN LINKS Audemars Piguet, hergestellt 1925.
Lépine-Uhr aus Platin mit Schleppzeiger-chronograph, 30-Minuten-Register und Minutenrepetition (Kal. 18 SMCRV)
Durchmesser 46 mm

E.GUBELIN
LUCERNE

Heutzutage sind limitierte Auflagen und Unikate ein gewohntes Bild im Sammlermarkt, aber diese Uhr zeigt, dass besondere Modelle schon damals mit Prestige einhergingen. Gübelin hatte bei seiner Kundschaft eine Nachfrage nach solchen Uhren erkannt und orderte in den Folgejahren weitere ähnliche Exemplare von Audemars Piguet.

Der mechanisch extrem komplexe Schleppzeigerchronograph gilt in der Uhrmacherkunst als eine der drei anspruchsvollsten Komplikationen. Der Mechanismus dient zur Zeitmessung zweier Ereignisse mit gleicher Start- und unterschiedlicher Endzeit und arbeitet mit zwei Chronographensekundenzeigern aus der Mitte, die mit zwei Drückern an der Gehäuseflanke bedient werden – in manchen Fällen erfolgen Start, Stopp und Rückstellung auch mit einem Drücker, und ein zweiter Drücker darüber stoppt die Zwischenzeit. Einer der beiden Zeiger, der Flyback-Zeiger, kann zur Messung eines Ereignisses gestoppt und anschließend wieder mit dem Chronographenzeiger synchronisiert werden, sodass zum Beispiel Zwischenzeiten und mehrere unterschiedlich lange Ereignisse gemessen werden können. Diese Komplikation ist ausgesprochen nützlich bei Sportveranstaltungen mit mehreren Wettbewerbern wie etwa Pferde- oder Autorennen oder Hundertmeterläufen.

Hier abgebildet ist eine Patek Philippe, die als frühester Armband-Schleppzeigerchronograph gilt (es handelt sich also nicht um eine umgearbeitete Taschenuhr) und damit zugleich eine der kompliziertesten frühen Armbanduhren ist. Die Arbeiten an dem Werk begannen 1903, die fertige Uhr wurde jedoch erst 1923 verkauft. Am 13. Oktober 1923 wurde sie an Attilio Ubertalli, den siebten Präsidenten des Fußballklubs Juventus Turin, verkauft.[4] Mit hoher Wahrscheinlichkeit hatte sich Ubertalli mit dem besonderen Wunsch eines Armband-Schleppzeigerchronographen an Patek Philippe gewandt, wo man die Gelegenheit nutzte, die vorhandene Uhr für den Kunden fertigzustellen.

Das Gehäuse aus 18 Kt Gelbgold weist eine Bassine-Form auf, die zu den frühesten Armbanduhrgehäuse-

UNTEN UND GEGENÜBER Patek Philippe, verkauft 1923.
Schleppzeigerchronograph aus 18 Kt Gelbgold mit Emaillezifferblatt und 60-Minuten-Register (Kal. 12‴ Victorin Piguet & Cie ébauche) Durchmesser 33 mm

formen zählt. Das klar von herkömmlichen Taschenuhren beeinflusste Gehäuse ist mit Scharnierdeckel und -boden und einer traditionellen Cuvette ausgestattet. Außerdem ist sie mit einem klassischen Emaillezifferblatt versehen, das aber armbanduhrtypisch angeordnet ist (mit der 12 Uhr um 90° versetzt zur Krone statt deckungsgleich wie bei einer Lépine-Taschenuhr). Das Lederarmband ist an zeittypischen geraden Bandanstößen mit geschraubten Stegen befestigt.

Das Werk wurde vom spezialisierten Chronographenhersteller Victorin Piguet & Cie für Patek Philippe gefertigt und ist außergewöhnlich flach, insbesondere, wenn man bedenkt, welchen Platz der Schleppzeigerchronographenmechanismus mit seinen Brücken beansprucht; der Durchmesser des Werks beträgt nur 28 mm. Im Gehäuse hat die Uhr einen Durchmesser von 33,1 mm und eine Höhe von 11,1 mm. Armband-Schleppzeigerchronographen sind derart komplex und aufwändig, dass sie trotz der in den Folgejahrzehnten steigenden Beliebtheit von Standard-Armbandchronographen im gesamten 20. Jahrhundert eine Ausnahmeerscheinung blieben

USHER & COLE
LONDON
60
10
20
30
40
50
28968

SCHUTZ DES GEHÄUSES

GEGENÜBER UND UNTEN **Usher & Cole, London, Werk hergestellt 1893, 1929 umgearbeitet zu einer Reiseuhr.**
Reise-/Expeditionsuhr aus Silber in Lépine-Form, Lünette und Gehäuseboden verschraubt, Krone mit Schutzkappe
Durchmesser 59 mm

Der Schutz des Uhrwerks vor Wasser und Schmutz war seit jeher eine Herausforderung für Uhrmacher und Gehäusebauer. Für die Seefahrt, die auf genau gehende Marinechronometer angewiesen war, wurden Gehäuse entwickelt, um die empfindlichen Werke gegen Salzwasser und salzige Luft zu schützen. In den 1870er-Jahren begann der englische Uhrmacher Herbert Blockley, so genannte Reise- oder Expeditionstaschenuhren zu verkaufen. Sie waren meist für den Gebrauch an Land, teils aber auch für den maritimen Einsatz als Deckuhren ausgelegt. Bei diesen Uhren mit Silbergehäuse waren Lünette und Gehäuseboden nicht wie herkömmlich gedrückt, sondern verschraubt. Charakteristisch war zudem, dass die Aufzugskrone durch eine aufgeschraubte Kappe geschützt war. Für einen dichten Abschluss waren Lünette, Kronenschutzkappe und Boden mit Dichtringen aus Leder versehen.

Die hier gezeigte Uhr von Usher & Cole wurde ursprünglich im März 1893 für 18 £ 10 s für den Einsatz als Deckuhr an die Admiralität verkauft. Aus den Auftragsbüchern von Usher & Cole geht jedoch hervor, dass die Uhr im Mai 1929 zurückgekauft, zur Reiseuhr umgebaut und im Juni 1929 wieder verkauft wurde. Interessanterweise ist vermerkt, dass man die Uhr für 6 £ zurückerwarb und für 18 £ 10 s wieder verkaufte.[5] Usher & Cole war eine Firma, die 1869 von Joseph Usher und Richard Cole gegründet wurde. Das Unternehmen produzierte zahlreiche außergewöhnliche Zeitmesser, für deren Qualität es spricht, dass man dieses Exemplar 37 Jahre nach seiner Entstehung als für eine Wiederverwertung tauglich befand. Besonders, weil diese Uhr für den Expeditionseinsatz vorgesehen war, wo es auf Zuverlässigkeit und Genauigkeit ankam – beispielsweise hatte die Royal Geographical Society eine Reihe von Reiseuhren für Polar- und Afrikaexpeditionen geordert, bei denen die Uhren extremen Klimabedingungen ausgesetzt waren.[6]

Für die Hersteller von Armbanduhren stellte der Schutz der Krone noch in den 1920er-Jahren eine Herausforderung dar. Angesichts der kleinen Größe der frühen Armbanduhren dürfte eine schützende Schraubkappe über der Krone klobig und unpraktisch

gewirkt haben. Die patentierte Gehäusekonstruktion der Schweizer Firma Borgel bot eine gewisse Wasserdichtheit, sodass in den gesamten 1920er-Jahren Uhren mit Borgel-Gehäuse gefertigt wurden. Die Schwäche der Konstruktion blieb jedoch die Aufzugskrone: Die Abdichtung erfolgte hier lediglich über den engen Kontakt von Metall zu Metall und ohne zusätzliche Dichtungen; der an manchen Varianten vorhandene zusätzliche Stelldrücker war noch eine Schwachstelle, an der Feuchtigkeit und Schmutz eindringen konnten. In dieser Zeit entstanden weitere experimentelle Uhren, von denen die hermetische Uhr eines der interessantesten Konzepte war.

Die gegenüber abgebildete hermetische Uhr mit Londoner Einfuhrpunzen für 1925 wurde vom Unternehmen Botly & Lewis in Reading verkauft. Das Gehäuse aus Sterlingsilber wurde von Jean Finger nach dessen 1921 patentiertem Design (Schweizer Patent 89276, veröffentlicht am 2. Mai 1921) angefertigt. Die Uhr verfügt über ein Doppelgehäuse mit schlichtem, dreiteiligem Innengehäuse mit Klapplünette und -boden. Dieses Innengehäuse ist mit einem Scharnier am Außengehäuse befestigt und mit einer Lippe zum leichten Ausklappen für das Aufziehen und Stellen ausgestattet. Das Außengehäuse ist zweiteilig und besteht aus einem massiven Unterteil und einem separaten Schraubdeckel mit gerändelter Lünette für leichteres Verschrauben mit den Fingern. Allerdings erwies sich das Öffnen und Aufziehen im Alltag als eher unpraktisch, zudem verschliss mit der Zeit das Gewinde des Schraubdeckels, was die Dichtheit beeinträchtigte.

Fingers Patent für eine hermetisch abgedichtete Uhr war nicht das einzige dieser Art. Eine ähnliche Konstruktion mit fast identischem Gehäuse ließ sich Frederick Gruen patentieren (US-Patent 1.303.888, beantragt 29. Mai 1918, eingetragen 20. Mai 1919). Es scheint sogar zu einer Übereinkunft zwischen Finger und Rolex gekommen zu sein, denn 1923 erhielt Rolex-Gründer Hans Wilsdorf das Britische Patent 197208 für ein hermetisches Gehäuse, das dem Design von Finger glich. Anschließend brachte Rolex ein auf dieser Konstruktion beruhendes Modell heraus.[7]

UNTEN Longines, mit Gehäuse von Borgel, um 1925.
Armbanduhr aus 18 Kt Gelbgold mit Emaillezifferblatt und Gehäuse mit verschraubter Lünette (Kal. 11.84N)
Durchmesser 31 mm

GEGENÜBER Unsigniertes Schweizer Werk, verkauft durch Botly & Lewis, Reading, Gehäuse von Jean Finger, mit Londoner Einfuhrpunzen für 1925.
Armbanduhr aus Sterlingsilber mit Emaillezifferblatt, hermetisches Außengehäuse mit Schraublünette, darin an einem Scharnier das Innengehäuse mit Aufzugskrone (Kal. 10,5‴)
Durchmesser 34 mm

LEWIS
READING

LEWIS
READING

DIE ROLEX OYSTER

Frühe Versuche, die Armbanduhr wirksam vor Wasser zu schützen, scheiterten allesamt an der Aufzugskrone. Die wasserfeste Abdichtung des Gehäusebodens und Uhrenglases durch Verschraubung in Verbindung mit Dichtungsringen gelang recht zuverlässig, solange mit präzisen Maschinen gearbeitet wurde. Die Krone stellte eine schwierigere Herausforderung dar, denn um bei den Käufern Anklang zu finden, musste sie trotz Abdichtung praktisch, einfach in der Anwendung und ästhetisch ansprechend sein. Rolex' Lösung war die verschraubte Krone. Am 28. September 1926 ließ Rolex den Markennamen »Oyster« eintragen, der heute ebenso untrennbar mit der Marke Rolex verbunden ist wie das Kronenlogo. Die Patentierung und praktische Umsetzung der Oyster-Methode erwies sich als zukunftsweisend für Rolex und brachte eines der erfolgreichsten Uhrendesigns aller Zeiten hervor.

Aus heutiger Sicht erscheint eine verschraubte Krone naheliegend, die technische Umsetzung war jedoch eine Herausforderung. Eine herkömmliche Aufzugskrone ist fest mit der Aufzugswelle verbunden und in Ruheposition immer im Kontakt mit dem Aufzugsmechanismus. Während eine Standardkrone sich frei rückwärts drehen lässt, ohne dass der Aufzugsmechanismus aktiviert wird, muss eine verschraubte Krone beim Ein- und Ausschrauben vom Aufzugsmechanismus entkoppelt sein. Bei der Oyster wird die Krone selbst auf einen Tubus aufgeschraubt, der mit dem Gehäuse verbunden ist – hierdurch entsteht eine hermetische Abdichtung. Wird die Krone aufgeschraubt, springt sie aus dem Gehäuse hervor und aktiviert zugleich den Aufzugsmechanismus, sodass die Uhr nun aufgezogen werden kann. Durch Ausziehen der Krone lassen sich wie gewohnt die Zeiger stellen. Wird die Krone wieder hineingedrückt, entkoppelt der Aufzugsmechanismus, und die Krone kann wieder mit dem Gehäusetubus verschraubt werden. Ohne diese Entkoppelung könnten bei einer voll aufgezogenen Uhr die Aufzugswelle oder die Zugfeder durch die beim Verschrauben einwirkende Kraft brechen. Die Oyster-Konstruktion erwies sich als zuverlässig und prak-

UNTEN LINKS **Rolex Oyster, gepunzt 1928.** Armbanduhr aus Sterlingsilber in Kissenform mit Emaillezifferblatt. Krone, Lünette und Boden verschraubt (Kal. 9½‴ Prima)
Breite 33 mm

UNTEN RECHTS **Rolex Oyster, verkauft durch Armstrong, Manchester, um 1927.** Armbanduhr aus 18 Kt Gelbgold in Achteckform. Krone, Lünette und Boden verschraubt (Kal. 9½‴ Observatoriumsqualität)
Breite 32 mm

UNTEN Auszüge aus einem frühen Rolex-Oyster-Katalog, gedruckt um 1927

tisch, da die Krone zum Aufziehen und Stellen lediglich kurz gelöst und wieder verschraubt werden musste.

Die ersten Oyster-Gehäuse bestanden aus drei Hauptteilen plus der Krone. Der Gehäusemittelteil wurde oben durch die verschraubte Lünette mit dem Uhrenglas und unten durch den Schraubboden mit Bleidichtung abgedichtet. Bemerkenswert ist, dass das Originalpatent für die Rolex-Oyster-Krone identisch mit einem weiteren Patent ist, das im Oktober 1925 von Paul Perregaux und Georges Perret eingereicht wurde.[8] Offenbar hatte der Rolex-Gründer und vorausschauende Unternehmer Wilsdorf die Bedeutung der Erfindung erkannt und die Patentrechte erworben.

Die Oyster-Konstruktion ließ sich auch auf die beliebten Formgehäusearmbanduhren anwenden, folglich entstanden frühe Modelle in Kissen- und Achteckform. Ein massives Gehäuse, die Oyster-Krone sowie die runde Schraublünette und der verschraubte Gehäuseboden waren die einzigen konstruktiven Voraussetzungen dafür, dass sich eine Fülle von Formen realisieren ließ; dies war ein deutlicher Vorteil gegenüber den hermetischen Gehäusen von Borgel, Finger und anderen Vorläufern.

Wilsdorf war vom Potenzial der Oyster felsenfest überzeugt und investierte beträchtliche Summen in entsprechende Werbung. Neben Zeitungsanzeigen, in denen die geniale Konstruktion gepriesen wurde, setzte er auch auf Sponsoring. Am 7. Oktober 1927 durchquerte Mercedes Gleitze als erste britische Schwimmerin den Ärmelkanal. Gleitze trug bei der Kanalüberquerung eine Rolex Oyster, und am 24. November 1927 schaltete Rolex eine ganzseitige Anzeige auf dem Titelblatt der *Daily Mail*, in der die perfekte Funktion der Uhr während der Durchschwimmung gepriesen wurde. Auch für die Präsentation bei den Händlern nutzte man kreative Konzepte, so lieferte Rolex ab 1927 signierte Goldfischgläser mit eingehängter Rolex Oyster an seine Händler.

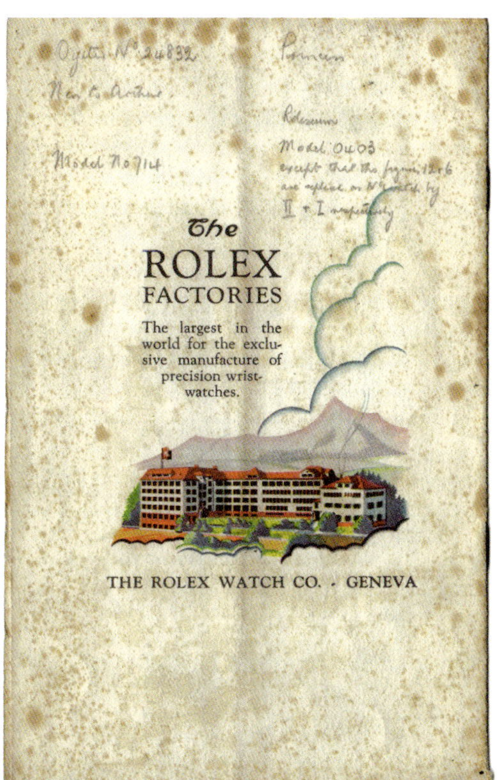

DIE MOVADO ERMETO

Die Ermeto war ohne Zweifel die berühmteste, variantenreichste und kommerziell erfolgreichste Etuiuhr. Sie bestand aus einem Innengehäuse und einem zweiteiligen Außengehäuse mit Schiebeverschluss. Der aus dem Griechischen abgeleitete Name bedeutet so viel wie »verschlossen«, womit er die Widerstandsfähigkeit der Uhr gegen Schmutz und Feuchtigkeit hervorhob. Die Konstruktion war am 12. Oktober 1926 in Deutschland durch die Schweizer Firma Huguenin Frères aus Le Locle zum Patent angemeldet worden (DRP Nr. 443 555). Noch im selben Jahr erwarb Movado die Rechte zur Vermarktung der Ermeto.[9]

Die Ermeto war eine markante Alternative zur Armbanduhr, die sich zu dieser Zeit noch nicht vollständig durchgesetzt hatte. Die Uhr wurde nicht am Handgelenk getragen und wirkte dennoch modern und elegant, außerdem ließ sie sich leicht verstauen und war durch ihr Außengehäuse perfekt geschützt. Das Etui mit Schiebeverschluss fügte sich perfekt in die Zeit des Art déco ein und bot unbegrenzte gestalterische Möglichkeiten zur Individualisierung. Movado produzierte eine breite Modellpalette mit unterschiedlichsten Oberflächen wie Gravuren, ornamentale Emaillierungen, transluzente Emaille über Guillochierungen und sehr häufig Lackierungen, Exotik- und Chagrin-Leder. Die Ermeto war insbesondere in der Version mit Leuchtziffern für nächtliche Ablesbarkeit und ausklappbarem Ständer, mit dem sie auf einem Tisch oder Nachttisch aufgestellt werden konnte, ein perfekter Reisebegleiter.

1928 stellte Movado den genialen »automatischen« Gehäuseaufzug vor. Mit dem Öffnen des Schiebegehäuses wurde ein Zahnrad an der Aufzugswelle in Gang gesetzt, das die Uhr aufzog. Die ausgeklügelte uhrmacherische Konstruktion erzeugte mit jedem Öffnen und Schließen des Gehäuses vier Stunden Gangreserve, sodass die Uhr lediglich sechsmal täglich geöffnet werden musste, um ununterbrochen zu laufen.

Das brillante Design der Ermeto lieferte Movado überzeugende Verkaufsargumente. In einer frühen Anzeige für das Modell heißt es: »Die runde Uhr und die Armbanduhr … schlucken Stöße wie ein Auto ohne Reifen. Die Ermeto mit ihrer modernen, schlichten Silhouette zieht sich selbst auf. Sie ist in einer Luftkammer aufgehängt und von einem stoßsicheren Außengehäuse umgeben. Keine hervorstehende Krone, kein exponiertes Glas und kein Überdrehen beim Aufziehen. Die Ermeto ist sicher in jeder Tasche oder Handtasche.«[10]

Das unten abgebildete Exemplar von 1929 ist die kleinste unter den Etuiuhren von Movado und als Ermeto »Baby« bekannt. Die Baby war ursprünglich als Modell für Damenhandtaschen gedacht, wurde aber schnell in das allgemeine Programm aufgenommen. Das gezeigte Exemplar ist eines der frühesten von Movado hergestellten und mit einem Sterlingsilbergehäuse mit schwarz lackiertem äußerem Schiebegehäuse ausgestattet. Das versilberte Zifferblatt ist mattiert und mit erhabenen arabischen Ziffern und einem äußeren Minutenring versehen. Die Stahlzeiger sind gebläut. Als Werk dient ein Movado Kaliber 11 mit dem oben erwähnten automatischen Gehäuseaufzug. Das Kaliber 11 war das ursprüngliche Werk der Ermeto Baby und Vorläufer des Kalibers 575.

Im Laufe der Jahre wurde die Ermeto mit zahlreichen unterschiedlichen Gehäuse- und Zifferblattdesigns angeboten und zu einem Aushängeschild der Marke. Der Künstler Andy Warhol war ein Bewunderer von Movado und besaß mindestens sechs verschiedene Ermeto-Modelle aus unterschiedlichen Perioden.

UNTEN Movado Ermeto Baby, mit Glasgower Einfuhrpunze für 1929. Kleine Etuiuhr mit Gehäuseaufzug aus Silber mit schwarzer Lackierung (Kal. 11) Breite 42,5 mm (geschlossen), 63 mm (geöffnet)

GEGENÜBER Werbeanzeige für die Movado Ermeto von 1929

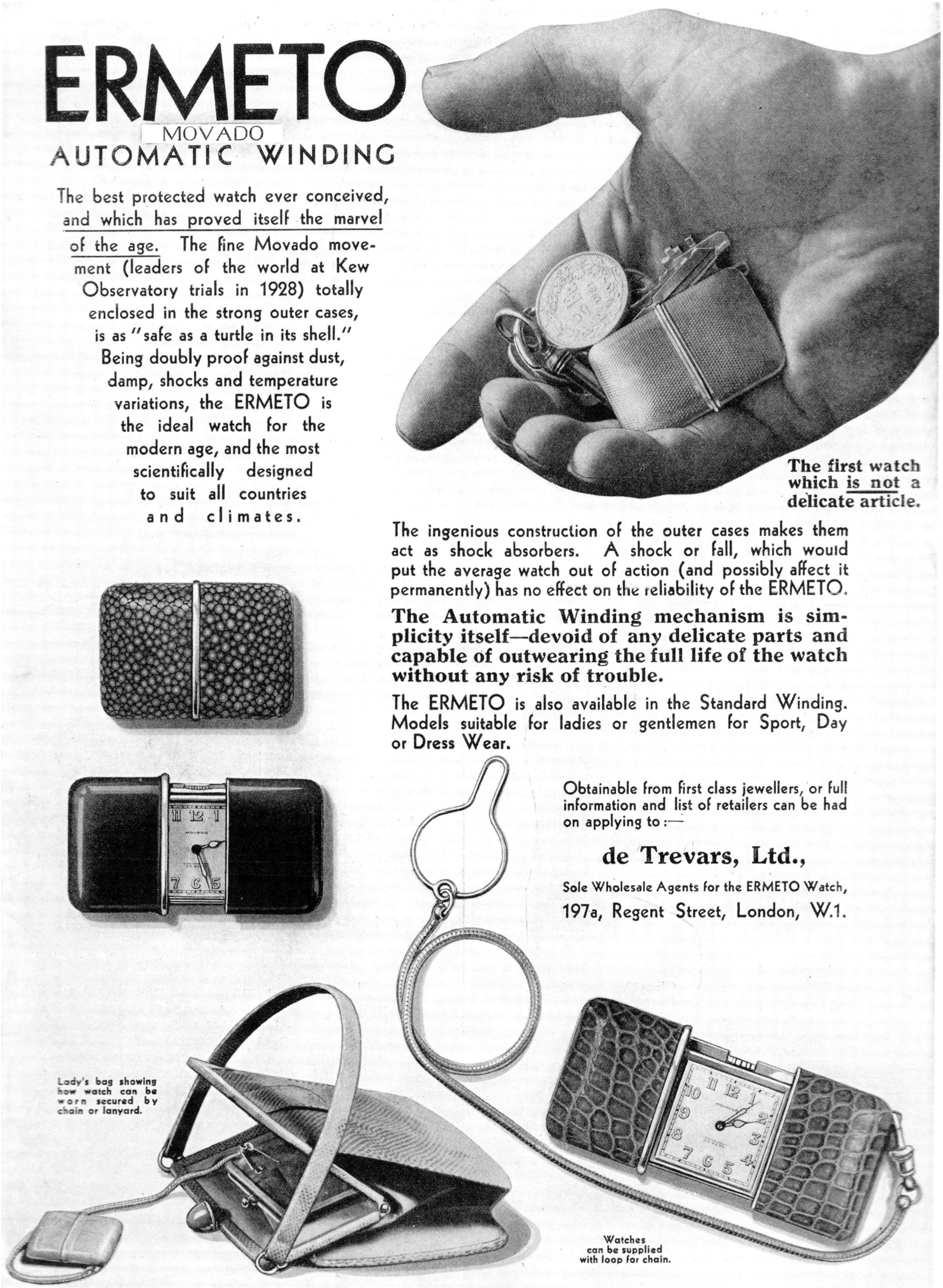
ERMETO
MOVADO
AUTOMATIC WINDING
The best protected watch ever conceived, and which has proved itself the marvel of the age. The fine Movado movement (leaders of the world at Kew Observatory trials in 1928) totally enclosed in the strong outer cases, is as "safe as a turtle in its shell." Being doubly proof against dust, damp, shocks and temperature variations, the ERMETO is the ideal watch for the modern age, and the most scientifically designed to suit all countries and climates.
The first watch which is not a delicate article.
The ingenious construction of the outer cases makes them act as shock absorbers. A shock or fall, which would put the average watch out of action (and possibly affect it permanently) has no effect on the reliability of the ERMETO.
The Automatic Winding mechanism is simplicity itself—devoid of any delicate parts and capable of outwearing the full life of the watch without any risk of trouble.
The ERMETO is also available in the Standard Winding. Models suitable for ladies or gentlemen for Sport, Day or Dress Wear.
Obtainable from first class jewellers, or full information and list of retailers can be had on applying to :—
de Trevars, Ltd.,
Sole Wholesale Agents for the ERMETO Watch,
197a, Regent Street, London, W.1.
Lady's bag showing how watch can be worn secured by chain or lanyard.
Watches can be supplied with loop for chain.

DIE ERSTEN AUTOMATIKARMBANDUHREN

Als Erfinder der Uhr mit Selbstaufzug oder »automatischem« Aufzug gilt der Schweizer Uhrmacher Abraham-Louis Perrelet (1729–1826). In den 1770er-Jahren entwickelte Perrelet eine Vorrichtung, mit der sich eine Taschenuhr selbst aufzog, indem die Körperbewegungen des Trägers zum Spannen der Zugfeder und somit zum Aufziehen der Uhr genutzt wurden. Dieses revolutionäre Konzept wurde schnell von anderen Uhrmachern wie Abraham-Louis Breguet und Louis Recordon aufgegriffen und weiterentwickelt. Zu dieser Zeit wurden Uhren mit einem Schlüssel aufgezogen, weswegen ein automatischer Aufzug die Möglichkeit eröffnete, auf eine lästige tägliche Routine verzichten zu können.

Probleme mit der Zuverlässigkeit und Zweifel darüber, ob diese Technik in der Lage war, den genauen Gang der Uhr aufrechtzuerhalten, dürften eine weite Verbreitung der automatischen Taschenuhr verhindert haben. In der ersten Hälfte des 19. Jahrhunderts wurden verlässliche schlüssellose Aufzugsmechanismen entwickelt, wobei Adrien Philippe (bekannt durch Patek Philippe) 1842 der Durchbruch gelang. Komfort und Zuverlässigkeit des schlüssellosen Mechanismus ließen das Bedürfnis nach einem automatischen System zunächst in den Hintergrund treten.

Aus heutiger Sicht ist der automatische Aufzug in erster Linie eine komfortable Funktion, seinen Erfindern ging es jedoch auch um den Schutz des Werks und die Verbesserung seiner Ganggenauigkeit, denn eine voll aufgezogene Zugfeder gibt ihre Energie gleichmäßiger ab und trägt so zu einem genaueren Gang bei. Im Vergleich zur Taschenuhr, die relativ gut geschützt in der Tasche lag, war die Armbanduhr einer Fülle von Gefahrenquellen ausgesetzt, von Wasser und Schmutz bis zu Stößen und Schlägen. Vom Schutz des empfindlichen mechanischen Werks vor Schmutz und Feuchtigkeit versprach man sich eine erhebliche Verbesserung der Zuverlässigkeit, Langlebigkeit und Genauigkeit.
Die frühen Armbanduhrgehäuse ähnelten in ihrer Konstruktion meist Taschenuhren, ihre gedrückten Gehäuseböden und Lünetten waren aber im Vergleich dünner

UNTEN Recordon, Spencer & Perkins, London, um 1780.
Frühes Uhrwerk mit (automatischem) Pedometeraufzug, hergestellt nach dem Britischen Patent Nr. 1249 von 1780. Durch die Bewegung der großen Schwungmasse aus Silber wird die Zugfeder aufgezogen
Durchmesser (mit Gehäuse) 52 mm

und boten weniger Schutz, außerdem konnte durch die Aufzugskrone Feuchtigkeit ins Gehäuseinnere gelangen.

John Harwood war ein englischer Uhrmacher, der vom Potenzial der automatischen Armbanduhr überzeugt war. Nach dem Ersten Weltkrieg begann er, teils in Zusammenarbeit mit seinem Geschäftspartner Harry Cutts, mit entsprechenden Experimenten. Als Weltkriegsteilnehmer hatte er die Vorteile der Armbanduhr schätzen gelernt, aber auch ihre Anfälligkeit gegen Witterungseinflüsse und harte Einsatzbedingungen erkannt. Nachdem er die Finanzierung gesichert hatte, beantragte Harwood 1923 ein Schweizer Patent (Nr. 106583, erteilt am 1. September 1924) für sein Werk mit automatischem Aufzug. Kern der Konstruktion war eine drehend gelagerte, mit Federpuffern an beiden Seiten gedämpfte Schwungmasse, die in beide Richtungen rotierte und die Uhr mit einer hammerartigen Bewegung aufzog. Und Harwood konnte eine weitere raffinierte Entwicklung für sich verbuchen: einen Stellmechanismus, der ohne Schlüssel oder Krone auskam, sodass das gesamte Werk dicht eingeschalt werden konnte. Die Zeigerstellung erfolgte nämlich über die drehbare Lünette.

Harwood wandte sich unter anderem an die Schild SA, einen Schweizer Werkehersteller, der die Uhren in Zusammenarbeit mit Fortis zur Marktreife brachte. 1929 waren Harwood-Uhren auf beiden Seiten des Atlantiks bekannt und bei einer Vielzahl renommierter Händler erhältlich. Für den französischen Markt fertigte Blancpain Uhren mit Harwoods Werken, in den USA wurden mit Harwood-Werken bestückte Uhren von der Perpetual Selfwinding Watch Company vertrieben.[11] Die Zukunft der Harwood-Uhr schien gesichert, doch die Geschichte setzte dem ein jähes Ende. Am 29. Oktober 1929 löste der Börsenkrach an der Wall Street die katastrophale Weltwirtschaftskrise aus. Die schwierige Wirtschaftslage, verbunden mit den hohen Produktionskosten für die anspruchsvollen Harwood-Werke, führte zu einem rasanten Niedergang, sodass die Harwood Self-Winding Watch Company ihre Geschäftstätigkeit 1931 einstellte[12] und im Dezember des Folgejahres in Konkurs ging.

UNTEN LINKS Harwood, gepunzt 1929. Automatikarmbanduhr aus 9 Kt Roségold Durchmesser 29 mm

UNTEN RECHTS Harwood-Automatikwerk mit zentral aufgehängter, drehbar gelagerter Schwungmasse

Tissot
ANTIMAGNÉTIQUE

1930–1939

DIE 1930er-JAHRE

Die Auswirkungen des Börsenkrachs an der Wall Street erwiesen sich für die Schweizer Uhrenindustrie als dramatisch. Die Anzahl exportierter Uhren sank von 21 Millionen Stück im Jahr 1929 rapide auf 16 Millionen im Jahr 1930 und nur noch 8 Millionen im Jahr 1932.[1] Ungeachtet der katastrophalen Ereignisse waren die 1930er-Jahre jedoch für die Uhrmacherkunst eines der innovativsten und kreativsten Jahrzehnte des gesamten Jahrhunderts. Viele der Ikonen des Uhrendesigns des 20. Jahrhunderts entstammen den ersten Jahren dieses Jahrzehnts, darunter LeCoultres Reverso von 1931; Rolex' Oyster Perpetual von 1931 bis 1934; Patek Philippes Calatrava von 1932 und die Cadenas von Van Cleef & Arpels aus dem Jahr 1935. Neben diesen Uhren brachte das Jahrzehnt eine Fülle weiterer innovativer Designs hervor.

Obwohl John Harwood mit seiner bahnbrechenden automatischen Uhr wirtschaftlich gescheitert war, wetteiferten Uhrenhersteller weiterhin um die Produktion einer kommerziell erfolgreichen Uhr mit Selbstaufzug. In diesem Rahmen entstand eine Vielzahl von Entwürfen, darunter exotische wie ganze Werke samt Zifferblättern, die sich in einem Gehäuse auf Schienen hin und her bewegten. Die Entwicklung wasserdichter Gehäuse blieb ein weiterer wichtiger Entwicklungsbereich. Angesichts der Beliebtheit rechteckiger Uhren experimentierten viele Gehäusehersteller mit der Abdichtung von Formgehäusen gegen Wasser. Omega fand eine Lösung in Form des »Marine«-Gehäuses, das 1932 vorgestellt wurde; etliche weitere sollten folgen.

Uhren mit Zeitanzeigen in Fenstern statt herkömmlichen analogen Zifferblättern erfreuten sich wachsender Beliebtheit, insbesondere in der ersten Hälfte der 1930er-Jahre. Diese wurden in recht hohen Stückzahlen im preiswerteren Marktsegment hergestellt, waren jedoch eher selten im hochpreisigen Bereich zu finden. Auch weitere unkonventionelle Zeitanzeigeformen waren anzutreffen, darunter eine Serie von Uhren, die Verger Frères für Vacheron Constantin fertigte. Diese als »*bras-en-l'air*« (wörtlich übersetzt: »Arme in die Luft«) bekannten Uhren zeigten die Zeit mithilfe von Figuren, Tiermotiven oder Objekten an. Die Abbildungen gegenüber zeigen zwei Beispiele solcher Uhren, oben mit einem Magier und unten mit einem Wappenadler als Anzeigefiguren. Die Uhren wurden mit einem Drücker an der linken Gehäuseseite bedient, bei dessen Betätigung

OBEN Patek Philippe Calatrava Ref. 96, hergestellt 1937.
Armbanduhr mit rundem Stahlgehäuse und flacher Lünette
Durchmesser 31 mm

GEGENÜBER, OBEN Verger Frères für Vacheron Constantin, um 1930.
Bras-en-l'air-Taschenuhr aus 18 Kt Weiß- und Gelbgold (Kal. RA 17''' 15/12)
Durchmesser 48 mm

GEGENÜBER, UNTEN Verger Frères für Vacheron Constantin, um 1930.
Bras-en-l'air-Taschenuhr aus 18 Kt Weiß- und Gelbgold (Kal. RA 17''' 15/12)
Durchmesser 48 mm

CHARLTON & Co

GEGENÜBER Cartier, gepunzt 1933.
Rechteckige Armbanduhr aus 18 Kt Gelbgold mit Emaillezifferblatt und Schließmechanismus für das Zifferblatt, Werk von der European Watch & Clock Co.
Länge 38 mm

UNTEN LINKS Movado Fahrerarmbanduhr, um 1935.
Armbanduhr aus Stahl mit stark gewölbtem manschettenförmigem Gehäuse
Breite ca. 30 mm

UNTEN RECHTS Cartier Tank, hergestellt 1930.
Rechteckige Armbanduhr aus Platin mit Platingliederarmband, Werk von der European Watch & Clock Co.
Länge 30,5 mm

die Arme des Magiers bzw. die Beine des Adlers so angehoben werden, dass sie die Zeit auf der Stundenskala links und der Minutenskala rechts anzeigen.

Die wachsende Beliebtheit von Sport- und Freizeitaktivitäten in dieser Zeit bot den Uhrenherstellern enorme Marketingmöglichkeiten und führte zur Produktion speziell konstruierter Gehäuse, die einen verbesserten Schutz für Uhrwerk und Glas boten. LeCoultre's Reverso (s. S. 88) war nur einer von vielen Ansätzen, die das Uhrenglas bei Ballsportarten vor Zerstörung schützen sollten. Auch Gitter und Jalousien wurden eingesetzt, um das Uhrenglas im Alltag vor Bruch zu bewahren, die letztgenannten Vorrichtungen waren jedoch oft so aufwändig und kunstvoll, dass der eigentliche Zweck wohl eher darin lag zu beeindrucken.

Auch speziell entwickelte Modelle für die Verwendung in der Fliegerei und im Motorsport wurden entwickelt. So kamen Uhren auf, die speziell für das Tragen an der Handgelenkseite konzipiert waren und daher oft stark gewölbte Gehäuse aufwiesen. Dadurch konnte die Zeit am Steuer eines Autos leichter abgelesen werden. Chronographen zur Zeitmessung wurden in steigenden Stückzahlen produziert, und zwar nicht mehr nur als Instrumente für Navigatoren und Motorsportveranstalter, sondern zunehmend auch für breitere Käuferschichten.

Auch bei den Gehäusematerialien zeichneten sich Entwicklungen ab. Dank seiner extremen Widerstandsfähigkeit wurde das schwer zu verarbeitende Platin als Gehäusematerial entdeckt und kam zunehmend für hochpreisigere Herrenmodelle zum Einsatz. In den 1930er-Jahren nahm der Anteil von Uhrengehäusen aus Stahl deutlich zu – nachdem man die Schwierigkeiten bei der Herstellung von Gehäusen aus hochwertigem korrosionsfestem und hautfreundlichem Stahl überwunden hatte, die bisher dazu geführt hatten, dass die allermeisten hochwertigeren Uhrengehäuse aus Silber und Gold gefertigt waren. Mit seiner Zähigkeit und Härte erwies sich Stahl als hervorragendes Gehäusematerial für die besondere Beanspruchung am Handgelenk. Darüber hinaus war Stahl ein idealer Werkstoff für die

Designs der 1930er-Jahre: Die zeittypischen schärferen Linien und dekorativen Facettierungen und Anglierungen wahrten bei einem Stahlgehäuse ihre klare Form deutlich länger als bei Gehäusen aus den weichen Edelmetallen Gold und Silber. Ein weiterer klarer Vorteil in den wirtschaftlich schwierigen Zeiten lag im günstigeren Preis von Stahl im Vergleich zu Edelmetallen. Stahl ermöglichte den Herstellern die Erweiterung ihrer Programme, indem Gehäuse in verschiedenen Materialien und unterschiedlichen Preislagen angeboten werden konnten, sodass weitere Kundenkreise angesprochen werden konnten. Der in den 1920er-Jahren aufgekommene Trend zu Metallmixgehäusen hielt in den 1930ern weiter an – Stahlgehäuse mit Einsätzen und/oder Kappen aus Gelb- oder Roségold sorgten für Vielfalt im Gehäusedesign. Auch bei reinen Edelmetalluhren waren Materialkombinationen wie Weiß- gemeinsam mit Gelbgold populär. Im hochexklusiven Bereich kombinierte man Platin mit Gelb- oder Roségold. Rechteckige Uhren boten sich für derlei Materialkombinationen besonders

RECHTS Vacheron Constantin, hergestellt 1930.
Rechteckige Armbanduhr aus 18 Kt Gelb- und Weißgold
Länge 32 mm

UNTEN LINKS Patek Philippe Ref. 453, hergestellt 1937.
Armbanduhr aus Stahl und Roségold mit dreifarbigem Zifferblatt und T-förmigen Bandanstößen (Kal. 10‴)
Durchmesser 29,5 mm

UNTEN RECHTS Universal Genève Prince, verkauft durch Hermès, Paris, um 1935.
Armbanduhr aus 18 Kt Gelbgold mit schwarz lackiertem Zifferblatt (Kal. 246)
Durchmesser 29,5 mm

an; die 1930er-Jahre brachten eine Vielzahl solcher Modelle hervor, oft mit abgestuften Flanken oder Kombinationen aus Metallen in unterschiedlichen Farben.

Traditionelle Emaillezifferblätter wurden fast vollständig von Metallzifferblättern verdrängt, bei denen große Experimentierfreude herrschte. Metallzifferblätter konnten nicht nur schneller und in größeren Stückzahlen hergestellt werden, sie boten auch unbegrenzte gestalterische Möglichkeiten. Ziffern und Indizes konnten appliziert, lackiert oder gestanzt werden; Skalen ließen sich in unterschiedlichen Techniken, Größen und Stärken aufbringen, und Hilfszifferblätter konnten mit Guillochierungen hervorgehoben werden. Lackierungen und Bemalungen der Zifferblattoberfläche waren ebenso möglich wie die Unterteilung in Sektoren und Schattierungen durch variierende Satinierung. Viele dieser Techniken waren bereits bekannt, die Experimentierfreude hinsichtlich des Zifferblattdesigns sorgte jedoch für einen Umbruch. Die Variationsmöglichkeiten hatten zur Folge, dass Hersteller eine größere Bandbreite an Designs anbieten konnten, ohne eine Vielzahl von Modellen vorhalten zu müssen: Dasselbe Modell ließ sich in zahlreichen Zifferblattvarianten von klassisch über modern bis avantgardistisch anbieten.

Zweifellos war es die Armbanduhr, die in den 1930er-Jahren die kreativen Impulse bestimmte. Die Innovationsfreude und Voraussicht der Uhrenhersteller in der schwierigen Zeit nach dem Börsenkrach bestätigten sich zur Mitte der 1930er-Jahre; 1934 wurden bereits fast doppelt so viele Armbanduhren wie Taschenuhren aus der Schweiz ausgeführt.[2] Taschen- und Etuiuhren spielten dennoch weiterhin eine wichtige Rolle, und es fand nach wie vor ein Austausch von Formen und Stilen unter den Uhrengenres statt. Neben den kreativen und experimentellen Uhrengehäusen dieser Zeit begannen sich auch die heute als klassisch bezeichneten runden und rechteckigen Gehäuseformen herauszukristallisieren. Zum Ende der 1930er-Jahre hatte sich eine Fülle vollkommen neuer Strukturen und Gestaltungselemente entwickelt, die die Uhrmacherei bis heute beeinflussen.

SCHLIESS- UND SCHIEBEMECHANISMEN

Die Reverso von Jaeger-LeCoultre ist eine Ikone der Uhrmacherkunst des 20. Jahrhunderts. Ihr Gehäuse wurde vom Designer René-Alfred Chauvot entwickelt und am 4. März 1931 in Frankreich patentiert (Nr. 712.868). Der Patentantrag lautete auf: »(Une) montre susceptible de coulisser dans son support et pouvant se retourner complètement sur elle-même« – also eine Uhr, die sich in einer Schienenführung bewegen und um die eigene Achse wenden lässt.

Das französische Patent wurde am 14. Oktober 1931 erteilt; die Rechte daran erwarb noch vor der Veröffentlichung der Schweizer Geschäftsmann César de Trey. Im November desselben Jahres gründete de Trey mit Jacques-David LeCoultre eine Firma namens Spécialités Horlogères zur Vermarktung der Reverso. In den frühen Produktionsjahren wurden kleine Stückzahlen des Gehäuses an andere Unternehmen wie Cartier, Favre-Leuba, Hamilton, Patek Philippe und Vacheron Constantin verkauft. 1934 firmierte Spécialités Horlogères um in die Société de Vente des Produits Jaeger-LeCoultre und erwarb unter diesem Namen das Reverso-Patent.

Das ursprüngliche Ziel des Reverso-Gehäuses lag im Schutz des Uhrenglases, das Modell richtete sich ursprünglich an Sportler. César de Trey soll damals René-Alfred Chauvot mit dem Entwurf einer Uhr betraut haben, die dem rauen Einsatz in einem Polospiel standhalten konnte – de Trey hatte angesichts der Tatsache, dass bei diesem Sport Uhren häufig zu Bruch gehen, offensichtlich eine Marktlücke für eine stoßgesicherte Uhr erkannt. Mit ihren eleganten, klaren Linien und der Rechteckform fügt sich ihr Design perfekt in die Zeit des Art déco ein. Die glatte Rückseite des Wendegehäuses lud den Käufer außerdem dazu ein, die Uhr mit den eigenen Initialen, dem Familienwappen oder einem dekorativen Motiv zu personalisieren. In frühen Anzeigen für das Modell sind bereits Beispiele mit monochrom emaillierten Initialen und Monogrammen zu sehen.

Im Laufe der 1930er-Jahre tauchten weitere Konzepte zum Schutz des Glases auf. Eines der faszinierendsten Modelle trug die Bezeichnung Montre à Volets (Jalousieuhr) und stammte vom Pariser Juwelier Verger Frères.

RECHTS LeCoultre Reverso, patentiert 1931, dieses Exemplar um 1935.
Armbanduhr aus Stahl mit rechteckigem Wendegehäuse, schwarzem Zifferblatt und Zentralsekunde
Länge 33 mm, Breite 23 mm

GEGENÜBER Werbeanzeige für die Jaeger-LeCoultre Reverso, Dezember 1932

REVERSO

Montre suisse de haute précision, produit des Spécialités Horlogères S.A. à Lausanne (Suisse). Distributeurs pour le monde entier des produits d'Horlogerie fine : JAEGER LECOULTRE

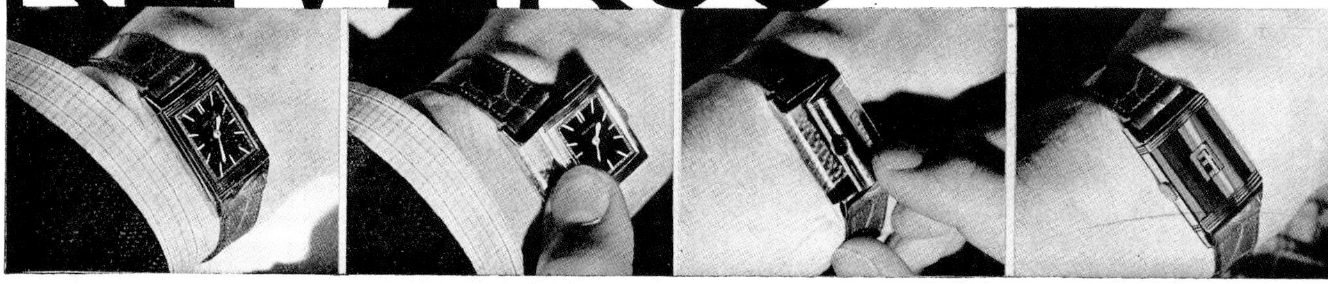

SE PORTE COMME TOUTE AUTRE MONTRE MAIS PEUT SE PROTÉGER A VOLONTÉ

Il est d'un très grand intérêt de pouvoir protéger sa montre de tous les accidents qui la menacent, la montre-bracelet en particulier, au cours de notre activité normale et surtout sportive. La REVERSO, que l'on retourne sur elle-même d'un simple geste (de façon qu'elle offre aux chocs éventuels son dos robuste et non son cadran), constitue donc un remarquable progrès. Son mouvement extraordinairement précis, la robustesse et l'élégance de sa boîte, la durée que lui vaut sa résistance aux heurts, permettent de placer la REVERSO au tout premier rang des montres de confiance.

Avant de faire l'achat d'une montre-bracelet, demandez à voir la REVERSO, faites-en faire devant vous la démonstration ; c'est, vous le verrez, la montre qu'il vous faut.

La montre REVERSO se fait en un seul modèle, mais en deux grandeurs, pour l'homme et pour la femme. Boîte en or ou en acier nu inoxydable Staybrite, ou combinaison des deux métaux.

REVERSO STANDARD à partir de 575 fr.

CLERC

4, PLACE DE L'OPÉRA - PARIS

Catalogue franco sur demande

Création TRIO. Pub. André Hirsch.

Diese Uhren mit einem Klappmechanismus über dem Zifferblatt ließen sich wie eine Jalousie öffnen und schließen. Das Modell wurde als Armband-, Taschen- und Anhängeuhr angeboten und ist ein Musterbeispiel des Art déco. Die Gehäuse wiesen zwei Kronen bei 3 und 9 Uhr auf und erhielten so eine perfekt symmetrische Form. Die Krone bei 3 Uhr diente als Aufzugs- und Stellmechanismus, die gegenüberliegende bei 9 Uhr öffnete und schloss die Jalousie, die den Blick aufs Zifferblatt freigab und zugleich als Schutz des Uhrenglases fungierte. Die Uhrengehäuse von Verger Frères galten als außerordentlich kreativ, und das Unternehmen arbeitete in dieser Zeit besonders eng mit dem Uhrenhersteller Vacheron Constantin zusammen. Die Abbildungen unten zeigen eine Vacheron-Constantin-Montre-à-Volets-Armbanduhr mit einem von Verger Frères 1930 gefertigten Gehäuse. Das Goldgehäuse ist zweifarbig ausgeführt: Der Korpus besteht aus Weißgold, die flache Lünette aus Gelbgold mit gravierten, emaillegefüllten Art-déco-Ziffern und Dreieckindizes. Die Jalousie selbst besteht aus Weiß- und Gelbgoldbändern.

Movado entwickelte seine Ermeto-Uhren weiter und vermarktete sie im Laufe der 1930er-Jahre in unterschiedlichen Varianten, während Rolex eine Taschenuhrversion seiner rechteckigen Prince mit einem Schutzdeckel mit Federscharnier anbot – diese wurde als Damen- und Herrenmodell mit der Bezeichnung Sporting Princess bzw. Sporting Prince angeboten. Viele Etuiuhren der Zeit waren von Streichholzetuis aus Metall inspiriert. Ein Beispiel für eine solche Uhr der Marke Texina (eine Untermarke des Schweizer Herstellers Georges Dimier SA) ist gegenüber (ganz unten) abgebildet. Hier wird die Uhr nicht durch einen Scharnierdeckel, sondern durch einen Schiebemechanismus geöffnet. Dieses Exemplar verfügt über einen gefederten Schließmechanismus, der die Uhr verschließt, sobald die Abdeckung losgelassen wird. Das 1931 hergestellte Modell ist beispielhaft für eine besonders in der ersten Hälfte des Jahrzehnts beliebte Form der Etuiuhr, die oft aus guillochiertem Sterlingsilber mit einer leeren Kartusche für eine Initialengravur angeboten wurde. Ein Vorteil dieser Uhren lag darin, dass sie mit einer Hand bedient werden konnten und sich die Zeit bei Modellen mit Federverschluss besonders schnell und einfach ablesen ließ.

UNTEN Vacheron Constantin Montre à Volets mit Gehäuse von Verger Frères, hergestellt 1930.
Armbanduhr aus 18 Kt Gelb- und Weißgold in Rechteckform mit jalousieförmiger Zifferblattabdeckung (Kal. RA 9‴ 94)
Breite 30 mm

GEGENÜBER, OBEN Movado Ermeto, um 1935.
Etuiuhr mit Zentralsekunde und Hülle aus Stahl mit Lederbezug (Kal. 157)
Länge (geschlossen) 49 mm

GEGENÜBER, MITTE Rolex Sporting Princess Ref. 1563, um 1935.
Etuiuhr aus Stahl mit Doppelzifferblatt in rot lackiertem Scharnieretui (Kal. Extra Prima)
Länge 40 mm

GEGENÜBER, UNTEN Texina Impervo, mit Londoner Einfuhrpunzen für 1931.
Etuiuhr aus Sterlingsilber in Streichholzetuiform mit guillochiertem Schiebedeckel (Kal. 2001)
Länge (geschlossen) 46 mm

MOVADO
SWISS MADE

ROLEX
SPORTING
PRINCESS

TEXINA
IMPERVO

AUTOMATIKUHREN UND DIE ROLEX PERPETUAL

In den frühen 1930er-Jahren wurden von den verschiedensten Herstellern zahlreiche Automatikwerke entwickelt. Einige, wie die Automatikuhren von Glycine und Autorist, basierten auf der Hammerautomatik von John Harwood. Die Tatsache, dass Harwood insolvent gegangen war, dürfte die Umgehung seiner Patente erleichtert haben, da man nicht mit Patentverletzungsklagen rechnete. Andere Hersteller fanden ungewöhnliche und originelle Lösungen für den automatischen Aufzug. Bei der Rolls-Automatic (entworfen von der Léon Hatot SA in Paris) etwa bewegte sich das Werk samt Zifferblatt im Gehäuse auf und ab; durch diese Bewegung wurde ein Hebel in Gang gesetzt, der das Werk aufzog. An den Gehäuseenden wurden Werk und Zifferblatt durch Federn gedämpft. Der Mechanismus mag faszinierend gewesen sein, das konstante Auf- und Abschwingen dürfte jedoch auf die Dauer irritiert haben, weswegen sich das Modell als kurzlebig erwies und nur in der Zeit von 1930 bis 1934 produziert wurde.

Der Sieger im Kampf um die Vorherrschaft bei den Automatikuhren hieß schließlich Rolex. 1931 wurde ein sich selbst aufziehendes »Perpetual«-Werk durch Émile Borer von Aegler (dem wichtigsten Werkelieferanten für Rolex) entwickelt und patentiert. Nachforschungen zeigen, dass die ersten Rolex Perpetual-Uhren drei Jahre später, Ende 1933 oder Anfang 1934, vorgestellt wurden.[3] Im aggressiven Wettbewerbsumfeld war Rolex bestrebt, sich eine überzeugende patentierte Technik zu sichern, wollte aber angesichts der bekannten Mängel mancher Konkurrenzprodukte sichergehen, dass die eigene Automatikuhr von Beginn an ein Erfolgsmodell wird. Die frühen Automatikwerke von Rolex wurden in die Oyster-Gehäuse der Firma eingeschalt und erfüllten so die Vision des Gründers von einer Uhr, die nicht täglich aufgezogen und im Wasser nicht abgenommen werden muss.

Ein wichtiger Erfolgsfaktor für das Automatikwerk von Rolex lag darin, dass man nicht versucht hatte, die gesamte Mechanik des Werks neu zu erfinden. Diese

UNTEN Rolls, um 1930–1934.
Rechteckige Automatikarmbanduhr aus Silber; Werk samt Zifferblatt sind im Gehäuse beweglich gelagert und ziehen die Uhr auf (Kal. 5½‴)
Länge 37 mm, Breite 17 mm

frühen Perpetuals entstanden auf der Basis eines Standard-Handaufzugswerks, auf das ein Rotormechanismus montiert wurde. Dies hatte den Vorteil, dass man auf ein bewährtes Basiskaliber zurückgreifen konnte, statt ein Automatiksystem in ein völlig neues Werk integrieren zu müssen. Durch die zusätzliche Bauhöhe des Automatikmoduls war zwar ein dickeres Gehäuse nötig, aber es konnte eine um 360° frei bewegliche Schwungmasse verwendet werden. Dieses System bot im Gegensatz zur federgedämpften Harwood-Hammerautomatik oder der hin- und hergleitenden Rolls-Automatik den Vorteil eines wesentlich laufruhigeren Werks. Ein weiterer wichtiger Vorteil lag darin, dass die Uhr im Gegensatz zu anderen Automatikmodellen bei Bedarf auch von Hand aufgezogen werden konnte. Die Rolex Perpetual verfügte über eine Gangreserve von 35 Stunden und war im Durchschnitt nach weniger als einem halben Tag am Handgelenk voll aufgezogen. Die Abbildung unten zeigt ein besonders frühes Exemplar der Rolex Oyster Perpetual aus der Zeit um 1935. Unten rechts ist die Werkrückseite mit der ganz oben montierten halbkreisförmigen Schwungmasse zu sehen. Auffällig sind eingravierte Anweisungen in Englisch und Französisch, die dem Uhrmacher die Demontage des Rotors für den Zugang zum Werk erleichtern sollen – möglicherweise reagierte man damit auf Kritik seitens der Uhrmacher über die schwierige und aufwändige Wartung anderer früher Automatikuhren.

Durch die Kombination aus dem dichten Oyster-Gehäuse und einem dauerhaft laufenden Werk mit Automatikaufzug hatte Rolex eine sensationelle Uhr geschaffen. Die Perpetual hielt die Feinde des mechanischen Uhrwerks – Schmutz, Staub und Wasser – noch wirksamer fern, da die Zeit selbst bei hohen Genauigkeitsansprüchen nicht öfter als einmal wöchentlich manuell eingestellt werden musste. Demzufolge wurde die Krone nur selten aufgeschraubt, und die Abdichtung blieb fast immer bestehen. Angesichts des brillanten Designs verwundert es kaum, dass die Oyster Perpetual bis heute eine der Grundlagen für den Erfolg von Rolex ist.

UNTEN LINKS Rolex Oyster Perpetual um 1935.
Automatikarmbanduhr aus Stahl mit Leuchtziffern und -zeigern (Kal. 11¾‴)
Durchmesser 32 mm

Das Rotormodul der Rolex Oyster Perpetual

ARMBANDUHREN MIT ACHT TAGEN GANGRESERVE

Angesichts der Vorbehalte gegenüber der Zuverlässigkeit früher Automatikuhren entstand ein weiteres anwendungsfreundliches Konzept: die »Acht-Tage«-Armbanduhr. Diese Uhren mussten, wie der Name nahelegt, nur einmal pro Woche aufgezogen werden. Acht-Tage-Werke waren keine ungewöhnliche Erscheinung bei kleinen Tischuhren, die Miniaturisierung auf Armbanduhrgröße war jedoch schwierig und kostenintensiv. 1931 stellte LeCoultre das Kaliber 124 vor, eines der ersten Formwerke mit acht Tagen Gangreserve. Die große Herausforderung bei solchen Werken besteht in der gleichmäßigen Verteilung der Aufzugsenergie über die gesamte Gangzeit – ein voll aufgezogenes Federhaus hat die größte Energie, und diese nimmt stetig ab. Wird die Freisetzung der Energie nicht durch ein präzises Räderwerk mit Hemmung gleichmäßig geregelt, kommt es zu hohen Ungenauigkeiten in der Zeitdarstellung. Bei einer täglich aufgezogenen Uhr mit vielleicht 35 Stunden Gangreserve können diese Abweichungen leicht korrigiert werden, bei einem Werk mit acht Tagen Reserve ist das deutlich komplexer. LeCoultre löste dieses Problem unter anderem durch den Einsatz von zwei Federhäusern statt einem. Um Platz für beide Federhäuser zu bieten, bekam das LeCoultre-Werk eine breite Rechteckform, bei der die Federhäuser an beiden Enden angeordnet waren. Mit seiner Form und Größe (28 x 19,73 mm) passte das Werk ideal zu den in den 1930er-Jahren beliebten rechteckigen Armbanduhrgehäusen.

Acht-Tage-Armbanduhren aus dieser Zeit sind extrem selten. Patek Philippe beispielsweise soll in den 1930er-Jahren lediglich vier solcher Uhren mit Rohwerken von LeCoultre hergestellt haben. Das hier abgebildete Exemplar mit Rechteckgehäuse aus 18 Kt Gelbgold wurde 1931 gefertigt. Auch Cartier fabrizierte in dieser Zeit einige wenige Acht-Tage-Uhren und stellte 1931 ein Modell vor, das ebenfalls mit dem oben erwähnten Rohwerk von LeCoultre aufgebaut wurde. Die Werke wurden in Cartiers längliche, rechteckige Tank-Allongée-Gehäuse eingeschalt. Die Zifferblätter trugen neben dem Markensignet allesamt die Aufschrift »Eight Days«.

Aus heutiger Sicht verwundert es, dass den Acht-Tage-Uhren kein größerer Erfolg beschieden war. Trotz der hohen Qualität der Werke von LeCoultre mag es Vorbehalte gegenüber Uhren gegeben haben, die nur einmal wöchentlich aufzuziehen waren, vielleicht war aber auch ihr Preis zu hoch im Vergleich zu optisch ähnlichen Uhren mit herkömmlichen, täglich aufzuziehenden Werken.

UNTEN UND GEGENÜBER Patek Philippe 8 Days, hergestellt 1931.
Armbanduhr aus 18 Kt Gelbgold mit Handaufzug und Werk mit acht Tagen Gangreserve (Kal. 9‴ LeCoultre-Rohwerk)
Länge 38,5 mm, Breite 22 mm

PATEK PHILIPPE & Co
GENEVA SWITZERLAND
8 DAYS

TWENTY THREE (23) JEWELS, THREE (3) HEAT, COLD, ISOCHRONISM
ADJUSTED FIVE (5) POSITIONS
Nº 198450
PATEK, PHILIPPE & Co, GENEVA, SWITZERLAND

LINDBERGH UND WEEMS

Schon früh suchte Longines die Zusammenarbeit mit den Pionieren der Luftfahrt. Die Chronographen und Chronometer des Unternehmens dienten bei vielen frühen Flugexpeditionen als Navigationshilfe. Im Mai 1927 flog der 25-jährige US-Amerikaner Charles Lindbergh vom Roosevelt Airport auf Long Island, New York, bis zum Flughafen Le Bourget vor Paris und absolvierte damit den ersten Nonstop-Alleinflug über den Atlantik. Damals fungierte Longines als offizieller Zeitnehmer der World Air Sports Federation und verantwortete die Zeitnahme des Lindbergh-Flugs. Im Anschluss an den Flug entwickelten Lindbergh und Longines gemeinsam eine Pilotenuhr. Das Ergebnis war eine »Stundenwinkeluhr«, die als Longines Lindbergh bekannt wurde.

Die Uhr mit stattlichem 47-mm-Gehäuse war auf gute Ablesbarkeit und Bedienbarkeit während des Flugs ausgelegt. Außerdem ermöglichte sie die Feststellung des aktuellen Längengrads durch eine Berechnung des Unterschieds zwischen der Ortszeit des Piloten und der Greenwich-Zeit. Für die Navigationsberechnung musste der Pilot/Navigator zusätzlich die Sonnenzeit der aktuellen Position und die Zeitgleichung bestimmen. Da sich die Erde an einem Tag um 360° dreht, entspricht eine Stunde 15°. Um die Positionsberechnung zu erleichtern, waren die jeweiligen 15-Grad-Schritte auf dem Zifferblatt unterhalb der Stundenziffern aufgedruckt. Die Skala auf der drehbaren Außenlünette ermöglichte die Korrektur anhand der Zeitgleichung. Eine drehbare Scheibe im Zifferblattzentrum gestattete die sekundengenaue Synchronisierung; mittels einer separaten seitlichen Stellkrone konnten die Sekunden mithilfe eines an das Flugzeug gesendeten Funksignals genau eingestellt werden. Die Sekundensynchronisierung war wichtig, da bereits wenige Sekunden Abweichung zu Navigationsfehlern von mehreren Kilometern führen konnten. Die Sekundenstellfunktion wurde ursprünglich vom Marinekapitän Philip van Horn Weems in Zusammenarbeit mit Longines entwickelt und 1929 patentiert. Obwohl die Funktion ursprünglich für die Seenavigation entwickelt worden war, erkannten Lindbergh und andere schnell ihren Wert für die Luftfahrt.

UNTEN Longines Weems, Ref. 5350, hergestellt 1937.
Große Silberarmbanduhr mit Sekundenstelleinrichtung (Kal. 18.69Z)
Durchmesser 47 mm

GEGENÜBER Longines Lindbergh, Ref. 3210, hergestellt 1938.
Große Stundenwinkel-Armbanduhr aus Silber mit Sekundenstelleinrichtung (Kal. 18.69N)
Durchmesser 47 mm

TELEMETRE 1KM
AUDEMARS PIGUET & Co

CHRONOGRAPHEN

GEGENÜBER Audemars Piguet Nr. 43792, verkauft 1938 an den Genfer Händler Bader Nel Maxima.
Armbandchronograph aus 18 Kt Gelbgold mit dreifarbigem Zifferblatt, äußerem Telemeterring und innerer Tachymeter-Spiralskala, Hilfszifferblättern für konstante Sekunde und 30-Minuten-Register und mit Leuchtmasse belegten Stundenindizes und Zeigern
(Kal. 13 CHRO CPT)
Durchmesser 33 mm

UNTEN Universal Genève Compur, um 1936.
Ärzte-Armbandchronograph aus Stahl mit schwarz lackiertem Zifferblatt und äußerer Pulsometerskala; Hilfszifferblätter für konstante Sekunde und 45-Minuten-Register (Kal. 281)
Durchmesser 30 mm

Armbandchronographen erfreuten sich in den 1930er-Jahren wachsender Beliebtheit. Die Zifferblätter wurden für verschiedene Einsatzzwecke um unterschiedliche Skalen wie Tachymeter, Telemeter und Pulsometer ergänzt. Auch wenn viele Benutzer ihre Chronographen lediglich zum Zeitmessen beim Eierkochen verwendet haben mögen, handelte es sich um hochmoderne Zeitmesser, die sich sehr gut an einen Käuferkreis vermarkten ließen, der sich immer aufgeschlossener für die Armbanduhr zeigte. Die modernen, komplexen und mit einer vielfältigen, teils farbenfrohen Kalibrierung versehenen Uhren waren mehr als einfache Zeitmesser. Die feinen Kalibrierungen auf den Zifferblättern ließen den vorteilhaften Eindruck entstehen, dass es sich um herausragend genaue Uhren handelte.

Auch wenn diese Funktionen nicht immer für ihren zugedachten Zweck verwendet wurden, gab es durchaus echte und wichtige Einsatzbereiche für den Chronographen. Die Zeitnahme bei Autorennen war für die Ausrichter entscheidend, mit dem Armbandchronographen konnten nun aber auch die Zuschauer eigene Messungen machen. Zifferblätter mit Tachymeterskala beispielsweise erlaubten auf einfache Weise die Berechnung der Geschwindigkeit eines Fahrzeugs über eine festgelegte Distanz. Für Ärzte war der Pulsometerchronograph ein extrem wertvolles Hilfsmittel. Diese Zifferblätter für den medizinischen Einsatz waren auf eine bestimmte Anzahl von Pulsschlägen kalibriert – bei einer Kalibrierung auf 30 Pulsschläge zum Beispiel startete der Arzt den Chronographen, zählte 30 Pulsschläge des Patienten ab und stoppte ihn dann wieder. Der stehengebliebene Chronographenzeiger zeigte nun an der Skala die Pulsschläge pro Minute an. Fotografen nutzten Chronographen zur Messung von Belichtungszeiten; im Industriebereich waren Skalen zur Produktionszählung verbreitet, mit denen ein Produktionsleiter die benötigte Zeit für die Herstellung einer Komponente messen und dann anhand der Skala die Produktionszahlen pro Stunde ermitteln konnte.

Vor den 1930er-Jahren waren hauptsächlich Chronographen mit einem einzigen, in die Krone integrierten Drücker für alle Funktionen verbreitet. Die Krone diente nicht allein zum Aufziehen und Stellen, sondern auch zum Starten, Stoppen und Rückstellen des Chronographen. Andere Bauformen trennten den Drücker von der Krone und platzierten ihn an der Gehäuseflanke, meist direkt oberhalb der Krone. Im Laufe der 1930er-Jahre kamen vermehrt Chronographen mit zwei Drückern auf. Diese Anordnung mit Drückern ober- und unterhalb der Krone hatte den Vorteil eines symmetrischeren Designs. Der obere Drücker diente meist zum Starten und Stoppen des Chronographen, der untere zum Rückstellen der Zeiger. Andere Varianten nutzten den oberen Drücker zum Starten und den unteren zum Stoppen und Rückstellen. Gegen Ende der 1930er-Jahre hatte sich die symmetrische Anordnung mit zwei Drückern weitgehend durchgesetzt. Universal Genève war eines der führenden Unternehmen für die Entwicklung von Chronographen und 1934 unter den ersten, die einen Chronographen mit zwei Drückern vorstellten. Auch das erste Armbandchronographenzifferblatt mit Stundenregister zusätzlich zum Minutenregister geht auf das Konto dieser Firma.

Gegen Ende des Jahrzehnts brachte Rolex unter der Referenznummer 3346 eine sehr kleine Serie von Flyback-Armbanduhren mit Zentralsekunde heraus. Auch wenn es sich streng genommen nicht um Chronographen handelte, dienten sie dennoch der Zeitmessung. Die unter dem Modellnamen Centregraph oder Zerograph bekannten Uhren verfügten über einen zentralen Sekundenzeiger und einen Drücker, der den Zentralsekundenzeiger beim Betätigen auf null stellte, woraufhin er sofort weiterlief. Die Flyback-Funktion war besonders nützlich für Piloten und alle, die Zeiten für mehrere aufeinander folgende Ereignisse messen mussten. Die auffälligste Eigenschaft der Uhr war jedoch die drehbare Lünette mit 60-Minuten- bzw. -Sekunden-Skala. Indem die 0/60-Markierung auf der Lünette am Sekunden- oder Minutenzeiger ausgerichtet wurde, konnten abgelaufene Sekunden oder Minuten an der Lünette abgelesen werden. Rolex hatte hier erstmalig eines seiner Oyster-Modelle mit einer Drehlünette versehen. Dieses Ausstattungsmerkmal sollte über ein Jahrzehnt später eine wichtige Rolle bei der Entwicklung einer neuen Sportuhrenlinie spielen, die Rolex in den 1950er-Jahren lancierte.

UNTEN Tissot, um 1938.
Armbandchronograph aus Stahl mit einem Drücker, zweifarbigem Zifferblatt, äußerer Telemeterskala und innerer Tachymeter-Spiralskala, Hilfszifferblättern für konstante Sekunde und 30-Minuten-Register
(Kal. Lemania CHT15)
Durchmesser 37 mm

GEGENÜBER Rolex Oyster Centregraph, Ref. 3346, um 1937.
Armbanduhr Stahl mit Flyback-Zentralsekunde und Drehlünette mit Skala
(Kal. 10½''')
Durchmesser 32 mm

ROLEX OYSTER
CENTREGRAPH
OBSERVATORY

BREGUET
DEC
SAM
Nº 3282

EWIGE KALENDER

GEGENÜBER Breguet Nr. 3282, hergestellt 1935.
Armbanduhr aus Weißgold mit Ewigem Kalender, Mondphase und retrogradem Datum (Kal. 11''' Rohwerk von Victorin Piguet & Cie)
Durchmesser 30 mm

UNTEN Der Kalendermechanismus unterhalb des Zifferblatts der Breguet Nr. 3282

Uhren mit Ewigem Kalender gehören zu den mechanisch anspruchsvollsten Zeitmessern überhaupt. Sie zeigen nicht nur Wochentag, Monat und Datum an, sondern berücksichtigen auch die unterschiedlich langen Monate und sogar den 29. Februar eines Schaltjahres. Das bedeutet, dass eine ununterbrochen laufende Uhr mit Ewigem Kalender stets das richtige Datum anzeigt, ohne dass sie neu eingestellt werden muss.

Taschenuhren mit Ewigem Kalender waren 1930 zwar schon seit 170 Jahren bekannt – die erste dürfte wohl um 1762 vom englischen Uhrmacher Thomas Mudge gebaut worden sein[4] –, die Kalenderkomplikation als Armbanduhr war jedoch extrem selten. Zu dieser Zeit hatten runde Herrenarmbanduhren meist Durchmesser zwischen 28 und 32 mm, somit war der Raum für Anzeigen auf dem Zifferblatt stark eingeschränkt. Bei den meisten Taschenuhren mit Ewigem Kalender wurden die Kalenderanzeigen separat dargestellt, und zwar mit Hilfszifferblättern für Wochentag, Monat und Datum, oft mit einem zusätzlichen Zähler für den Schaltjahreszyklus. All diese Anzeigen auf einem Armbanduhrenzifferblatt so unterzubringen, dass sie gut lesbar blieben, war eine Herausforderung. Eine Lösung für dieses Problem bestand darin, auf das Schaltjahreszifferblatt zu verzichten und den Wochentag und Monat in Fenstern statt mit Hilfszifferblättern darzustellen. So war nur noch eine zusätzliche Skala für die Datumsanzeige erforderlich. Kalendariumsfenster waren schon bei Taschenuhren verwendet worden und damit kein ganz neues Konzept, sie setzten sich jedoch von nun an bei Kalenderarmbanduhren durch.

Die Abbildung hier zeigt eine 1935 von Breguet gefertigte frühe Armbanduhr mit Ewigem Kalender.[5] Diese Armbanduhr trägt ein Zifferblatt im traditionellen Breguet-Stil mit unterschiedlichen dekorativen Guillochierungen und klassischen römischen Ziffern auf einem satinierten Ziffernring. Das Rohwerk stammt von Victorin Piguet & Cie, einem Schweizer Familienunternehmen, das sich auf mechanische Komplikationen wie Kalender, Chronographen und Repetitionen spezialisiert hatte. Die Familie Piguet schuf dabei eine Reihe von mechanischen Meisterwerken, oft mit ungewöhnlichen Funktionen wie hier einer retrograden Datumsanzeige: Das Datum wird nicht in einem Vollkreis, sondern auf einem weiten Bogen angezeigt. Dies erfordert einen zusätzlichen Mechanismus, mit dem der goldene Schwertzeiger am Monatsende auf die Position 1 zurückspringt – und dabei die unterschiedlichen Monatslängen berücksichtigt. Abgesehen von der faszinierenden Mechanik des retrograden Zeigers erhöhte die Bogenskala für das Datum auch die Klarheit des Zifferblatts, da sie nicht mit den anderen Skalen und Fenstern überlappte. Die einzige Einschränkung der Ablesbarkeit verursacht der breite, schwertförmige Datumszeiger, der das Wochentagsfenster am 5. des Monats und das Monatsfenster am 27. des Monats verdeckt. Die bemerkenswerte Uhr von Breguet wurde am 24. Dezember 1935 für 10.000 Schweizer Franken verkauft.

WELTZEITUHREN

Uhren, die unterschiedliche Zeitzonen anzeigten, waren an sich keine Neuigkeit. Die Anzeige erfolgte für gewöhnlich auf einer Reihe von Hilfszifferblättern (s. S. 27). Die einheitliche Darstellung auf einem Zifferblatt, sodass die Ortszeit bequem abgelesen werden konnte und zugleich die Stunden an unterschiedlichen Orten der Welt angezeigt wurden, erforderte ausgeklügelte mechanische Lösungen. Als führend in diesem Genre erwies sich der Schweizer Uhrmacher Louis Cottier.

Louis-Vincent Cottier, ein Uhrmachergenie aus Carouge bei Genf war der Sohn von Emmanuel Cottier, einem Uhrmacher und Automatenbauer. Louis war fasziniert von den Möglichkeiten der Zeitanzeige und erfand geniale »Komplikationen« für Uhren mit Zeitanzeige ohne Zeiger, etwa Digitalanzeigen mit springender Stunde und sogar eine lineare Anzeige nach Art einer Instrumententafel. Außerdem schuf er spezielle Fliegeruhren und, wie sein Vater, Automaten. 1931 erfand Louis den »Heure Universelle«-Mechanismus, mit dem die Stunde jeder einzelnen Zeitzone simultan dargestellt werden konnte. Cottier fertigte diese Komplikation für eine Reihe von Herstellern, darunter Agassiz, Patek Philippe, Rolex und Vacheron Constantin.

Die unten links abgebildete, 1933 hergestellte Uhr ist eines der frühesten Exemplare einer Weltzeituhr mit dem »Heure Universelle«-Mechanismus von Louis Cottier (aus dem Archiv von Vacheron Constantin geht hervor, dass Cottier 1932 für den Hersteller sein erstes Weltzeitmodul fertigte). Die elegant gestaltete und intuitive Anzeige platziert die Heimatzeitzone bei 12 Uhr, die Zeiger werden nach Ortszeit gestellt. Der vertieft platzierte 24-Stunden-Ring dreht sich im Zeitverlauf und ermöglicht so das Ablesen der Ortszeit in allen wichtigen Zeitzonen. Diese Zeitzonen sind mit Dreieckindizes markiert, die auf teilweise mehrere Städte- und Ortsnamen auf der Lünette weisen; insgesamt sind 31 Namen verzeichnet. Da Gehäuse, Werk und Zifferblatt gleichermaßen entscheidend für die Funktion waren, überwachte Cottier die Fertigung aller einzelnen Elemente. Interessanterweise verortet das Zifferblatt London und

UNTEN LINKS Vacheron Constantin Ref. 3372, hergestellt 1933.
Lépine-Uhr aus 18 Kt Weiß- und Roségold mit Weltzeitanzeige auf dreifarbigem Zifferblatt; Weltzeitmechanismus von Louis Cottier (Kal. RA 17‴ 15/12) Durchmesser 45 mm

UNTEN RECHTS Titelblatt des *Journal Suisse d'Horlogerie et de Bijouterie* von 1938, darauf abgebildet eine weitere Weltzeituhr von Vacheron Constantin mit Cottier-System

OBEN Patek Philippe Ref. 1416, hergestellt 1939.
Weltzeit-Armbanduhr aus 18 Kt Gelbgold mit Weltzeitmechanismus von Louis Cottier (Kal. 12‴ HU)
Durchmesser 31 mm

Paris in derselben Zeitzone: Greenwich Mean Time. Erst am 15. Juni 1940 – während und aufgrund des Zweiten Weltkriegs – wechselte Paris zur Mitteleuropäischen Zeit. Boden und Lünette der Uhr bestehen aus 18 Kt Weißgold, Wandung, Pendant und Bügel sind aus 18 Kt Roségold gefertigt.

In einer Zeit, in der internationale Kommunikation und Reisen an Bedeutung gewannen, erwies sich die Weltzeituhr zunehmend als nützliches Instrument. Gegen Ende der Dekade kamen Weltzeituhren im Armbanduhrformat auf. 1939 stellte Patek Philippe zwei solche Modelle vor, die Referenzen 1415 und 1416. Diese Armbanduhren waren mit Drehlünetten mit eingravierten Ortsbezeichnungen für die unterschiedlichen Zeitzonen ausgestattet. Durch Drehen der Lünette konnte der aktuelle Ort auf die 12-Uhr-Position gebracht werden, die Zeiger wurden auf die Ortszeit eingestellt, nun konnten am äußeren 24-Stunden-Ring die Stunden in den Zeitzonen der Welt abgelesen werden. Armband- und Taschenuhren mit dem Weltzeitmechanismus von Louis Cottier wurden auch im Laufe der 1940er- und 1950er-Jahre weiterhin von den großen Uhrenherstellern angeboten.

DIE HENRY GRAVES SUPERCOMPLICATION

1925 gab Henry Graves Jr., einer der besten Kunden von Patek Philippe, bei der Firma die Fertigung der kompliziertesten Uhr aller Zeiten in Auftrag. In den beiden Jahrzehnten zuvor hatte Patek Philippe immer häufiger Aufträge für Spezialanfertigungen von reichen Geschäftsleuten und Industriellen aus den Vereinigten Staaten erhalten. Auch Henry Graves war wohlhabend, er entstammte einer Bankiersfamilie; sein Vater Henry Graves Sr. war Partner der New Yorker Bank Maxwell & Graves. Ein weiterer wichtiger Kunde von Patek Philippe in dieser Zeit war der Autohersteller James Ward Packard. Zwischen Graves und Packard entstand eine Art Wettstreit, wer die genaueren und komplizierteren Uhren der bedeutenden Hersteller, besonders von Patek Philippe, erwerben konnte. Den Uhrenherstellern waren die Erlöse aus diesen Aufträgen sehr willkommen, allerdings führten die Versuche, immer kompliziertere und raffiniertere Funktionen und Anzeigen zu kreieren, auch an den Rand des technisch Machbaren. Auf diese Weise entstanden jedoch neue Anzeigesysteme, und es gelangen vielfältige Innovationen im Bereich der Miniaturisierung von Komponenten, die wiederum weitere Fortschritte bei den Armbanduhren ermöglichten.

Die von Henry Graves in Auftrag gegebene Uhr wurde als Supercomplication bekannt und bot spektakuläre 24 Funktionen/Komplikationen. Die Uhr war derart kompliziert, dass für ihre Fertigstellung acht Jahre benötigt wurden, dabei waren einige Jahre Forschung und Entwicklung vonnöten, bevor die eigentliche Fertigung beginnen konnte. Patek Philippe arbeitete hierfür mit vielen der besten Schweizer Uhrmacher, Astronomen, Mathematiker sowie Zifferblattmacher und Gehäusebauer der Zeit zusammen. Im Dezember 1932 schließlich konnte Patek Philippe die fertiggestellte Uhr von Genf nach New York versenden. In einem etwas besorgten Begleitschreiben an die Zollbehörden bat man inständig darum, die Uhr nicht aufzuziehen oder zu testen.[6] Die Supercomplication wurde am 19. Januar 1933 an Henry Graves übergeben.

Um alle enthaltenen Komplikationen visualisieren zu können, war die Uhr mit zwei Zifferblättern ausgestattet. Auf dem vorderen Zifferblatt befanden sich neben der Standardzeitanzeige ein Ewiger Kalender mit Wochentag, Monat, Datum, Mondphase und Mondalter, ein Schleppzeigerchronograph mit 60-Minuten- und 12-Stunden-Register, ein Hilfszifferblatt für die Sekunden, weitere Hilfszifferblätter für die Gangreserveanzeigen (die verbleibende Federkraft der Federhäuser) von Gang- und Schlagwerk sowie ein weiterer goldener Zeiger aus der Mitte für die Anzeige der Weckzeit. Das rückseitige Zifferblatt zeigte die Sideralzeit sowie die Zeiten für Sonnenauf- und -untergang, die Zeitgleichung, die laufenden Sekunden der Sternzeit auf einem Hilfszifferblatt sowie in einem großen Fenster die Sternenkarte für den Nachthimmel über New York. Neben der Weckerfunktion waren auf Wunsch auch *grande* und *petite sonnerie* (Selbstschlagwerk wie bei einer Großuhr) und eine Minutenrepetition für die akustische Zeitanzeige enthalten. Die Uhr wog 535 g und wies ein traditionelles Gehäusedesign in Bassine-Form auf, war aber aufgrund der mechanischen Komplexität außergewöhnlich groß: 74 mm im Durchmesser und 36 mm hoch (einschließlich der Gläser). 13 der Funktionen konnten von der Außenseite des Gehäuses aus über die Krone und eine Reihe von Schiebern, Schaltern und Drückern bedient werden. Die Uhr bestand aus insgesamt 900 Einzelteilen, darunter 110 Rädern, 50 Brücken, 430 Schrauben, 90 Federn, 120 mechanischen Elementen, 70 Lagersteinen, zwei Zifferblättern und 19 Zeigern.[7] Die Zifferblätter stammten vom spezialisierten Hersteller Stern Frères – der sich zu dieser Zeit anschickte, Patek Philippe zu übernehmen. Zum Zeitpunkt der Auslieferung der Uhr an Henry Graves führten Charles und Jean Stern als neue Eigentümer die Geschäfte von Patek Philippe. Beide Zifferblätter wurden speziell für die Uhr angefertigt und sind im Gegensatz zur enormen Komplexität der Anzeigen traditionell gestaltet. Das Sideralzifferblatt wurde aus einer versilberten Goldplatte gefertigt, die drei Hilfszifferblätter waren leicht vertieft. Die Scheibe für die Himmelskarte bestand aus Gold mit blauer Champlevé-Emaille, die Zeiger aus gebläutem Stahl. Auf dem Standardzeitzifferblatt aus weißer Emaille mussten sieben Zeigerebenen Platz finden – die beiden Chronographensekundenzeiger, der Stunden-, Minuten- und Weckerzeiger und jeweils Doppelzeiger auf den Hilfszifferblättern –, ohne sich zu behindern. Hierfür wurden unter anderem die Hilfszifferblätter doppelt vertieft angelegt. Alle Zeiger dieser Seite bis auf den goldenen Weckerzeiger waren aus gebläutem Stahl gefertigt, die Mondphasenscheibe bestand aus blau emailliertem Gold.

Für Patek Philippe und die weiteren an der Fertigung der Uhr beteiligten Unternehmen dürfte der enorme Preis von 15.000 US-Dollar ein willkommener Rettungsanker gewesen sein, der über die Zeit des Börsenkrachs von 1929 und seine Nachwirkungen hinweghalf. Die Henry Graves Supercomplication ist die komplizierteste Kleinuhr aller Zeiten, die ohne die Hilfe von Computertechnologie entstand, und sie war 56 Jahre lang die komplizierteste Kleinuhr überhaupt, bis sie darin 1989 von einer anderen Patek Philippe, der Calibre 89, abgelöst wurde (s. S. 284–285).

GEGENÜBER Patek Philippe, Henry Graves Supercomplication, in Auftrag gegeben 1925, fertiggestellt 1932 und ausgeliefert am 19. Januar 1933. Taschenuhr aus Gold mit beidseitigem Zifferblatt, Minutenrepetition mit Westminster-Schlagwerk, *grande* und *petite sonnerie*, Schleppzeigerchronograph, Registern für 60 Minuten und 12 Stunden, Ewigem Kalender bis 2100, Mondphasen, Zeitgleichung, zweifacher Gangreserve für Gang- und Schlagwerk, Standard- und Sternzeit, zentralem Weckerzeiger, Anzeige von Sonnenauf- und -untergang und Sternenkarte für den Nachthimmel von New York bei Breitengrad 40° 47′, Längengrad 73° 58′ (Kal. 25‴) Durchmesser 74 mm

ESSE QUAM VIDERI
MADE FOR
HENRY GRAVES JR
NEW-YORK 1932
BY
PATEK, PHILIPPE & Co GENEVA, SWITZERLAND
SOUTH
WEST
EAST
NORTH
SIDERAL TIME
EQUATION
SUNRISE
SUNSET
Established in 1839
PATEK PHILIPPE & Co
S.A.
GENEVA
for
198385
Supercomplicated

Gegenüber, oben links Unter dem Standardzeitzifferblatt zu sehen sind der Kalendermechanismus und die Mondphasenscheibe auf separater Stahlplatine

Gegenüber, oben rechts Unter dem Sideralzifferblatt zu sehen sind Räderwerk und Mechanismus für Sternenkarte, Anzeige von Sonnenauf- und -untergangszeit und Zeitgleichung auf separater Platine

Gegenüber, unten links Unter dem Standardzeitzifferblatt bei entferntem Kalendermechanismus zu sehen sind das Räderwerk für die Gangreserveanzeigen, der Mechanismus für die Repetitionen und der Aufzugsmechanismus für den Wecker

Gegenüber, unten rechts Unter dem Sternzeitzifferblatt mit entferntem Räderwerk für die Sideralzeit zu sehen sind die Mechanismen für Zeitanzeige und Chronograph

Oben Standardzeitzifferblatt mit Ewigem Kalender, Mondphasen, Schleppzeigerchronograph mit Registern, Gangreserve und Weckeranzeige

Unten links Sideralzeitzifferblatt mit Sternenkarte, Anzeige der Zeiten für Sonnenauf- und -untergang und Zeitgleichung

Unten rechts Gehäuseflanke mit Schaltern/Schiebern für *petite sonnerie* (LS), *grande sonnerie* (GS) und Weckeraufzug

RECHTECKUHREN

In Werbeanzeigen der 1930er-Jahre sieht man eine faszinierende Vielfalt von Armbanduhren in Rechteck- und Tonneau-Form. Rechteckuhren hatten im Verlauf der 1920er-Jahre an Beliebtheit gewonnen. Cartier hatte zu Beginn der Dekade seine Tank Cintrée (s. S. 56) vorgestellt, Rolex brachte seine Prince zu deren Ende heraus.

In den 1930er-Jahren waren unterschiedliche Modelle der Rolex Prince erhältlich. Ihr Werk machte sich die Rechteckform des Gehäuses zunutze, indem Unruh und Zugfeder an den gegenüberliegenden Seiten des Werks positioniert wurden So konnten die beiden Komponenten größer gestaltet werden, was zu einer höheren Genauigkeit und längeren Gangreserve beitrug. Tatsächlich waren fast alle in diesem Jahrzehnt verkauften Prince-Uhren als Chronometer eingestuft, und Rolex bewarb das Modell mit einer Gangreserveangabe von 58 Stunden bei einem Aufzug. Diese Genauigkeit und Effizienz kombinierte das Modell mit einem eleganten Erscheinungsbild in unterschiedlichen Ausführungen mit verschiedenen Metallen. Es standen Gehäuse aus Silber, Stahl, Gold oder Platin sowie Kombinationen aus Weiß- und Gelbgold und Stahl mit Auflagen oder Einfassungen aus Gold zur Auswahl. Die Abbildung rechts zeigt eine klassische Prince im Stahlgehäuse mit ausgestellten Flanken. Interessanterweise war die 1934 eingeführte Prince mit Stahlgehäuse etwas teurer als das Modell in Silber, was sicherlich dem höheren Arbeitsaufwand für das Gehäuse aus dem härteren Metall geschuldet war.[8] Neben den unterschiedlichen Ausführungen von Gehäusestil, Material und Zifferblatt bot Rolex auch eine Version mit springender Stunde an: Ein Fenster im Zifferblatt anstelle der Ziffer bei 12 Uhr zeigte die Stunde digital an, während ein einzelner Zeiger auf dem oberen Zifferblatt die Minuten und ein weiterer auf dem unteren Zifferblatt die Sekunden anzeigte.

RECHTS Rolex Prince Ref. 1490, um 1935.
Armbanduhr aus Stahl mit Duo-Zifferblatt in zwei Rosétönen und ausgestellten Flanken (Kal. 7,5 × 14,5‴)
Länge 42 mm

GEGENÜBER Patek Philippe Ref. 508, hergestellt 1937.
Rechteckige Armbanduhr aus 18 Kt Gelb- und Weißgold mit zylindrischen Bandanstößen (Kal. 8‴ 85)
Länge 34 mm

PATEK PHILIPPE
GENEVE

Rechteck- und Tonneau-Uhren boten sich für detailreiche Finissierungen an. So sind viele Gehäuse der 1930er-Jahre aufwändig facettiert und gestuft und weisen satinierte oder gebürstete Oberflächen und polierte Anglierungen auf. Die oben links abgebildete Armbanduhr von Vacheron Constantin ist ein besonders aufwändig gestaltetes und schönes Beispiel dieses Genres aus der ersten Hälfte der 1930er-Jahre. Das Gehäuse aus Weiß- und Gelbgold ist sechseckig, mehrfach facettiert und weist mehrere unterschiedliche Oberflächenfinissierungen auf. Die Abbildung gegenüber zeigt eine Uhr von Patek Philippe mit ähnlich aufwändigem Gehäusedesign. Die 1939 gefertigte Uhr ist mit mehreren kontrastierenden Satinierungen dekoriert, die die ungewöhnliche Gehäuseform hervorheben. Die stilistische Experimentierfreude der 1930er-Jahre machte auch vor klassischen Rechteckuhren nicht Halt und sorgte für neue Akzente. Cartier brachte in den 1930ern weiterhin neue, elegante Rechteckmodelle auf den Markt, so auch eine avantgardistische Version des traditionellen Tank-Modells. Das 1936 vorgestellte und als Tank Asymétrique bekannte Modell[9] wirkte ausgesprochen modernistisch und schien seiner Zeit um Jahre voraus zu sein.

In den ausgehenden 1930er- und beginnenden 1940er-Jahren ebbte die Experimentierfreude bei den Rechteckuhren ab. Zwar wurden Formgehäuseuhren weiterhin in großer Zahl angeboten, der Gestaltungsfreiheit waren jedoch engere Grenzen gesetzt – der Zweite Weltkrieg sorgte dafür, dass vorrangig für die Streitkräfte auf beiden Seiten der Fronten produziert wurde, außerdem sorgten Einfuhrbeschränkungen für Ziviluhren zwangsläufig für eine Limitierung der Sortimente.

OBEN LINKS Vacheron Constantin, um 1935.
Bicolor-Goldarmbanduhr mit mehrfach facettiertem Sechseckgehäuse (Kal. 7½‴)
Länge 38 mm

OBEN RECHTS Cartier Tank Asymétrique, hergestellt 1937.
Armbanduhr aus 18 Kt Gelbgold in asymmetrischer Form mit Werk von LeCoultre
Länge 36 mm

GEGENÜBER Patek Philippe Ref. 510, hergestellt 1939 und verkauft durch Walser Wald in Buenos Aires.
Armbanduhr in mehrfach facettiertem Rechteckgehäuse aus 18 Kt Roségold (Kal. 9‴90)
Länge 42 mm

PATEK PHILIPPE & Co
GENEVE
WALSER WALD

WASSERDICHTE UHREN MIT FORMGEHÄUSE

1931 stellte Cartier das Modell Tank Étanche vor, das auf dem klassischen rechteckigen Tank-Design basierte. Wasserdichtheit bei Rechteck- oder Formgehäusen zu erzielen, ist deutlich schwieriger als bei runden Gehäusen. Für die erforderliche Abdichtung wurde das Werk der Tank Étanche samt Zifferblatt zunächst mit einem inneren Gehäuseboden aus Gold verschraubt. Auf diesen wurde eine rechteckige Kautschukdichtung aufgesetzt, die das Uhrenglas hielt und die Aufzugswelle umschloss. Dieses Innengehäuse wurde anschließend mit Goldschrauben fest mit dem Außengehäuse aus Gold verschraubt. Die Abbildungen unten zeigen ein frühes Exemplar der Tank Étanche, dessen Gehäuse von Edmond Jaeger für Cartier gefertigt wurde. Das Modell wurde aufgrund der aufwändigen Gehäusekonstruktion wohl nur in sehr kleinen Stückzahlen produziert. Interessanterweise vermarktete Cartier in den 1930er-Jahren eine weitere Armbanduhr in Rechteckform, die von Omega hergestellt wurde und die Modellbezeichnung Marine trug.

Die 1932 vorgestellte Marine war die erste Armbanduhr, deren Tauchtauglichkeit geprüft und bescheinigt wurde.[10] 1936 ließ man die Omega Marine zu Testzwecken 73 Meter tief in den Genfer See hinab, was die Uhr unbeschädigt und bei voller Funktion überstand. 1937 wurde die Marine im staatlichen Labor für Uhrenforschung in Neuchâtel auf eine Druckfestigkeit von 13,5 Bar getestet, was einer Wassertiefe von 135 m entsprach.[11] Das Gehäuse der Marine beruhte auf einer von Louis Alix 1931 als Schweizer Patent 146310 registrierten Konstruktion und bestand aus zwei Hauptteilen. Die Uhr setzte sich vereinfacht gesagt aus zwei Hälften zusammen, die durch eine Klammer am Gehäuseboden verbunden wurden. Das Hauptgehäuse der Uhr mit Zifferblatt und Werk wurde in das Außengehäuse eingeschoben und durch innere Dichtungen abgedichtet. Eine besondere Schwierigkeit besteht darin, nicht runde Uhrengläser wasserdicht zu machen; dieses Problem löste man unter anderem durch den Einsatz von Saphirkristallglas – dies war eine der ersten Verwendungen des

UNTEN Cartier Tank Étanche, mit Londoner Einfuhrpunzen für 1932.
Armbanduhr aus 18 Kt Gelbgold in wasserdichtem Rechteckgehäuse mit Goldarmband, Werk von der European Watch & Clock Co.
Länge 37 mm

GEGENÜBER Omega Marine, Ref. OT 680, hergestellt 1932.
Armbanduhr aus 18 Kt Gelbgold in wasserdichtem Rechteckgehäuse mit hinzugefügtem Goldarmband (Kal. 19.4T1)
Länge 36 mm, Breite 24 mm

Materials bei einer Armbanduhr, weshalb man in der Werbung hervorhob, dass es neunmal so stabil wie herkömmliches Glas war. Stahlversionen der Uhr wurden mit wasserdichten Armbändern aus Seehundleder und speziellen Faltschließen angeboten.

Ähnlich wie bei den hermetischen Armbanduhren der 1920er-Jahre (s. S. 72–73) lag der Nachteil der Omega Marine darin, dass die Uhr täglich zum Aufziehen geöffnet werden musste. Zwar gelang dies durch den Klammerverschluss wesentlich schneller als bei den hermetischen Uhren, deren Lünette abgeschraubt werden musste, dennoch war es umständlich. Außerdem konnten durch das regelmäßige Ein- und Ausschieben nicht nur die Dichtungen, sondern auch das Metall des Gehäuses und damit die Wasserdichtheit der gesamten Uhr in Mitleidenschaft gezogen werden. Man darf jedoch davon ausgehen, dass die meisten ihrer Käufer keine passionierten Taucher waren und die Konstruktion mit Doppelgehäuse ihnen eine besonders robuste und gut gegen Feuchtigkeit und Staub geschützte Uhr bot. In der Tat war die Marine ein erfolgreiches Modell, das in den gesamten 1930ern produziert wurde.

Die unten abgebildete Omega Marine ist eines der frühesten Exemplare und wurde von Omega am 26. Mai 1932 in die USA verkauft (das Goldarmband wurde später hinzugefügt). Die Innenseite des Außengehäuses trägt den Stempel: »U.S. Patent Appl 520.818«; diese Patentanmeldung wurde im März 1931 eingereicht und als US-Patent 1907700 am 9. Mai 1933 erteilt, sie folgte dem Schweizer Originalpatent von Louis Alix von 1931.

VAN CLEEFS CADENAS UND EINE RINGUHR VON CARTIER

In den Anfangszeiten der Armbanduhr galt es nicht immer als schicklich, die Zeit am Handgelenk zu tragen, daher wurde bei eleganten Damenarmbanduhren großer Aufwand betrieben, um den Uhrencharakter zu verschleiern und den Schmuckcharakter zu betonen. 1935 stellte Van Cleef & Arpels das Modell Cadenas (frz. für Schloss) vor. Die Uhr hatte das Erscheinungsbild eines edelsteinbesetzten Schmuckarmbands, verfügte aber über ein asymmetrisches Uhrengehäuse mit einem zur Trägerin ausgerichteten Zifferblatt. So war die Uhr praktisch vollständig verborgen und konnte diskret und unauffällig abgelesen werden. Die Abbildung gegenüber oben zeigt eine frühe Cadenas aus den späten 1930er-Jahren. Das Platingehäuse ist mit Diamanten im Achtkant-, Rund-, Brillant- und Baguetteschliff besetzt. Das Armband wird mit zwei Schlangenketten ums Handgelenk gelegt und mit der Schließe an dem halbkreisförmigen, mit Diamanten besetzen Bügel vor dem Zifferblatt befestigt. Wallis Simpson, Herzogin von Windsor, besaß ein Exemplar dieses Modells, und es wird gemutmaßt, dass der Herzog und ehemalige König Edward VIII. und die Herzogin selbst den Anstoß für dieses Designkonzept gegeben haben.

Auch Ringuhren wie das gegenüber unten abgebildete Modell von Cartier zählten zu den Konzepten für Damenuhren. Die 1937 gefertigte Uhr ist von einem geometrisch gestalteten, mit Diamanten im Achtkant- und Baguetteschliff besetzen Platingehäuse umschlossen. Obwohl die Uhr das zentrale Element des Rings darstellt, ist das Zifferblatt nur gute 4 mm breit, somit ist die Zeitanzeige in diesem Ensemble von erstaunlicher Subtilität. Die Uhr wird vom LeCoultre-Kaliber 101 angetrieben. Dieses 1929 von LeCoultre vorgestellte Kaliber war zu der Zeit mit 14 mm Länge, 4,8 mm Breite und 3,4 mm Höhe das kleinste Uhrwerk der Welt. Es bestand aus 74 Einzelteilen und wog nur rund ein Gramm. Die Aufzugskrone befindet sich auf der Rückseite, sodass sie bei dieser Ringuhr nicht zu sehen ist.

UNTEN Händlerkarteikarte für die ehemals im Besitz von Wallis Simpson, Herzogin von Windsor, befindliche Cadenas-Armbanduhr aus Platin mit Diamanten, aus dem Archiv von Van Cleef & Arpels

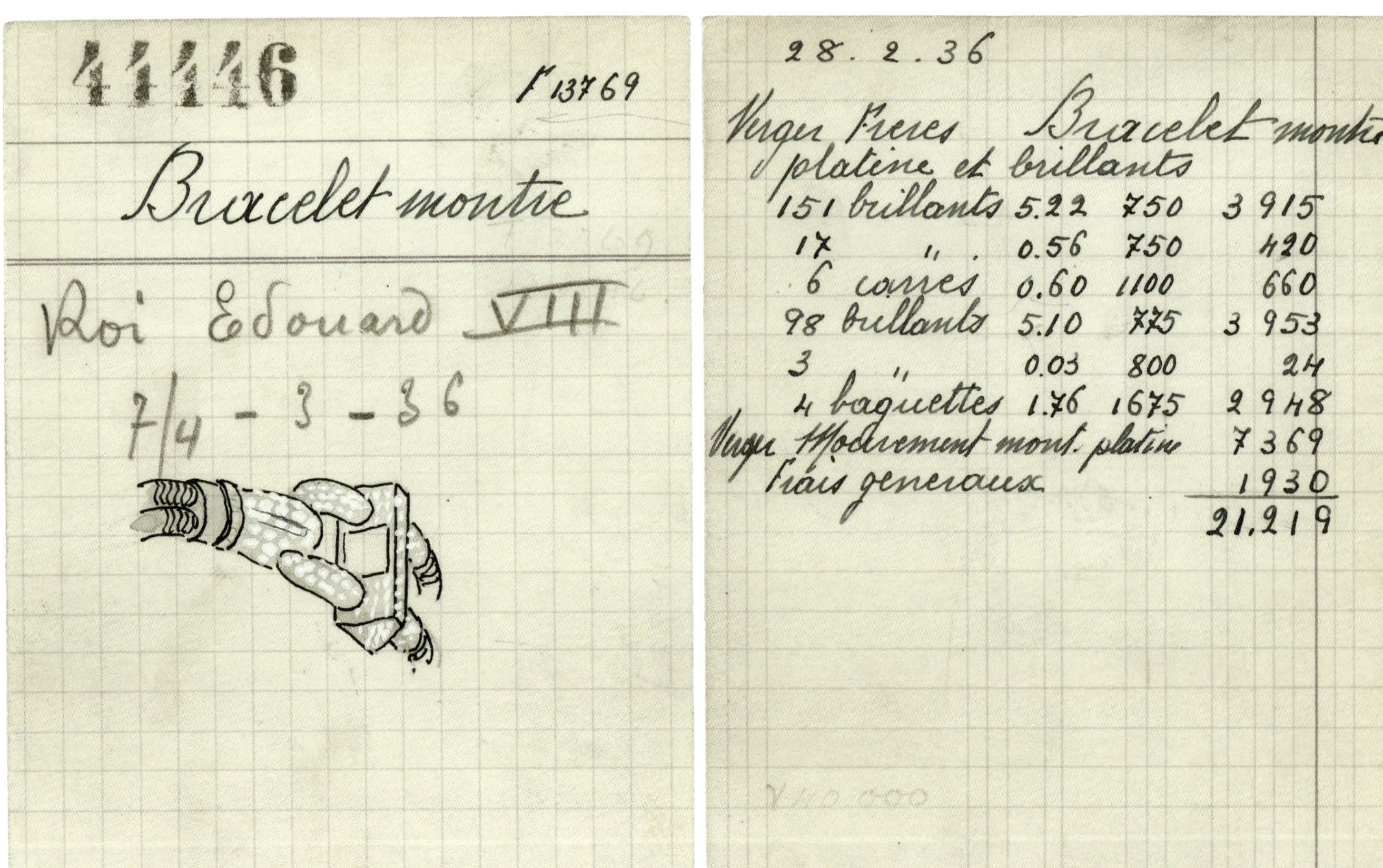

RECHTS Van Cleef & Arpels Cadenas,
hergestellt in den späten 1930er-Jahren.
Armbanduhr aus Platin und Weißgold
mit Diamantbesatz (Kal. Cyma 354)
Länge 170 mm

UNTEN Cartier, **hergestellt 1937.**
Ringuhr aus Platin mit Diamantbesatz
mit Werk von LeCoultre (Kal. 101)
Breite 17,5 mm, Höhe 5,5 mm

THE MOST ACCURATE WRIST-WATCH OF 1945
AT THE GENEVA OBSERVATORY

A 30 M/M OMEGA CHRONOMETER

OBTAINED THE BEST RESULT EVER ACHIEVED IN THE WRIST WATCH CLASS—770,4 POINTS—AT THE 1945 TRIAL OF THE GENEVA OBSERVATORY

OMEGA

1940–1949

DIE 1940er-JAHRE

Mit den 1940er-Jahren begann das goldene Zeitalter der mechanischen Kleinuhrenproduktion. Die Bedrohung durch elektronische Uhren lag noch in ferner Zukunft, und die Armbanduhr, die sich als persönlicher Zeitanzeiger durchgesetzt hatte, war technisch und ästhetisch ausgereift. Folglich traten Markenidentitäten stärker in den Vordergrund, da die Hersteller ihren jeweiligen Hausstil festigten. Der Zweite Weltkrieg hatte in der ersten Hälfte des Jahrzehnts allerdings dramatische Auswirkungen auf die Uhrenproduktion, da ein großer Teil der Produktionskapazitäten für die Belieferung der Streitkräfte beider Seiten benötigt wurde. Der Import von Uhren wurde in vielen Ländern kriegsbedingt mit Restriktionen belegt, sodass die Verfügbarkeit für den zivilen Markt begrenzt war. Der Export von Schweizer Uhren und Uhrwerken, der nach dem Einbruch durch die Weltwirtschaftskrise in den 1930ern wieder auf Rekordhöhen angewachsen war, war plötzlich einer erneuten Schockwelle ausgesetzt. Von einem Vorkriegshoch von 24 Millionen Stück 1937 sanken die Ausfuhren auf nur noch knapp 12 Millionen im Jahr 1944, so wenig wie seit 1933 nicht mehr.[1] Der Kreativität tat dies jedoch keinen Abbruch, vielmehr gab es zahlreiche Weiterentwicklungen insbesondere bei Kalenderuhren und Armbandchronographen.

Die Uhrenhersteller arbeiteten an einer Verfeinerung ihrer Hausstile, somit wuchs die Bedeutung klar abgegrenzter einzelner Modelle. Rolex war ohne Zweifel Vorreiter in diesem Bereich. Schon früh hatte der Unternehmensgründer Hans Wilsdorf das Marketingpotenzial erkannt, das sich durch die Benennung von Modellen mit spezifischen Namen ergab. In den 1930er-Jahren nutzte Rolex bereits ein Referenznummernsystem, und gegen Ende der Dekade waren Modelllinien wie Oyster und Prince bereits fest etabliert. Auch im Laufe der 1940er-Jahre brachte Rolex neue Modelle heraus und kreierte dabei legendäre Markennamen wie im Falle der Air-King, die zur Mitte des Jahrzehnts herauskam. Andere Hersteller zogen nach. So stellte Omega 1948 seine Seamaster-Linie vor, die von den robusten, wasserdichten Militäruhren inspiriert war, die Omega während

UNTEN LINKS Patek Philippe Ref. 1526, vorgestellt 1941, dieses Exemplar hergestellt 1945.
Armbanduhr aus 18 Kt Gelbgold mit Ewigem Kalender und Mondphasenanzeige (Kal. 12‴120Q)
Durchmesser 34 mm

UNTEN RECHTS Rolex Oyster Air-King Ref. 4499, um 1946.
Armbanduhr aus Stahl mit Zentralsekunde (Kal. 10,5‴)
Durchmesser 34 mm

GEGENÜBER Patek Philippe Calatrava Ref. 96, hergestellt 1941.
Armbanduhr aus Stahl mit schwarzem Zifferblatt und radialen arabischen Ziffern (Kal. 12‴120)
Durchmesser 31 mm

PATEK, PHILIPPE & Co
GENÈVE

des Kriegs an die britischen Streitkräfte lieferte. Die Seamaster wurde in den Folgejahrzehnten in zahlreichen Varianten produziert und ist Omegas Modelllinie mit der längsten Laufzeit.

Mehrfarbige Zifferblätter setzten sich in den 1940er-Jahren weiter durch. Mithilfe von Galvanisierungstechniken, die bereits in den 1930ern eingesetzt wurden, beschichtete man Zifferblätter mit Edelmetall, meist Gelb- und Roségold oder Silber. Um kontrastierende satinierte Ringe in unterschiedlichen Farbtiefen zu erzielen, wurde diese Oberfläche anschließend mit Drahtbürsten und Schleifpasten bearbeitet. Zur besseren Ablesbarkeit der Skalen wurden Zifferblätter oft zweifarbig ausgeführt. Dabei wurden die Minuten- oder Stundenringe meist in einem Kontrastfarbton oder einer kontrastierenden Satinierung zum Rest des Zifferblatts ausgeführt. Besonders bei Chronographen erleichterte die farbliche Abstufung die Ablesbarkeit der unterschiedlichen Skalen.

Auch Uhren mit wasserdichten Gehäusen wurden weiter neu vorgestellt. Viele Marken nutzten hierfür die Gehäuse des Gehäusebauers Taubert & Fils, der seine hermetischen Gehäuse nach wie vor unter dem Namen Frères Borgel vertrieb. Die Borgel-Gehäuse dieser Periode waren meist zweiteilig aufgebaut mit einem massiven oberen Gehäuse, in das ein separater Gehäuseboden eingeschraubt wurde. Diese robusten Gehäuse wurden auch für Chronographen- und Kalendermodelle eingesetzt und hierfür mit speziell gedichteten Drückern ausgestattet.

Im Verlauf des Jahrzehnts wurden Uhrwerke zunehmend mit Mechanismen zum Schutz der Unruh vor Stößen ausgestattet. Uhrwerke wurden auch verstärkt mit antimagnetischen Teilen bestückt, da sich Magnetismus verheerend auf die Genauigkeit mechanischer Uhren auswirkt. Merkmale wie diese wurden oft auf den Zifferblättern vermerkt, um die positiven Eigenschaften der Modelle hervorzuheben.

Uhren mit verdeckten Bandanstößen, seit den 1930er-Jahren bekannt, verbreiteten sich in den 1940ern in zahlreichen Varianten weiter. Mit dieser Bauform wurde

UNTEN LINKS Rolex Oyster Ref. 3358, um 1942.
Armbanduhr in Tonneau-Form aus Stahl und Roségold mit zweifarbigem Zifferblatt (Kal. $10\frac{1}{2}'''$)
Länge 38 mm

UNTEN RECHTS Patek Philippe Ref. 1463, hergestellt 1949.
Armbandchronograph aus Roségold mit zweifarbigem Zifferblatt und Hilfszifferblättern für konstante Sekunde und 30-Minuten-Register (Kal. 13''' CH)
Durchmesser 34 mm

GEGENÜBER Rolex Oyster Perpetual Ref. 3065, um 1946.
Automatikarmbanduhr aus Stahl und Gelbgold mit verdeckten Bandanstößen und Gliederarmband aus Stahl und Gold (Kal. $9\frac{3}{4}'''$)
Durchmesser 31 mm

31 VICTOIRES
DE HAUTE PRECISION
ROLEX
GENEVE
SUISSE
OROLOGERIA ASTRUA
TORINO
ROLEX
OYSTER PERPETUAL
CHRONOMÈTRE
SWISS MADE

GEGENÜBER Vacheron Constantin, hergestellt 1945, erstmals vorgestellt 1947.
Lépine-Uhr aus Aluminium
(Kal. 17‴ -439/7)
Durchmesser 45 mm

OBEN Tissot, um 1942.
Lépine-Uhr aus Stahl mit dreifarbigem Zifferblatt
Durchmesser 46,5 mm (Kal. 38.2)

RECHTS Vacheron Constantin, hergestellt 1949.
»Mystery«-Armbanduhr aus 18 Kt Gelbgold mit schwarzem Zifferblatt
(Kal. 9‴)
Durchmesser 30 mm

der Übergang zwischen Uhrengehäuse und Armband bewusst verschleiert. Durch das Verdecken der Bandstege wurde die Verbindung zwischen Band und Gehäuse unsichtbar. Die Gehäusedesigner konnten Gehäuseformen entwerfen, die nicht dem Diktat hervorstehender Bandanstöße unterworfen waren und das Uhrengehäuse optisch auf statt zwischen dem Armband anordneten. Rolex führte Versionen seines Modells Oyster Perpetual mit verdeckten Bandanstößen ein. Die Abbildung auf Seite 123 zeigt ein solches Exemplar mit einem eingelöteten gewölbten Metallstreifen zwischen den Bandanstößen, unter dem das Metallarmband verläuft. Diese Art der Bandanstoßgestaltung nimmt die späteren Rolex-Metallarmbänder vorweg, die über ebendiesen gewölbten Übergang zum Gehäuse verfügen, der aber Teil des Armbands und damit abnehmbar ist.

Eine der originellsten Uhren dieser Zeit wurde von Vacheron Constantin für die Aluminium Company Canada Ltd. (ALCAN) hergestellt, ein Unternehmen, das als Aluminiumlieferant für die Alliierten einen Boom erlebte. ALCAN gab diese Spezialanfertigungen als Geschenke für verdiente Mitarbeiter in Auftrag; die Gehäuseböden wurden mit entsprechenden Widmungen graviert. Gehäuse, Zifferblätter und zahlreiche Komponenten der hochwertigen und präzise regulierten Werke dieser Uhren bestanden aus Aluminium, was zur Folge hatte, dass dieses Modell ganze 19,61 g wog – weniger als die Hälfte einer vergleichbaren Gold- oder Silberuhr. Die eleganten Taschenuhren ohne Sprungdeckel unterschieden sich auf den ersten Blick kaum von anderen Uhren dieser Zeit. Bei näherem Hinsehen zeigte das Zifferblatt jedoch einen ungewöhnlichen Grauton, und nahm man die Uhr in die Hand, erschien sie so leicht, dass man glauben konnte, das Gehäuse sei leer. Die zwischen 1938 und 1952 produzierten Uhren zählen zu den leichtesten, die jemals hergestellt wurden.

Zum Ende der Dekade setzte ein kräftiger Wiederaufschwung beim Export von Schweizer Uhren ein. Die Lockerung der Einfuhrbeschränkungen, die viele Länder während des Krieges eingeführt hatten, ließ die Nachfrage in die Höhe schnellen. 1945 stieg die Gesamtzahl exportierter Schweizer Uhren und fertiggestellter Werke um fast 59 % gegenüber dem Vorjahr an. 1947 hatten sich die Exporte aus der Schweiz gegenüber 1944 (11,8 Mio Stück) mehr als verdoppelt und erreichten im Zeitraum zwischen 1947 und 1949 Stückzahlen von durchschnittlich knapp 24 Mio.[2] Angesichts der wachsenden Nachfrage nahm die Modellvielfalt weiter zu, Innovationen wirkten als Wachstumstreiber, die Zukunft der mechanischen Uhr schien zu Beginn der 1950er-Jahre gesichert zu sein.

FORMGEHÄUSEUHREN

Zu den besonderen Errungenschaften dieser Zeit zählen die kontinuierlichen Fortschritte in der Gehäusefertigung. Die in den 1930er-Jahren populären rechteckigen Uhrengehäuse waren mit konstruktionsbedingten Problemen behaftet. Kreisförmige Uhren ließen sich erheblich leichter mit dicht schließenden Uhrengläsern und Gehäuseböden konstruieren, die auch ohne zusätzliche Dichtungen ein gewisses Maß an Schutz gegen Feuchtigkeit und Schmutz boten. Ein entsprechender Schutz für rechteckige oder quadratische Gehäuse war dagegen extrem schwierig zu realisieren. Formuhren ließen sich mit ihren Ecken und Kanten weniger leicht abdichten, ihre Uhrengläser waren anfälliger gegen Absplittern an den Ecken, außerdem neigten sie wie auch die Gehäuseböden dazu, sich zu verwinden. All dies begünstigte das Eindringen von Schmutz und Feuchtigkeit und somit Schäden an Zifferblatt und Uhrwerk. Die Tatsache, dass die meisten rechteckigen und quadratischen Uhren der 1930er-Jahre recht dünne Metallgehäuse aufwiesen, verstärkte die Verschleißempfindlichkeit dieser Modelle zusätzlich.

Fortschritte bei den Materialeigenschaften und Verarbeitungstechniken von Stahl in der Gehäusekonstruktion sorgten für eine bessere Belastbarkeit. 1936 entwarf das Unternehmen Schmitz Frères & Cie ein neues wasserdichtes Gehäusesystem für Rund- und Formgehäuseuhren (Schweizer Patentnummer 189190). Einigen wenigen Herstellern wurden Lizenzen für die Methode erteilt, darunter die Firma Gallet, die sie für die Fertigung ihres runden Clamshell-Chronographen nutzte, sowie Cyma, die in den 1940ern ein rechteckiges Watersport-Modell lancierte. Die Uhr von Cyma war in ein hohes zweiteiliges Gehäuse eingeschalt und mit einem synthetischen Uhrenglas mit flacher, von der Lünette sicher umschlossener Lippe ausgestattet. Der gedrückte Gehäuseboden wurde mit vier Schrauben in den Bandanstößen zusätzlich verschraubt. In Verbindung mit der gedichteten Krone bot die robuste Konstruktion einen guten Schutz für Werk und Zifferblatt.

Bei den Herstellern besonders feiner Uhren war eine zunehmend generöse Verwendung von Edelmetallen wie

UNTEN Cyma Watersport
Ref. 25310 5550, um 1940.
Rechteckige Armbanduhr aus Stahl mit einem Gehäuse nach Schweizer Patent 189190 (Kal. 364k)
Länge 38,5 mm, Breite 22,5 mm

UNTEN LINKS **Patek Philippe Ref. 1450 »Top Hat«, vorgestellt 1940, dieses Exemplar verkauft durch Beyer, Zürich, 1947.**
Rechteckige Armbanduhr aus 18 Kt Roségold mit verdeckten Bandanstößen (Kal. 9‴90)
Länge 37 mm

UNTEN RECHTS **Patek Philippe Ref. 1593, vorgestellt 1944, dieses Exemplar verkauft durch Freccero, Montevideo, 1947.**
Rechteckige Armbanduhr aus 18 Kt Roségold mit konkaven Gehäuseflanken (Kal. 9‴90)
Länge 42 mm

Gold und Platin für die Gehäusefertigung zu beobachten. Unter den Formen, die hierbei entstanden, waren auch robustere Designs zu finden. Patek Philippe brachte in den 1940ern eine Reihe eleganter Uhren mit Rechteckgehäusen heraus. Verglichen mit den Formgehäuseuhren der 1920er- und 30er-Jahre fielen diese deutlich größer aus und vermittelten mit ihren schwereren Gehäusen eine gänzlich andere Anmutung als die Standardmodelle der vorherigen Generation. 1940 stellte die Firma die Referenz 1450 vor, eine Armbanduhr mit verdeckten Bandanstößen. Das als »Top Hat« bekannte rechteckige Modell hatte ein leicht gewölbtes Gehäuse, die kräftigen gestuften Bandanstöße verdeckten die Armbandbefestigung und verliehen der Uhr eine markante Optik. Im Jahr 1944 stellte Patek Philippe die Referenz 1593 vor. Mit den konkav gewölbten Gehäuseflanken wirkte das Modell wie eine Sanduhr, während ihr Gehäuseboden, anders als bei traditionellen Rechteckuhren, nicht mehr gewölbt, sondern flach war. Diese kraftvollere Formensprache wurde bei den Rechteckuhren von Patek Philippe, Vacheron Constantin und Audemars Piguet im Verlauf der 1940er- bis in die 1950er-Jahre immer deutlicher.

Rechteckige und quadratische Modelle ohne gewölbte Flanken wurden neben den geschwungeneren Formen weiterhin angeboten. Verglichen mit früheren Jahrzehnten traf man bei ersteren oft deutlich breitere Lünetten an. Ein sehr bemerkenswertes Modell der 1940er-Jahre ist die auf Seite 129 abgebildete skelettierte Rechteckuhr von Audemars Piguet. Skelettierte Uhren, bei denen die tragenden Teile des Uhrwerks ausgesägt und dekorativ finissiert oder graviert wurden, waren in der ersten Hälfte des 20. Jahrhunderts extrem selten. Audemars Piguet dürfte lediglich rund zehn Exemplare dieses Modells gefertigt haben. Jede dieser Uhren ist ein Unikat, da der *horloger squeletteur* freie Hand bei der Gestaltung und Finissierung des Werks hatte. Da kein Zifferblatt vorhanden ist, wurden die Stundenmarkierungen in die Lünette eingraviert und mit schwarzer Emaille aufgefüllt. Skelettierte Uhren blieben eine Ausnahmeerscheinung, was sich erst gegen Ende des Jahrhunderts zu ändern begann.

PATEK, PHILIPPE & Co
GENÈVE
Cartier
SWISS
Cartier, Inc.
Fifth Avenue at 52nd
No
6246
the sum of

GEGENÜBER **Patek Philippe Ref. 439, hergestellt 1942 und verkauft durch Cartier 1943.**
Rechteckige Armbanduhr aus 18 Kt Gelbgold mit flacher Lünette (Kal. 10‴110)
Länge 32 mm

RECHTS **Audemars Piguet Ref. 5036, verkauft 1948.**
Rechteckige, skelettierte Armbanduhr aus 18 Kt Gelbgold (Kal. 10‴TS)
Länge 34 mm, Breite 24 mm

DAMENUHREN

Bei den Damenarmbanduhren herrschten noch immer eher kleine Formate vor, allerdings vollzog sich auch hier eine allmähliche Entwicklung zu erkennbar »modernen« Formen. Uhren mit verborgenem Zifferblatt waren weiterhin beliebt. Die gegenüber abgebildete rechteckige Armbanduhr wurde von Jaeger-LeCoultre für Cartier gefertigt. Dieses 1943 hergestellte Exemplar verfügt über ein Innengehäuse, das auf Schienen beweglich im Außengehäuse angebracht ist. Mit einem Finger lässt sich das Innengehäuse von rechts nach links schieben, sodass das Zifferblatt sichtbar wird; beim Loslassen schnellt es zurück und verbirgt das Zifferblatt wieder. Die Konstruktion bot für das Uhrenglas einen erhöhten Schutz vor Stößen, sicherte durch das Doppelgehäuse aber gleichzeitig auch das Werk gut ab. Bei diesem wie bei vielen anderen Modellen dieser Zeit verbaute LeCoultre sein kleines Duoplan-Kaliber. Dieses wurde nicht über die Flanke, sondern über den Gehäuseboden aufgezogen, sodass die Krone versteckt war und die klaren Linien des Gehäuses nicht unterbrochen wurden.

Neben den populären kleinen »Cocktail«-Armbanduhren entwickelte sich in der Dekade noch ein weiterer Trend zu Uhren mit Metallarmbändern mit kräftigeren Gliedern und geschwungenen, fließenden Formen. Viele dieser Metallarmbänder wurden bei Gay Frères, einem der renommiertesten Armbandhersteller Genfs, in Auftrag gegeben. Die Modelle wurden oft mit verborgenem Zifferblatt konstruiert, das entweder über einen Scharnierdeckel geöffnet oder zuweilen, wie bei dem auf Seite 133 (rechts) abgebildeten Exemplar, aus dem Armband herausgeschoben werden konnte. Uhren mit derartigen üppigen Goldarmbändern waren häufig auch mit Edelsteinen besetzt. Die Abbildung auf Seite 133 links zeigt eine Armbanduhr, deren Gehäuse sich am klassischen Cocktailuhrendesign orientiert. Die Bandanstöße allerdings sind deutlich vergrößert und mit beachtlichen Rundschliffdiamanten versehen. Mit Rubinen besetzte Verbindungsglieder bilden den Übergang vom Gehäuse zum massiven Armband und lassen die Bandanstöße als Teil des Armbands erscheinen. Modelle dieser Art erwiesen sich als sehr beliebt, sodass Armbanduhren mit schweren Gliederarmbändern bis weit in die nächste Dekade anzutreffen waren.

UNTEN Movado Ref. 14177, um 1940.
Rechteckige Damenarmbanduhr mit gewölbtem Stahlgehäuse und schwarzem Zifferblatt (Kal. 65)
Länge (inkl. Bandanstöße) 23,5 mm, Breite 13 mm

GEGENÜBER Cartier/Jaeger-LeCoultre Baguette Coulissante, hergestellt 1943.
Rechteckige Damenarmbanduhr aus 18 Kt Gelbgold mit Zifferblatt in herausschiebbarem Innengehäuse (Kal. Duoplan)
Breite (geschlossen) 22 mm

CARTIER
DUOPLAN

PATEK, PHILIPPE & Cº
GENÈVE
20 PLACE VENDÔME
PARIS

GEGENÜBER Patek Philippe, hergestellt 1942.
Damenarmbanduhr aus Platin und Gelbgold mit Diamant- und Rubinbesatz mit Metallarmband
Durchmesser 17 mm

RECHTS Jaeger-LeCoultre Ref. 1776, um 1945.
Damenarmbanduhr aus 18 Kt Roségold mit verborgenem Zifferblatt und Metallarmband von Gay Frères (Kal. 426)
Durchmesser 19 mm, Gesamtlänge 160 mm

UNTEN Patek Philippe Ref. 2164, verkauft 1947.
Damenarmbanduhr aus 18 Kt Roségold mit Diamant- und Rubinbesatz und Metallarmband von Gay Frères (Kal. 7‴70)
Durchmesser 20 mm, Gesamtlänge 165 mm

MILITÄRUHREN

Im Verlauf des Zweiten Weltkriegs entstanden Fliegeruhren in vielfältigen Formen. Longines fertigte weiterhin Uhren für Piloten und Navigatoren an, basierend auf den Modellen Lindbergh und Weems (s. S. 96–97), es entstanden jedoch auch weitere Uhren mit Navigationsfunktionen. Hierzu zählte etwa ein patentiertes Flyback-System mit zentralem Minutenregister, das bereits in den 1930ern vorgestellt wurde, aber erst in den 1940ern häufiger anzutreffen war. Ein typisches Beispiel für diese Uhren ist rechts abgebildet. Das schwarze Zifferblatt ist mit arabischen Ziffern und Leuchtzeigern für Stunden und Minuten ausgestattet. Zwei schlanke Zusatzzeiger aus der Mitte, der eine verchromt, der andere rot lackiert, zeigen die Sekunden an der äußeren Skala bzw. die vergangenen Minuten an der inneren Skala an. Anders als bei einem Standardchronographen bewegen sich diese Zeiger konstant. Sie werden durch einmaliges Betätigen des Drückers oberhalb der Krone lediglich zurückgestellt und starten sofort wieder. Das Hilfszifferblatt unten ist eine herkömmliche kleine Sekundenanzeige.

In Deutschland zählte A. Lange & Söhne zum Kreis der Unternehmen, die die Luftwaffe mit Fliegeruhren belieferten – ein typisches Beispiel ist gegenüber (oben) abgebildet. Das Gehäuse der um 1940 hergestellten Fliegeruhr misst 55 mm, dementsprechend groß ist das Zifferblatt. Dieses Zifferblatt ist schwarz und mit sehr gut ablesbaren arabischen Leuchtziffern mit Minuten- und Sekundenring außen und einem separaten Stundenring innen ausgestattet. Alle Zeiger einschließlich des Sekundenzeigers sind mit Leuchtmasse belegt; der Stundenzeiger ist, passend zum inneren Stundenring, besonders kurz. Mit ihrem großen Zifferblatt mit Leuchtmasse ermöglichte die funktionell gestaltete Uhr bei Tag und Nacht eine gute Ablesbarkeit. Eine vom deutschen Uhrmacher Junghans entwickelte Sekundenstoppfunktion hielt die Unruh (und damit das gesamte Werk) an, wenn die Krone zum Stellen der Zeiger gezogen wurde, so konnte der Sekundenzeiger leicht mit einem Zeitsignal synchronisiert werden. Es handelte sich hier um Präzisionszeitmesser, die auf eine Genauigkeit von einer Sekunde Abweichung pro Tag ausgelegt waren – auf ausdrücklichen Wunsch der Wehrmacht.[3] Außerdem waren die Uhren mit übergroßen Kronen für die Bedienung mit Handschuhen und extra langen Bändern zum Tragen über dem Fliegeranzug ausgestattet.

Mitte der 1930er-Jahre beauftragte die Königliche Marine Italiens das Unternehmen Panerai mit der Herstellung einer Taucheruhr für ihre Kampfschwimmer. Die Uhren waren übergroß, damit sie gut abgelesen und über einem Taucheranzug getragen werden konnten. Panerais erstes Modell erhielt die Bezeichnung Radiomir,

GEGENÜBER Longines
Ref. 23646, um 1948.
Eindrücker-Armbandchronograph mit Stahlgehäuse, Flyback-Funktion und zentraler Chronographensekunde (Kal. 12.68z)
Durchmesser 37 mm

RECHTS A. Lange & Söhne, um 1940.
Flieger-Armbanduhr mit Zentralsekunde in übergroßem Stahlgehäuse, hergestellt für die Wehrmacht (Kal. 48.1)
Durchmesser 55 mm

UNTEN Panerai Radiomir
Ref. 3646, um 1940.
Taucheruhr in übergroßem Stahlgehäuse, entworfen für die italienische Marine (Kal. 618)
Breite 47 mm

abgeleitet von der Leuchtfarbe für die Stundenindizes, die aus Zinksulfid, Mesothorium und Radiumbromid bestand und die sich Guido Panerai 1915 patentieren ließ. Bei einem Gehäusedurchmesser von 47 mm war das mächtige Zifferblatt mit den markanten Leuchtziffern auch in größeren Wassertiefen ablesbar. Die Ziffern waren in die oberste Lage des mehrlagigen Zifferblatts eingraviert und mit Leuchtmasse aufgefüllt. Für die Gehäuse suchte Panerai Unterstützung bei Rolex, wo man sich bereits einen Namen für zuverlässige wasserdichte Uhren gemacht hatte. Wie bei der Oyster wurden Krone, Lünette und Boden des Stahlgehäuses verschraubt. Anders als bei den Oyster-Uhren von Rolex war der Gehäuseboden am Rand jedoch nicht geriffelt, sondern als Vieleck gestaltet, und die Bandanstöße waren mit festen Stegen ausgeführt, an die das Armband angenäht werden konnte. Diese Radiomir-Uhren der ersten Generation trugen die Referenznummer 3646 und wurden mit wenigen Änderungen zwischen 1938 und den frühen 1950er-Jahren produziert.

Im Zweiten Weltkrieg orderte das britische Luftfahrtministerium Uhren von unterschiedlichen Herstellern. Hierzu zählte die Ref. 2292 von Omega, deren Zifferblatt und Zeiger speziell für dieses Modell von Omega gefertigt wurden und die für Piloten und Navigatoren der Royal Air Force bestimmt war. Diese Uhren waren mit Gehäuseböden aus Stahl ausgestattet, das eigentliche Gehäuse bestand jedoch aus dem weniger kostspieligen Duraluminium, einer Legierung aus Aluminium, Kupfer, Magnesium und Mangan. Duraluminium hatte gegenüber Stahl außerdem den Vorteil einer matteren, weniger reflektierenden Oberfläche, die im Einsatz nicht blendete. Das Gehäuse der 2292 zeichnete sich durch markante lange Bandanstöße und die für traditionelle Militäruhren üblichen festen Bandstege aus, die ein Abreißen der Uhr vom Band verhindern sollten. Diese Uhren trugen meist an der Außenseite des Bodens eine Gravur mit der militärischen Codenummer/Seriennummer des Luftfahrtministeriums.

UNTEN LINKS Omega Ref. 2292, hergestellt 1944.
Piloten-/Navigatorenarmbanduhr aus Duraluminium und Stahl, geliefert an die britische Regierung (Kal. 30T2 SC)
Durchmesser 33 mm

UNTEN RECHTS Omega WWW, um 1945.
Militärarmbanduhr aus Edelstahl, hergestellt für die British Army (Kal. 30T2). Dieses Modell diente als Inspirationsquelle für Omegas zivile Seamaster-Linie
Durchmesser 35 mm

GEGENÜBER, OBEN A. Lange & Söhne, um 1940.
Große Deckuhr in Lépine-Form mit Gangreserveanzeige, hergestellt für die Wehrmacht (Kal. 48)
Durchmesser 59,5 mm

GEGENÜBER, UNTEN Longines, um 1946.
Deckuhr in Lépine-Form aus Chromnickel mit Emaillezifferblatt und Zentralsekunde (Kal. 19.70N)
Durchmesser 52 mm

1945, gegen Ende des Krieges, gab das britsche Kriegsministerium bei mehreren Herstellern die Fertigung eines neuen, robusten und wasserdichten Uhrenmodells für die Armee in Auftrag. Diese Uhren waren laut Vorgabe mit schwarzem Zifferblatt mit Leuchtmasse, einem Präzisionswerk mit 15 Lagersteinen, bruchsicherem Glas, einem wasserdichten Stahlgehäuse mit gedichteter Aufzugskrone und festen Bandstegen ausgestattet. Die Gehäuse waren mit »W.W.W.« für »Watch, Wrist, Waterproof« sowie einer Herstellerseriennummer und einer militärischen Inventarnummer graviert. Insgesamt sind zwölf Hersteller bekannt, die Versionen dieser Uhr an die britische Armee geliefert haben, sie alle ähnelten stark dem gegenüber rechts abgebildeten Modell von Omega.

Deckuhren in Taschenuhrform wurden im Zweiten Weltkrieg von Kriegsmarinen auf beiden Seiten des Konflikts eingesetzt. Diese hochwertigen Zeitmesser kamen auf Schiffen und Unterseebooten zum Einsatz. A. Lange & Söhne fertigte große Deckuhren, die ebenso wie die Fliegeruhren der Firma laut Vorgabe der Wehrmacht eine Gangabweichung von weniger als einer Sekunde pro Tag haben durften.[4] Die Abbildung oben links zeigt eine Standardversion dieser Beobachtungsuhren mit zwei Hilfszifferblättern: rechts die Sekundenanzeige, links die Gangreserve, die die verbliebene Energie der Zugfeder anzeigte, damit sie vom Verantwortlichen rechtzeitig wieder aufgezogen werden konnte. Diese Uhren wurden entweder mit versilbertem oder seltener komplett mit Leuchtfarbe beschichtetem Zifferblatt gefertigt, letztere waren für den Einsatz auf U-Booten bestimmt. In der Kriegs- und Nachkriegszeit wurden auch schlichte Deckuhren mit funktionell gestaltetem Zifferblatt und Zentralsekunde eingesetzt. Die Abbildung links unten zeigt eine Deckuhr von Longines aus der unmittelbaren Nachkriegszeit. Die Uhr mit Chromnickelgehäuse verfügt über ein weiß emailliertes Zifferblatt mit schwarzen arabischen Ziffern und Minuten- und Sekundenring. Lünette und Gehäuseboden sind verschraubt und schützen so das Werk vor Feuchtigkeit. Ähnlich wie bei vielen anderen Militäruhren von Longines ist die Spitze des Minutenzeigers zur Verbesserung der Ablesbarkeit speziell geformt.

Militäruhrendesigns erwiesen sich als ausgesprochen einflussreich für die Entwicklung neuer Uhrenmodelle in der Nachkriegszeit und den Folgejahrzehnten. Die klare, funktionelle Gestaltung, ihre Robustheit und Errungenschaften wie Magnetfeldschutz und Wasserdichtheit wurden bereitwillig für die Entwicklung ziviler Modelle übernommen.

AERO-COMPAX

CHRONOGRAPHEN

GEGENÜBER Universal Genève Aero-Compax Ref. 22477, um 1940.
Armbandchronograph aus Stahl mit Hilfszifferblättern für konstante Sekunde, 30-Minuten- und 12-Stunden-Register, manuell einstellbare 12-Stunden-Erinnerungszeitanzeige und äußere Tachymeterskala (Kal. 287)
Durchmesser 37 mm

UNTEN Rolex Oyster Ref. 3525, um 1940.
Armbandchronograph aus Stahl mit Hilfszifferblättern für konstante Sekunde und 30-Minuten-Register, Tachymeter- und Telemeterskala außen (Kal. 13‴)
Durchmesser 35 mm

Chronographen breiteten sich in den 1940er-Jahren stark aus. Zweidrückermodelle mit symmetrisch ober- und unterhalb der Krone angeordneten Drückern hatten sich zu dieser Zeit vollständig durchgesetzt. Die Mehrzahl der Modelle wies zwei Hilfszifferblätter auf – eines für die konstante Sekunde und eines für die Aufzeichnung der Minuten bei laufendem Chronographen – zunehmend verbreitete sich jedoch auch ein drittes für die Aufzeichnung der abgelaufenen Stunden.

Universal war in den 1930er-Jahren das erste Unternehmen, das einen Armbandchronographen mit Stundenregister vorstellte, und brachte in den 1940ern ein neues Aero-Compax-Modell auf den Markt, das mit vier perfekt symmetrischen Hilfszifferblättern aufwartete. Drei Hilfszifferblätter zeigten die konstante Sekunde sowie die 30-Minuten- und 12-Stunden-Intervalle des laufenden Chronographen an. Das vierte Hilfszifferblatt war unterhalb der 12-Uhr-Position angeordnet und nicht mit dem Gang- oder Chronographenwerk verbunden. Gestellt wurde es über eine separate Krone bei 9 Uhr. Dieses »Memento«- oder Erinnerungszifferblatt ermöglichte die minutengenaue Einstellung einer statischen Erinnerungszeit, etwa für eine Abfahrtszeit oder ein anderes Ereignis.

Zu Beginn des Jahrzehnts stellte Rolex einen neuen Chronographen im Oyster-Gehäuse vor, die Ref. 3525. Neben den standardmäßigen Oyster-Merkmalen wie der Schraubkrone und dem verschraubten Gehäuseboden wies das Modell runde, wassergeschützte Chronographendrücker auf. Chronographen mit runden Drückern kamen gegen Ende der 1930er-Jahre auf und wurden in den 1940ern zunehmend neben Modellen mit traditionellen rechteckigen Drückern angeboten. Da sich die Hilfszifferblätter und zahlreichen Skalen leichter auf einem runden Zifferblatt realisieren ließen, waren Modelle mit rechteckigen oder quadratischen Gehäusen selten anzutreffen. 1949 stellte Rolex jedoch ein neues Modell mit kissenförmigem Gehäuse vor, nachdem man zuvor bereits einen quadratischen Chronographen lanciert hatte. Dieser zeichnete sich durch eine breite

Lünette aus, die an der Innenkante zur Aufnahme des Glases gestuft war.

Schleppzeigerchronographen mit zwei zentralen Chronographenzeigern zur simultanen Zeitmessung zweier Ereignisse waren in den 1940ern etwas häufiger anzutreffen. Bedingt durch den herstellerischen Aufwand und die daraus folgenden hohen Anschaffungspreise blieben die Produktionszahlen jedoch niedrig. Patek Philippe brachte 1939 einen Schleppzeigerchronographen unter der Referenznummer 1436 heraus. Patek Philippe hatte die Komplikation schon zuvor angeboten, dies war jedoch das erste definierte Modell mit eigener Referenznummer. Wie selten dieses Modell ist, lässt sich daran erkennen, dass Patek Philippe bis 1971, als man die Ref. 1436 nach über 40 Jahren einstellte, insgesamt wohl nur 165 Exemplare gefertigt hatte, im Durchschnitt also weniger als fünf pro Jahr.

UNTEN Rolex Gabus Ref. 8206, um 1949.
Rechteckiger Armbandchronograph aus 18 Kt Gelbgold mit Hilfszifferblättern für konstante Sekunde und 30-Minuten-Register; innere Tachymeter-Spiralskala (Kal. 69)
Breite 29 mm

GEGENÜBER Patek Philippe Ref. 1436, vorgestellt 1939, dieses Exemplar hergestellt 1947.
Schleppzeigerchronograph aus 18 Kt Gelbgold mit Hilfszifferblättern für konstante Sekunde und 30-Minuten-Register, äußere Tachymeterskala (Kal. 13''' CHR)
Durchmesser 33 mm

PATEK PHILIPPE
GENÈVE

PATEK, PHILIPPE & Co
GENEVE
SAT
MAR

KALENDERUHREN

GEGENÜBER Patek Philippe Ref. 1518, vorgestellt 1941, dieses Exemplar von 1946.
Armbandchronograph aus Gelbgold mit Ewigem Kalender, Mondphase und Hilfszifferblättern für konstante Sekunde und 30-Minuten-Register, äußere Tachymeterskala (Kal. 13‴130 Q)
Durchmesser 35 mm

UNTEN LINKS Universal Genève Tri-Compax Ref. 22279, um 1944.
Armbandchronograph aus Stahl mit Dreifachkalender, Mondphase und Hilfszifferblättern für konstante Sekunde, 30-Minuten- und 12-Stunden-Register, äußere Tachymeterskala (Kal. 481)
Durchmesser 34 mm

UNTEN RECHTS Movado Calendograf Ref. 14776, um 1945.
Armbanduhr aus Stahl mit Dreifachkalender (Kal. 475)
Durchmesser 32 mm

In den 1940er-Jahren stieg die Produktion von Armbanduhren mit Kalenderfunktionen sprunghaft an; die Bandbreite reichte dabei von einfachen Datumsfenstern bis zu Modellen, die Tag, Datum, Monat und die Mondphase darstellten. 1941 stellte Patek Philippe die Ref. 1518 vor, eine Armbanduhr mit Ewigem Kalender und zusätzlicher Chronographenfunktion. Dieses bedeutende Modell war die erste in Serie gefertigte Armbanduhr mit Ewigem Kalender, solche Armbanduhren hatte es zuvor nur als Einzelstücke oder Spezialanfertigungen gegeben. Das wirklich Herausragende an dieser Uhr ist jedoch ihr Erscheinungsbild – das Design ist derart harmonisch und klassisch, dass es bis heute als Blaupause für komplizierte Armbanduhren dient. Von 1941 bis 1954 produzierte Patek Philippe 281 Exemplare des Modells – nach heutigen Maßstäben eine sehr kleine Serie, aber die äußerst komplizierte Uhr stellte in der damaligen Zeit eine beträchtliche Investition dar. Das Modell wurde schnell durch die Ref. 1526 abgelöst, die ebenfalls über einen Ewigen Kalender mit Mondphase verfügte, aber auf den Chronographen verzichtete. Patek Philippes kontinuierliche Entwicklung von Armbanduhren mit Ewigem Kalender sicherte dem Unternehmen in den folgenden 40 Jahren eine führende Stellung in Bezug auf diese Komplikation.

Universal Genève spielte in dieser Zeit eine gewichtige Rolle bei der Entwicklung von Kalenderarmbanduhren und Armbandchronographen mit Kalenderfunktionen. 1944, zu seinem 50. Jahrestag, brachte Universal eine der heute in Sammlerkreisen berühmtesten Armbanduhren heraus, die Tri-Compax. Diese Armbanduhr bot zwar keinen Ewigen Kalender, ihr Dreifachkalender zeigte jedoch Tag, Monat und Mondphase in Fenstern sowie Datum, konstante Sekunde und Chronographenregister für 30 Minuten und 12 Stunden auf vier Hilfszifferblättern an. Das äußerst beliebte Modell verdankte seinen Erfolg nicht zuletzt auch einem wichtigen Durchbruch auf dem US-Markt. 1942 wurde die Henri Stern Watch Agency – das US-Vertriebsunternehmen für Patek Philippe – auch offizieller US-Importeur für

Universal-Uhren. Dies war ein Coup für beide Unternehmen, da Uhreneinfuhren in der Kriegszeit strengen Einschränkungen unterlagen. Der Bedarf der US-Streitkräfte an Chronographen hatte jedoch dazu geführt, dass die Henri Stern Watch Agency eine Genehmigung zur Einfuhr von Universal-Uhren erhielt.[5]

Andere Hersteller boten in der Dekade zahlreiche alternative Datumsanzeigen an. Die Calendograf-Modelle von Movado etwa zeigten den Wochentag und Monat in Fenstern, das Datum jedoch auf einem Außenring des Zifferblatts an. Diese Darstellung hatte den Vorteil, dass das Datum in größerem Format als bei den traditionelleren Hilfszifferblättern angezeigt werden konnte. Die Datumsanzeige erfolgte über einen Zeiger aus der Mitte, der oft lang und schlank mit einer farbigen dreieckigen oder runden Spitze gestaltet war, um ihn klar vom Stunden- und Minutenzeiger abzuheben. Viele Hersteller gaben der Datumsanzeige auf einer Außenskala den Vorzug, so Omega beim Modell Cosmic mit Dreifachkalender und Rolex bei den Chronographenmodellen mit Dreifachkalender.

1945 kündigte Rolex die Einführung eines neuen Modells anlässlich des 40-jährigen Bestehens des Unternehmens an. Die Uhr wurde zunächst in einer Version mit geriffelter Lünette mit der Referenznummer 4467 vorgestellt, weitere Modelle wie die 5030 mit glatter Lünette folgten bis zum Ende des Jahrzehnts. Zwar hatte es schon zuvor Armbanduhren mit Datumsfenstern gegeben, die Bedeutung des Rolex-Designs lag aber in der Klarheit der Gestaltung, die dazu beitrug, dass die Platzierung des Datumsfensters bei 3 Uhr bis heute die meistverbreitete Art der Datumsanzeige ist. Für Rolex stellten die Modelle, die später unter der Bezeichnung Datejust bekannt wurden, eine erneute Weiterentwicklung des Oyster-Gehäuses dar und führten ein weiteres Merkmal ein, das den Ruf des Unternehmens festigen sollte. Die Datejust wurde im Laufe der Jahre vielfach überarbeitet, die Grundprinzipien ihres Designs blieben jedoch weitgehend unangetastet.

OBEN Rolex Dato-Compax Ref. 4768, um 1948.
Armbandchronograph aus Stahl und Roségold mit Dreifachkalender und Hilfszifferblättern für konstante Sekunde, 30-Minuten- und 12-Stunden-Register, äußere Tachymeterskala (Kal. 13‴)
Durchmesser 35 mm

GEGENÜBER Rolex Oyster Perpetual Ref. 5030, um 1948.
Automatikarmbanduhr aus 18 Kt Gelbgold mit Datumsanzeige (Kal. 10½‴)
Durchmesser 36 mm

ROLEX
OYSTER PERPETUAL
CHRONOMÈTRE

AUTOMATIKARMBANDUHREN

Erneute Bemühungen der Uhrenindustrie zur Vermarktung automatischer Uhren führten in den 1940er-Jahren zur Entwicklung zahlreicher neuer Kaliber. Zwar mag es überraschen, dass bis dahin nur wenige der großen Marken Automatikuhrwerke herausgebracht hatten, diese Zurückhaltung ist jedoch verständlich vor dem Hintergrund des herrschenden Misstrauens der Öffentlichkeit gegenüber selbstaufziehenden Uhren, deren frühe Vertreter sich oft als unzuverlässig erwiesen hatten.

Die meisten der in den 1940er-Jahren lancierten Automatikwerke basierten auf dem Dämpfersystem, das erstmals von Harwood bei Armbanduhren eingesetzt worden war (s. S. 79). Eterna hatte gegen Ende der 1930er-Jahre mit der Vermarktung einer Automatikarmbanduhr mit dem neuen Kaliber 834 begonnen und stellte 1944 eine überarbeitete Version dieses Werks unter der Bezeichnung 1076H vor. Ähnlich wie die Harwood war die Eterna mit einer federgedämpften Pendelschwungmasse ausgerüstet. Viele Hersteller setzten ähnliche Systeme ein, so auch Omega in den 1942 und 1943 vorgestellten eigenen Automatikkalibern 30.10RA PC und 28.10RA PC. Trotz der etwas seltsam anmutenden Hammermechanik dieser Pendelautomatikuhren erwies sich das System als wirksam und verhältnismäßig robust, außerdem hatte es den entscheidenden Vorteil einer flachen Bauhöhe, da die Schwungmasse in das Werk integriert war. Bei frühen Rotorautomatikuhren hatte die Dicke der Gehäuse mit deutlich gewölbtem Gehäuseboden (der notwendig war, um dem auf der rückseitigen Platine montierten Rotor Platz zu bieten) immer wieder Anlass zur Kritik gegeben. Das Pendelautomatikwerk dieser Zeit hatte demgegenüber einen klaren Designvorteil. Deutlich wird dies, wenn man das erste Rolex Perpetual Rotorkaliber (Kal. 620NA) aus den frühen 1930ern, das 7,5 mm hoch war, mit dem flacheren der beiden oben genannten Omega-Pendelautomatikwerken vergleicht. Dieses hatte eine Bauhöhe von nur 4,5 mm, war also lediglich 0,5 mm dicker als Omegas herkömmliche Handaufzugskaliber jener Zeit. Bedeutsam ist dies, weil diese Werke weniger stark den Stil und die Form des Uhrengehäuses vorher-

UNTEN Eterna, um 1946.
Armbanduhr aus Stahl mit Pendelautomatik und zweifarbigem Zifferblatt (Kal. 1076H)
Durchmesser 34,5 mm

UNTEN LINKS Omega Ref. 2420, um 1945.
Armbanduhr aus Stahl mit Pendelautomatik und Zentralsekunde (Kal. 28.10RA)
Durchmesser 33 mm

UNTEN RECHTS Werbeanzeige von Jaeger-LeCoultre für ein frühes Automatikmodell mit Gangreserveanzeige

bestimmten und flachere, elegantere Designs ermöglichten. Dennoch sollte die Rotorkonstruktion schließlich die Oberhand gewinnen, und schon in den 1940ern kamen neue, flachere Rotorkaliber auf den Markt. Zu diesen zählten das 1942 von Felsa vorgestellte Bidynator (5,2 mm hoch) und das Kaliber 22A (5,5 mm hoch), das 1942 von Longines lanciert wurde. Beide Kaliber zeichneten sich dadurch aus, dass die Uhr durch die Rotorbewegungen in beide Richtungen aufgezogen wurde, während die meisten frühen Pendelautomatikwerke nur in einer Richtung aufzogen.

Trotz der verbesserten Funktion der Automatikwerke kam es nach wie vor vielfach zu Beschwerden von Automatikuhrenbesitzern, deren Uhren stehengeblieben waren – man fragt sich, wie oft der Grund hier im Bewegungsmangel lag, da der Automatikaufzug ja auf die Aktivität des Trägers angewiesen war. 1948 stellt Jaeger-LeCoultre sein Modell Powermatic (Kaliber 481) vor, ein Pendelautomatikwerk mit zusätzlicher Gangreserveanzeige. Ein Fenster unterhalb der 12-Uhr-Position zeigte die verbleibende Gangenergie der Zugfeder in Stunden und färbte sich bei fast entspannter Feder rot. Automatikuhren dieser Zeit ließen sich zusätzlich auch von Hand aufziehen, sodass der Besitzer die Zugfeder mit einigen Umdrehungen der Krone wieder spannen konnte, was die Gangreserveanzeige zu einer sehr nützlichen Funktion machte.

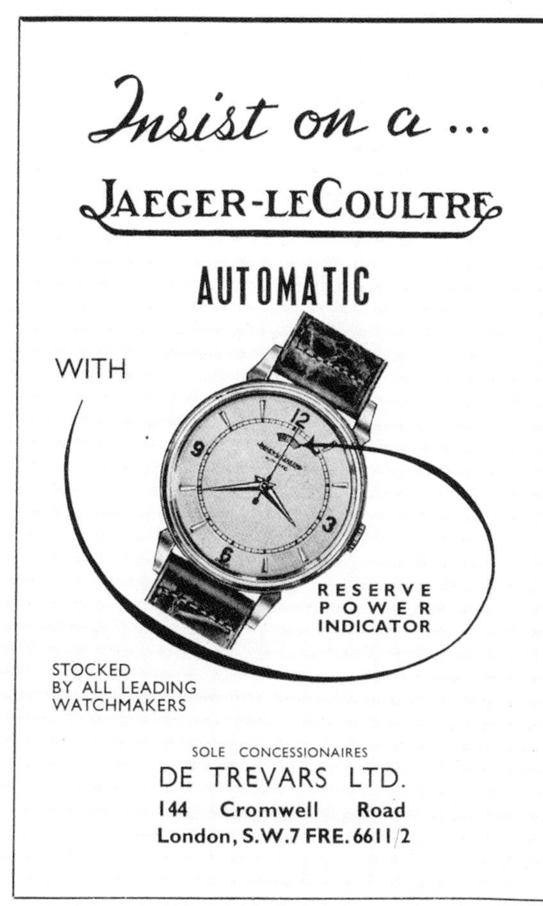

UHREN IN MÜNZ- UND BRIEFFORM

Die Blütezeit der Etuiuhr war vorüber, und obwohl die Produktion des berühmten Ermeto-Modells von Movado weiterlief, ging das Angebot solcher Uhren unter den anderen Herstellern stark zurück. Eine andere ungewöhnliche Uhrenform erfreute sich jedoch nach wie vor einer gewissen Beliebtheit: die Goldmünzenuhr. Bereits in den 1920ern waren Münzuhren verkauft worden und traten auch in den weiteren Dezennien des Jahrhunderts immer wieder als originelle Erscheinung auf. Die fast ausschließlich aus 10- oder 20-Dollar-Goldmünzen (in Einzelfällen wurden auch andere Nennwerte und Währungen verwendet) hergestellten Uhren entstanden, indem man das Innere einer Münze aushöhlte und ein Scharniergehäuse einbaute, das ein besonders flaches Uhrwerk samt Zifferblatt aufnahm. Das gegenüber abgebildete Exemplar wurde 1941 von Patek Philippe verkauft. Wie bei besonders feinen Exemplaren dieser Münzuhren üblich, ist auch hier ein Drücker zum Öffnen des Deckels in die Flanke integriert, der bündig mit der Riffelung und kaum zu erkennen ist. Diese bemerkenswerten Objekte zeichnen sich durch ein angenehmes Gewicht und eine außergewöhnliche Qualität aus.

Eine der charmantesten Ausprägungen der Etuiuhr war ein Modell in Form eines Briefumschlags. Diese als Geschenk gedachten Uhren trugen auf der Vorderseite eine Gravur mit Namen und Anschrift des Empfängers, die »Frankierung« auf dem Umschlag konnte mit einem besonderen Datum wie einem Geburtstag oder Jubiläum versehen werden. Eine dieser Briefkuvertuhren aus Silber, 1940 von Cartier hergestellt, ist hier abgebildet (oben). Die Uhr ist mit Namen und Anschrift des Empfängers graviert, und bei näherer Betrachtung erkennt man den »Poststempel« mit dem Weihnachtstag 1940 als Datum. Auf der Rückseite deutet eine schlichte Gravur die Klappe auf der Rückseite eines Briefkuverts an. Eine Goldversion dieses Modells ist rechts abgebildet; das Exemplar trägt den »Datumsstempel« vom 20. Juni 1943, dem Geburtstag des James Ortiz, dessen Name und Anschrift auf der Vorderseite erscheint. Die Rückseite trägt die Gravur »From Mr and Mrs Ortiz / New York City« nach Art einer Absenderadresse. Diese Uhren werden ähnlich wie bei der Ermeto von Movado durch Auseinanderziehen des zweiteiligen Außengehäuses geöffnet.

OBEN Cartier, um 1940.
Etuiuhr aus Silber in Form eines Briefkuverts
Länge (geschlossen) 38 mm

UNTEN Cartier, um 1943.
Etuiuhr aus aus Roségold in Form eines Briefkuverts
Länge (geschlossen) 36 mm

RECHTS UND UNTEN Patek Philippe, verkauft durch Astrua, Turin, 1941.
20-Dollar-Goldmünzenuhr (Kal. 9‴)
Durchmesser 34 mm

Hamilton—the world's first electric watch!

It's no secret that electricity is the best way to run a wrist watch. Greater accuracy. Fewer parts. Less care. But it was real news early this year when Hamilton was *first* to produce the electric watch. Your Hamilton jeweler will tell you more about this, the biggest watch news in 477 years. *(Left to right)* Spectra, \$150; Ventura I, \$200; Van Horn, \$175. Hamilton Watch Company, Lancaster, Pennsylvania.

1950–1959

DIE 1950er-JAHRE

Der starke wirtschaftliche Aufschwung der 1950er-Jahre in den USA und weiten Teilen Westeuropas zog auch für die Schweizer Uhrenindustrie eine Expansion nach sich, die ihren Ausruck in einer Exportsteigerung von fast 54 % fand. Das Jahrzehnt begann mit einem sprunghaften Anstieg des Exports von Uhren und Uhrwerken um allein 38 % zwischen 1950 und 1951.[1] Zu dieser Zeit hatten sich viele klassische Uhrenstile bereits fest etabliert, zugleich wurden in der Branche neue Innovationsimpulse spürbar, vergleichbar mit der Aufbruchsstimmung der 1930er-Jahre. Beflügelt von der wachsenden Nachfrage nach feinen Uhren entwickelte man in den 1950er-Jahren in schneller Folge neue Modelle, die den Anforderungen der sich verändernden Welt gerecht werden sollten.

Der Krieg hatte einen starken Einfluss auf das Uhrendesign ausgeübt, und die in den 1940er-Jahren aufgekommenen markanten Modelle wurden im neuen Jahrzehnt weiterentwickelt. Die Weicheisenkäfige, mit denen man im Zweiten Weltkrieg die Werke von Fliegeruhren vor Magnetfeldern geschützt hatte, stießen nun auch bei einer wachsenden Zahl von Wissenschaftlern, Technikern, Ingenieuren und Zivilpiloten auf Interesse. Mit dem aufkommenden interkontinentalen Luftverkehr erschlossen sich auch für Uhrenhersteller neue Perspektiven, so wurden zahlreiche Modelle mit Anzeigen für unterschiedliche Zeitzonen entwickelt.

Bestandteil des neuen Lebensgefühls der Nachkriegszeit waren auch Entdeckergeist und Abenteuerlust. 1943 hatten Jacques Cousteau und Émile Gagnan ihr Aqualung-System entwickelt und damit die Welt der Ozeane für die neue Leidenschaft des Gerätetauchens erschlossen. Die Faszination für die Unterwasserwelt erreichte 1956 einen Höhepunkt, als der französische Dokumentarfilm *Die schweigende Welt* erschien, einer der ersten Unterwasserfarbfilme. Der Film unter der gemeinsamen Regie von Jacques Cousteau und Louis Malle basierte auf Cousteaus gleichnamigem Buch, das 1953 erschienen war. Die Uhrenhersteller reagierten auf die neue Begeisterung für die Unterwasserwelt mit einer

UNTEN LINKS **Rolex Oyster Perpetual Explorer Ref. 6350, datiert 1953.**
Automatikarmbanduhr aus Edelstahl mit Zentralsekunde, schwarzem Wabenstruktur-Zifferblatt und Leuchtziffern und -zeigern (Kal. A296)
Durchmesser 35 mm

UNTEN RECHTS **Tudor Oyster Prince Ref. 7809, um 1952.**
Armbanduhr aus Edelstahl mit Zentralsekunde (Kal. 390)
Durchmesser 34,5 mm

UNTEN Tudor Oyster Elegante Ref. 7960, datiert 1958.
Armbanduhr aus Edelstahl mit Zentralsekunde und Handaufzugswerk (Kal. 2402)
Durchmesser 34,5 mm

Reihe von Taucheruhren, die im Verlauf des Jahrzehnts vorgestellt wurden.

Zeitgleich mit der Erschließung der Unterwasserwelt fand ein Kampf um die Eroberung der höchsten Gipfel der Welt statt. Rolex hatte im Verlauf der 1930er- und 1940er-Jahre mehrere Himalaya-Gebirgsexpeditionen mit Oyster-Uhren ausgestattet. Für Rolex boten diese Expeditionen eine hervorragende Testumgebung für die Oyster-Modelle, die dort denkbar extremen Umweltbedingungen ausgesetzt waren. Darüber hinaus boten sie dem Hersteller aber auch eine einzigartige Marketingplattform, und Rolex verstand es, die erfolgreiche Besteigung des Mount Everest durch Edmund Hillary und Tenzing Norgay – die beiden Bergsteiger waren ebenfalls von Rolex mit Uhren ausgestattet worden – für die Vorstellung des Modells Oyster Explorer zu nutzen. Die auf besondere Robustheit und gute Ablesbarkeit ausgelegte Uhr verfügte über ein schwarzes Zifferblatt mit großen Leuchtziffern – das Design mit einem Dreiecksindex bei der 12 und arabischen Ziffern bei 3, 6 und 9 Uhr ähnelte dem Stil der 1940er-Jahre, wurde jedoch in Kombination mit dem schwarzen Zifferblatt zu einem legendären Rolex-Markenzeichen, das die Explorer-Modelle der nächsten Jahrzehnte bestimmen sollte.

Ermuntert durch das Wirtschaftswachstum der Nachkriegszeit beschloss Rolex-Geschäftsführer Hans Wilsdorf im Jahr 1952, die Marke Tudor zu reaktivieren, deren Flaggschiff die neue Tudor Oyster Prince war. Das Oyster-Gehäuse war in der Tudor-Linie zwar keine Neuigkeit, bei der neuen Prince wurde aber die ausgesprochene Robustheit des Modells in den Vordergrund gestellt. Ähnlich wie bei den Marketingaktivitäten für die Rolex Explorer stattete Wilsdorf alle 30 Teilnehmer der britischen Nordgrönland-Expedition von 1952 bis 1954 mit einer Tudor Oyster Prince aus und schaffte so wiederum gleichzeitig nützliche Testumgebungen und Publicitymöglichkeiten für seine Uhren. Wilsdorf hatte Tudor von Anfang an als preisgünstigere Alternative zu seiner Marke Rolex konzipiert, und besonders die Tudor-Oyster-Modelle durchliefen im Verlauf der 1950er-Jahre

TURN-O-GRAPH

GEGENÜBER Rolex Oyster Perpetual Turn-O-Graph Ref. 6202, um 1953. Automatikarmbanduhr aus Edelstahl mit Zentralsekunde, kalibrierter Drehlünette und Leuchtziffern und -zeigern (Kal. A296) Durchmesser 35 mm

UNTEN Omega Seamaster Ref. 2576-10, um 1950. Automatikarmbanduhr aus Edelstahl (Kal. 342) Durchmesser 34,5 mm

eine Transformation. Tudor übernahm einerseits viel von der DNA der Marke Rolex, wie sich an der Lancierung der Tudor Submariner im selben Jahr (1954) wie die Rolex Submariner zeigte, erlangte aber zugleich ihre eigene Identität durch eine außergewöhnliche Auswahl an Zifferblättern und durch neuartige Modelle wie den Armbandwecker Tudor Advisor.

Drehlünetten wurden zum definitiven Designmerkmal für sportliche Uhren der 1950er-Jahre. 1953 brachte Rolex das Modell Turn-O-Graph heraus, das zwar keineswegs die erste Armbanduhr mit drehbarer Lünette war, aber zum Designvorbild für viele zukünftige Modelle wurde. Indem man die Dreieckmarkierung bei 0/60 auf der Lünette zur Deckung mit dem Zentralsekundenzeiger brachte, konnte man die Uhr als einfachen Chronographen einsetzen und die abgelaufene Zeit an der Lünette ablesen. Gleiches war mit dem Minutenzeiger für längere Zeitspannen möglich. Die Turn-O-Graph wurde als vielseitige Armbanduhr vermarktet, mit der zum Beispiel Geschäftsleute die Dauer eines Ferngesprächs ablesen, Ärzte leichter die Pulsfrequenz eines Patienten feststellen, Fotografen die Entwicklungszeit eines Films verfolgen konnten und vieles mehr. Standardversionen des Modells waren mit schwarzen Zifferblättern und großen Leuchtziffern ausgestattet und ließen damit den Einfluss von Militäruhren aus den 1940er-Jahren erkennen. Die Uhr war mit dem Oyster-Gehäuse von Rolex ausgestattet und daher wasserdicht, was sie für einen breiten Käuferkreis attraktiv machte. Das Konzept einer für bestimmte Zwecke ausgelegten Instrumentenuhr wurde in diesem Jahrzehnt vielfach weitergeführt, unter anderem durch Rolex selbst mit den Modellen Submariner, GMT-Master und Milgauss.

Mit Beginn der 1950er-Jahre forcierte Omega die Entwicklung seiner neuen Seamaster-Linie. Diese modernen, robusten Modelle hatten deutlich dickere Lünetten und Bandanstöße als die zivilen Modelle der vorangegangenen Generation. Die Uhren basierten auf einem der Militärmodelle, die Omega während des Kriegs an die britische Armee geliefert hatte, und waren

wasserdicht und unempfindlich gegen Klima- und Luftdruckschwankungen konstruiert. Im Verlauf des Jahrzehnts brachte Omega zahlreiche Seamaster-Varianten heraus, mit Handaufzug und als Automatik, mit Datum und als Chronograph. 1954 lancierte Longines ein ähnlich robustes Modell unter der Bezeichnung Conquest; diese Uhr verfügte über einen verschraubten Gehäuseboden, in dessen Mitte sich eine goldene Plakette mit einem grünen, emaillierten Fischlogo befand, mit dem das Unternehmen die Wasserdichtheit bescheinigte. Ähnlich wie Omegas Seamaster wurde die Conquest von Longines als Linie mit zahlreichen Modellen unter einem gemeinsamen Namen konzipiert. Als eine der ersten Ergänzungen dieser Uhrenfamilie kam 1956 eine Kalenderversion hinzu. Schon bald, im Jahr 1952, wurde Omegas Seamaster-Linie ein neues Luxus-Armbanduhrenmodell namens Constellation zur Seite gestellt. Die Constellation wurde in einer Vielzahl von Varianten produziert, die allesamt zertifizierte Chronometerwerke in Observatoriumsqualität besaßen und auf dem Gehäuseboden ein geprägtes Logo mit einem Observatoriumsgebäude unter einem Sternbild trugen. Eines der luxuriösesten dieser Modelle war die Constellation Grand Luxe, die Mitte des Jahrzehnts herauskam. Das Modell war in Rosé-, Gelb- oder Weißgold sowie in Platin erhältlich; immer war es jedoch monochrom gehalten, sodass das Zifferblatt stets die gleiche Farbe hatte wie das Gehäusemetall. Die Grand Luxe verfügte außerdem über ein so genanntes »pie pan«-Zifferblatt mit vielfach facettiertem, abgeflachtem Rand.

Uhren mit ausgestellten oder tropfenförmigen Bandanstößen waren auch in den 1950er-Jahren anzutreffen. Manche quadratische und rechteckige Uhren wurden mit geschwungenen, fließenden Flanken gestaltet, generell zeichnete sich jedoch im Verlauf der 1950er-Jahre ein Trend zu einer kantigeren Formensprache im Uhrendesign ab. Die weicheren Formen der 1930er- und 40er-Jahre wurden mehr und mehr durch Facettierungen und Anglierungen abgelöst. Traditionelle blattförmige *Feuille*-Zeiger wurden immer weniger verbaut und

UNTEN Longines Conquest Calendar Ref. 9007-6, um 1957.
Automatikarmbanduhr aus teilweise rosévergoldetem Stahl mit Datumsanzeige
(Kal. 19ASD)
Durchmesser 35 mm

GEGENÜBER Omega Constellation Grand Luxe Ref. 2930, um 1959.
Automatikarmbanduhr aus 18 Kt Roségold mit roséfarbenem »pie pan«-Zifferblatt und Armband aus 18 Kt Roségold (Kal. 505)
Durchmesser 35 mm

OMEGA
AUTOMATIC
CHRONOMETRE
OFFICIALLY CERTIFIED
Constellation
SWISS MADE

PATEK, PHILIPPE & Cº
GENÈVE
PATEK PHILIPPE
GENÈVE
GUILLERMIN
PARIS

CARTIER

GEGENÜBER, OBEN Patek Philippe
Ref. 2540, verkauft 1958.
Automatikarmbanduhr aus 18 Kt Gelbgold mit kissenförmigem Gehäuse und diamantbesetzten Stundenindizes (Kal. 12‴600 AT)
Breite 32 mm

GEGENÜBER, UNTEN Cartier, um 1955.
Armbanduhr aus 18 Kt Gelbgold in Form eines Flechtgürtels mit verborgenem Zifferblatt und diamantbesetzter Schließe (Kal. 49C)
Breite 19 mm, Gesamtlänge 220 mm

UNTEN Vacheron Constantin, um 1952.
Armbanduhr aus 18 Kt Roségold mit zweifarbig guillochiertem Zifferblatt (Kal. P453/3B)
Durchmesser 35 mm

zunehmend durch eckige Formen wie Alpha-, Dauphine- und Stabzeiger verdrängt. Auch Stundenindizes und Ziffern nahmen kantigere Formen an. Erhabene und aufgesetzte Stundenindizes waren oft mehrfach facettiert, sodass Lichtreflexe auf deren Oberflächen dem Zifferblatt Tiefe und Kontrast verliehen. Bei den Taucheruhren wurden die schon bei Militäruhren bewährten schwarzen Zifferblätter mit kräftigen leuchtenden Stundenindizes und Leuchtzeigern übernommen. Zwar wurden auch zweifarbig ausgeführte Zifferblätter weiterhin angeboten, jedoch meist nur noch bei Chronographen und Kalenderuhren, bei denen Sekundärfarbtöne hauptsächlich zur besseren Ablesbarkeit einzelner Skalen und weniger aus dekorativen Gründen zum Einsatz kamen. Versilberte, rosa- und champagnerfarbene Zifferblätter wurden meist in seidenmatten Ausführungen angeboten, während schwarze Blätter matt oder glänzend ausgeführt wurden. Kurz vor der Mitte des Jahrzehnts kamen Zifferblätter mit strukturierten Oberflächen in Waffel- oder Wabenmuster auf und blieben bis zum Ende der Dekade eine verbreitete Option. Mithilfe der Guillochiertechnik, die mit einer handbetriebenen Guillochierdrehbank ausgeführt wurde, konnten dekorative, mehrfach kontrastierende Muster auf die Zifferblattoberflächen aufgebracht werden. Vacheron Constantin zeigte sich in diesem Metier besonders experimentierfreudig und kreierte in den 1950ern eine Reihe anspruchsvoller Muster für elegante Uhren. Mehrere Hersteller boten auch farbenfrohe Emaillezifferblätter an. Bei den Damenarmbanduhren blieb man in den 1950er-Jahren vielfach bei etablierten Mustern, es zeichnete sich jedoch auch ein auffälliger Trend dazu ab, Modelle als Herren- und Damenversionen mit jeweils ähnlicher Gehäuse- und Zifferblattgestaltung anzubieten. Abgesehen davon blieben elegante Uhren mit kleinen oder auch verborgenen Zifferblättern beliebt. Die für die 1940er-Jahre typischen dicken, wuchtigen Armbänder waren weiterhin anzutreffen, ergänzt durch breitere, geflochtene Metallarmbänder. Und auch asymmetrische Designs gewannen an Bedeutung.

Um bestimmte Modelle aufzuwerten, begann man bei Herrenuhren, Diamanten oder andere Edelsteine zu verarbeiten. In den zwei vorangegangenen Jahrzehnten hatte es in Einzelfällen Herrenuhren mit Diamanten gegeben, bei den größeren Uhren der 1950er-Jahre wurde dies nun deutlicher sichtbar. Hersteller wie Patek Philippe und Audemars Piguet boten diamantbesetzte Zifferblätter als Option für ausgewählte Modelle an; die gedruckten oder aufgesetzten Indizes wurden dabei durch Diamanten ersetzt. Meist wurden Rund- und Baguetteschliffdiamanten kombiniert. Bei manchen Modellen ging man noch einen Schritt weiter und dekorierte auch die Gehäuse mit Edelsteinbesätzen. An Uhren wie diesen ließ sich ablesen, welchen weiten Weg die Armbanduhr seit den ersten bescheidenen Exemplaren des frühen 20. Jahrhunderts zurückgelegt hatte.

1954 entwickelte Universal in Zusammenarbeit mit Scandinavian Airlines (SAS) eine für deren Besatzungen geeignete antimagnetische Armbanduhr. Die SAS hatte vor kurzem eine neue Route von Kopenhagen nach New York eröffnet, bei der der Nordpol überflogen wurde. Dabei waren die Flugzeuge starken Magnetfeldern ausgesetzt, die sich negativ auf die Ganggenauigkeit mechanischer Armbanduhren auswirken konnten. Die Polerouter sollte diesen Effekten entgegenwirken und der Fluglinie präzise Zeitmessungen ermöglichen. Das ursprünglich als Polarouter bezeichnete Modell wies ein markantes Gehäusedesign mit fließenden, so genannten *bombé*-Bandanstößen auf. Die breite und flache Lünette unterstrich die Solidität der Uhr auch optisch. Die Innenlünette aus Stahl war mit einer Stundenskala kalibriert und zwischen den Indizes fein kannelliert. Alle Zifferblätter des Modells trugen ein Fadenkreuzmotiv, ein Designelement, das bei vielen anderen Herstellern ebenfalls auftauchte.

Armbanduhren mit Kalender- und Chronographenfunktionen erfreuten sich nach wie vor großer Beliebtheit, nicht nur auf dem von Herstellern wie Audemars Piguet, Patek Philippe und Vacheron Constantin dominierten Luxusmarkt, sondern zunehmend auch im Segment guter, erschwinglicher Qualität. Zu Beginn der 1950er-Jahre war die Firma Record einer der wenigen unabhängigen Uhrenhersteller, die Manufakturkaliber mit kombinierter Wochentags-, Datums-, Monats und Mondphasenanzeige entwickelt hatten. Ihr erstmals in den 1940er-Jahren vorgestelltes Modell Datofix wurde auf dem Stand des Unternehmens bei der Basler Uhrenmesse 1950 erneut präsentiert. Die in unterschiedlichen Gehäusedesigns erhältlichen Kalenderuhren von Record waren in verchromte oder vergoldete Gehäuse mit Stahlböden eingeschalt. Die überzeugend gestaltete und sehr gut ablesbare Uhr wirkte stilsicher und aufstrebend

UNTEN LINKS Audemars Piguet, hergestellt 1956.
Armbanduhr aus 18 Kt Gelb- und Weißgold; Lünette mit Stundenindizes aus Saphiren in Baguetteschliff (Kal. 2002)
Durchmesser 29 mm

UNTEN RECHTS Universal Polerouter Ref. 20217-5, um 1955.
Armbanduhr aus Edelstahl mit Zentralsekunde (Kal. 138SS)
Durchmesser 36 mm

GEGENÜBER, OBEN Record Datofix, um 1950.
Armbanduhr aus verchromtem Stahl mit Dreifachkalender und Mondphase (Kal. 107C)
Durchmesser 33 mm

GEGENÜBER, UNTEN Vacheron Constantin Ref. 6087, hergestellt 1955.
Armbandchronograph aus 18 Kt Gelbgold mit Hilfszifferblättern für konstante Sekunde und 30-Minuten-Register (Kal. 13‴)
Durchmesser 35 mm

RECORD
GENEVE
DATOFIX
SWISS

VACHERON & CONSTANTIN
GENEVE

und passte ideal in die Nachkriegszeit. Zum 50-jährigen Unternehmensjubiläum 1953 entschloss sich Record, die Popularität der Kalenderuhren zu nutzen und ein Datofix-Modell für Damen zu lancieren, das bei seinem Erscheinen als kleinste Armbanduhr mit Mondphasenanzeige beworben wurde.

Am Donnerstag, den 3. Januar 1957, fand im Savoy Plaza Hotel in New York eine Pressekonferenz statt, bei der die Hamilton Watch Company die erste serienproduzierte elektrische Armbanduhr vorstellte. Diese batteriebetriebenen frühen elektrischen Uhren waren mit einem traditionellen Räderwerk samt Unruh ausgestattet, das aber von elektrischen Impulsen gespeist wurde. Hamilton hatte den Industriedesigner Richard Arbib mit dem Design eines der neuen Modelle beauftragt. Arbibs Entwurf, der den Namen Ventura erhielt, war eine Armbanduhr von futuristischem Aussehen mit einem asymmetrischen Gehäuse, das selbstbewusst den Beginn einer neuen Ära verkörperte. Die Idee einer elektrischen Uhr war beileibe nicht neu, und obwohl die erste elektrische Armbanduhr von Hamilton mit Problemen behaftet war, sorgte die Tatsache, dass eine solche Uhr für die Serienfertigung entwickelt worden war, bei vielen traditionellen Uhrenherstellern für Stirnrunzeln. Die Frage lautete, wohin dies führen würde. Noch nutzte die Hamilton abgesehen von der elektrischen Energiequelle zahlreiche traditionelle Techniken, aber es war klar, dass der technische Fortschritt nicht haltmachen würde. In den beiden folgenden Jahrzehnten sollte der Aufstieg der elektronischen Armbanduhr zu einer echten Gefahr für das Überleben der mechanischen Uhrenindustrie werden.

RECHTS Hamilton Kaliber 505, überarbeitete Version des ersten elektromechanischen Kalibers 500.

GEGENÜBER, LINKS Hamilton Ventura, um 1957.
Armbanduhr aus 14 Kt Gelbgold mit asymmetrischem Gehäuse und mechanischem Werk mit batteriebetriebenem elektrischem Antrieb (Kal. 500)
Länge (inkl. Bandanstöße) 49 mm

GEGENÜBER, RECHTS Hamilton Pacer, um 1958.
Armbanduhr aus 10 Kt Walzgold mit asymmetrischem Gehäuse und mechanischem Werk mit batteriebetriebenem elektrischem Antrieb (Kal. 500)
Länge (inkl. Bandanstöße) 49 mm

HAMILTON
ELECTRIC
HAMILTON
ELECTRIC

TAUCHERUHREN

Zu Beginn der 1950er-Jahre mündete das wachsende Interesse am Gerätetauchen für zivile und militärische Zwecke in die Entwicklung spezieller Taucheruhren. Hierbei handelte es sich um robuste, wasserdichte Uhren mit funktioneller Gestaltung, die klar von den Militäruhren der vorangegangenen Dekade beeinflusst waren. 1953 stellte Blancpain mit der Fifty Fathoms die erste moderne Taucherarmbanduhr vor. Blancpain entwickelte das Modell auf Anforderung der französischen Marineoffiziere Maloubier und Riffaud, die eine funktionelle Uhr für ihre neue Kampfschwimmer-Eliteeinheit benötigten. Die Fifty Fathoms war für optimale Sichtbarkeit in der Tiefe mit einem schwarzen Zifferblatt, reichlich mit Leuchtmasse belegten Stundenindizes und weißen Leuchtzeigern ausgestattet. Außerdem verfügte das Modell über eine Lünette mit leuchtender Fünfminutenteilung. Durch Drehen der Lünette konnte die Dreieckmarkierung auf der Lünette zu Beginn des Tauchgangs mit dem Minutenzeiger in Deckung gebracht werden. An der Lünette konnte nun die Dauer des Tauchgangs in Minuten abgelesen werden. Dieses System ermöglichte einen schnellen Abgleich der Länge des Tauchgangs mit dem Sauerstoffvorrat im Atemgerät. Aus Sicherheitsgründen war die Lünette nur gegen den Uhrzeigersinn drehbar, damit sie sich bei Stößen nur so verdrehen konnte, dass sie eine längere als die tatsächliche Tauchzeit anzeigte. Die Fifty Fathoms erwies sich schnell als Erfolgsmodell und wurde von zahlreichen Kriegsmarinen geordert. 1956 trug Jacques Cousteau das Modell bei den Dreharbeiten zum Oscar-prämierten Unterwasser-Expeditionsfilm *Die schweigende Welt*.

Fast zeitgleich mit der Lancierung der Fifty Fathoms begann Rolex 1953 mit der Produktion der ersten Submariner-Modelle, die 1954 auf der Basler Uhrenmesse ausgestellt wurden. Wie die Fifty Fathoms war auch die Submariner mit einem schwarzen Zifferblatt, großen Stundenindizes mit Leuchtmasse und einer Drehlünette mit Fünfminutenteilung ausgestattet. Sie verzichtete jedoch auf die Leuchtziffern auf der Lünette zugunsten eines leuchtenden Punkts innerhalb der Dreieckmarkierung bei 0/60 Minuten. Diese frühesten Submariner-Modelle waren für Tauchtiefen von 100 oder 200 m ausgelegt.

Sowohl die Fifty Fathoms als auch die Submariner hatten einen enormen Einfluss auf zukünftige Taucheruhren, denn Zifferblätter und Drehlünetten mit Leuchtmasse gingen als funktionelle Merkmale in die allgemeine DNA der Taucheruhr über. Die Taucheruhr erwies sich auch als großer kommerzieller Erfolg für die Hersteller, da die sportlichen, robusten und leistungsfähigen Uhren weit über Taucherkreise hinaus Anklang fanden.

UNTEN Blancpain Fifty Fathoms, vorgestellt 1953, dieses Exemplar um 1954.
Taucheruhr aus Edelstahl mit automatischem Aufzug, Zentralsekunde, Leuchtindizes und -zeigern, Drehlünette mit leuchtenden Markierungen (Kal. AS 1361)
Durchmesser 41 mm

GEGENÜBER Rolex Oyster Perpetual Submariner ‚Big Crown'
Ref. 6538, datiert 1959.
Taucheruhr aus Edelstahl mit automatischem Aufzug, Zentralsekunde, Leuchtindizes und -zeigern, Drehlünette mit rotem Dreieck und Leuchtpunkt (Kal. 1030)
Durchmesser 37 mm

ROLEX
200m = 660ft
SUBMARINER

UHREN MIT ZEITZONENANZEIGE

Angesichts der steigenden Nachfrage nach Uhren mit mehrfacher Zeitzonenanzeige brachte Tissot im Jahr 1951 mit der Navigator ein solches Modell heraus. Auf einer zentralen rotierenden Scheibe zeigte es simultan die aktuelle Zeit von weltweit 24 Orten an. Tissot setzte hierfür ein neues Werk, das Kaliber 28.5-N21, ein, ausgestattet mit einem seitlichen Drücker, der die Weltzeitscheibe entkoppelte, um die Ortszeit einstellen zu können. Die Zeit wurde im üblichen 12-Stunden-Format an einer schwarzen Außenskala auf dem Zifferblatt und gravierten, schwarz aufgefüllten Stundenziffern auf der Lünette abgelesen. Die innere Drehscheibe zeigte die 24 Orte der Welt, deren Ortszeit an einer 24-Stunden-Skala mit erhabenen Ziffern und Dreieckindizes ablesbar waren. Zur Auswahl der Ortszeiten wurde der Drücker in die Stellposition ausgezogen und die innere Scheibe gedreht, bis der entsprechende Ort auf der 12/24-Uhr-Position stand. Nun konnte durch Betätigen des Drückers die zentrale Scheibe entkoppelt und die Zeiger auf 12/24 Uhr gestellt werden. Durch Eindrücken der Krone wurde die Weltzeitscheibe wieder aktiviert, und die tatsächliche Ortszeit konnte eingestellt werden. Die Zeitdarstellung war nun für alle Zeitzonen korrekt.

Im Jahr 1952 brachte Patek Philippe eine neue Weltzeitarmbanduhr auf den Markt. Das unter der Referenznummer 2523 bekannte Modell, das einen von Louis Cottier konstruierten Weltzeitmechanismus verwendete (s. S. 104), stellte eine aktualisierte Variante der früheren, kleineren Weltzeitarmbanduhren Patek Philippes aus den 1930er-Jahren dar. Die Uhr war mit einer zentralen, von einem 24-Stunden-Ring eingefassten Zeitscheibe ausgestattet, wobei der Ring die Zeit für all jene Orte anzeigte, die auf der äußeren Lünette angegeben waren. Mithilfe der Krone an der linken Gehäuseflanke ließ sich die Scheibe mit den Orten rotieren, wobei die Ortszeit auf die 12-Uhr-Position gestellt werden musste. Anschließend konnten die Zeiger mit der Krone an der rechten Gehäuseflanke gestellt werden, wodurch sich zugleich der 24-Stunden-Ring drehte. Wenn nun die richtige Tages- oder Nachtstunde auf den aktuellen Ort zeigte,

UNTEN Tissot Navigator Ref. 4002-2, um 1952.
Teilvergoldete Automatikarmbanduhr aus Stahl mit Weltzeitanzeige (Kal. 28.5-N21)
Durchmesser 36 mm

UNTEN LINKS Patek Philippe Ref. 2523, hergestellt 1954. Weltzeitarmbanduhr aus 18 Kt Gelbgold mit zwei Kronen und Europakarte in Cloisonné-Emaille (Kal. 12‴120 HU) Durchmesser 35 mm

UNTEN RECHTS Rolex Oyster Perpetual Date GMT-Master Ref. 6542, verkauft durch Serpico y Laino, Caracas, datiert 1957. Automatikarmbanduhr aus Edelstahl mit Zentralsekunde, 24-Stunden-Anzeige oder Anzeige zweiter Zeitzone, Stundenindizes und Zeiger mit Leuchtmasse, Drehlünette mit Bakeliteinlage und mit Leuchtmasse aufgefüllter 24-Stunden-Skala (Kal. 1030) Durchmesser 38 mm

der vorher auf 12 Uhr gestellt worden war, wurde für alle Zeitzonen die korrekte Zeit dargestellt.

1955 lancierte Rolex die GMT-Master. Die Uhr war in ein Oyster-Gehäuse eingeschalt und mit einer drehbaren 24-Stunden-Lünette ausgestattet. Neben den drei Standardzeigern für Stunde, Minute und Sekunde diente ein weiterer schlanker Zentralzeiger mit Dreieckspitze als zweiter Stundenzeiger. Der in 24 Stunden einmal umlaufende Zeiger zeigte die Stunden auf der Lünettenskala an. Die Uhr konnte somit entweder die Ortszeit simultan 12- und 24-stündig anzeigen oder durch Ausrichten der Lünette am 24-Stunden-Zeiger die Zeit einer zweiten Zeitzone darstellen. Die erste GMT-Master war als Edelstahlversion mit Bakelitlünette mit rot-blauer Unterteilung für die Tag- und Nachtstunden und als 18 Kt Goldversion mit kastanienbraunem Zifferblatt erhältlich. Bei diesen frühen Versionen waren die Stundenindizes auf Zifferblatt und Lünette mit Leuchtmasse belegt. Die GMT war die offizielle Uhr der Pan American Airways, der führenden Interkontinentalfluglinie jener Zeit, und wurde von deren Piloten für die Berechnung von Zeitzonendifferenzen verwendet, sodass diese ihre Heimatzeit im Blick behalten konnten, um den Jetlag zu minimieren, und zugleich problemlos die Zielortszeit ablesen konnten.

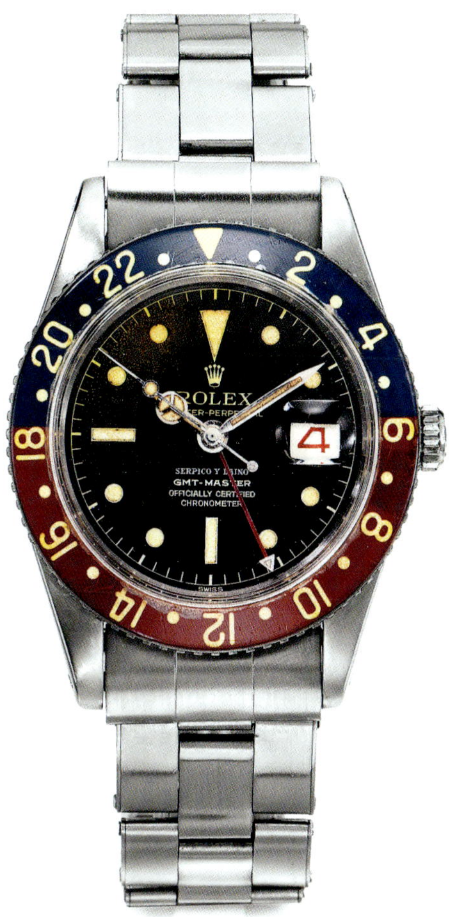

CHRONOGRAPHEN

Die klassischen Chronographenformen der 1930er- und 1940er-Jahre dominierten auch weitgehend in den 1950er-Jahren. Patek Philippe beispielsweise produzierte weiterhin Chronographenmodelle, die schon in den 1930ern lanciert worden waren, wie die Referenzen 130, 530, 533 und 1436, und Modelle aus den 1940er-Jahren wie die Ref. 1463 und 1579. Diese etablierten Modelle waren so durchdacht und ansprechend gestaltet, dass es, abgesehen von behutsamen stilistischen Anpassungen bei den Zifferblattfinishes, Ziffern und Skalen, schlicht keinen Anlass für Veränderungen gab.

Rolex brachte weiterhin neue Chronographenmodelle auf den Markt und griff dabei meist auf das hauseigene Oyster-Gehäuse zurück, orientierte sich stilistisch aber ebenfalls am vorangegangenen Jahrzehnt. Die Abbildung gegenüber zeigt einen um 1950 lancierten Chronographen aus Roségold. Das gezeigte Modell ist selten, entspricht aber in seiner Ästhetik anderen von Rolex in diesem Jahrzehnt vorgestellten Modellen, insbesondere in Hinblick auf die Gehäusegestaltung und die Skalenanordnung auf dem Zifferblatt. In den 1950er-Jahren bot Rolex seine Chronographen mit zwei Hilfszifferblättern für die konstante Sekunde und das 30-Minuten-Register oder mit drei Hilfszifferblättern für ein zusätzliches Stundenregister an.

1952 stellte Breitling die Navitimer vor – der Modellname war ein Portmanteauwort, zusammengesetzt aus »Navigation« und »Timer«. Dieser Armbandchronograph war mit einer Drehlünette ausgestattet, die mit einer Rechenschieberskala für flugspezifische Navigationsberechnungen versehen war. Unter Flugbegeisterten wurde das Modell sehr gut aufgenommen, und Breitling fertigte ab der Mitte des Jahrzehnts Navitimer-Modelle für die US-Pilotenvereinigung AOPA. Ein frühes Exemplar des Modells, das bereits die charakteristischen Stilmerkmale der Navitimer aufweist, ist auf S. 170 (l.) abgebildet. Das Zifferblatt ist in Schwarz gehalten, die Zeit wird an arabischen Leuchtziffern und Leuchtzeigern abgelesen, am Rand befindet sich die weiße Rechenschieberskala. Die Uhr ist mit drei Hilfszifferblät-

UNTEN Patek Philippe Ref. 1579, hergestellt 1955.
Armbandchronograph aus 18 Kt Roségold mit Hilfszifferblättern für konstante Sekunde und 30-Minuten-Register, äußere Tachymeterskala (Kal. 13''' CH) Durchmesser 36 mm

GEGENÜBER Rolex Oyster Ref. 6032, um 1950.
Armbandchronograph aus Roségold mit Hilfszifferblättern für konstante Sekunde und 30-Minuten-Register, Tachymeter- und Telemeterskala außen (Kal. 13''') Durchmesser 36 mm

ROLEX
ANTI MAGNETIQUE

tern mit Chronographenregistern ausgestattet, die eine Zeitmessung über bis zu zwölf Stunden ermöglichen. Um 1954 begann Breguet mit der Produktion der Pilotenarmbanduhr XX für die Fliegereinheiten der französischen Marine. Das Modell war mit einem schwarzen Zifferblatt mit Leuchtziffern ausgestattet und verfügte über einen speziellen Flyback-Mechanismus, der den Chronographenzeiger nach dem Rückstellen sofort wieder startete, sodass Mehrfachzeitmessungen problemlos möglich waren. Die drehbare Lünette war mit einer Dreieckmarkierung ausgestattet, die durch Ausrichten am Minuten- oder Sekundenzeiger eine weitere Zeitmessung ermöglichte. Für den Zivilmarkt wurde eine zweite Modellgeneration entwickelt, und in den Folgejahrzehnten wurde das Modell immer wieder neu aufgelegt.

Einer der zweifellos bedeutendsten Chronographen, die in diesem Jahrzehnt aufkamen, war die Omega Speedmaster, die 1957 erstmals als Referenz 2915 lanciert wurde. Das Modell mit wasserdichtem Gehäuse wurde innerhalb der Seamaster-Linie vermarktet und war stilistisch deutlich von Militäruhren beeinflusst. Das schwarze Zifferblatt war mit leuchtenden Stabindizes versehen, die Stunde wurde ursprünglich durch einen breiten Pfeilzeiger angezeigt. Auf drei Hilfszifferblättern waren die konstante Sekunde und Chronographenregister für Stunden und Minuten abzulesen. Zwar wurde das Modell in den Folgejahren mehrmals überarbeitet, das Design der ursprünglichen Speedmaster bildete jedoch die Blaupause für alle ihre Nachfolgemodelle und begründete ihren Status als eine der einflussreichsten Armbanduhren aller Zeiten.

UNTEN LINKS Breitling Navitimer für die Aircraft Owners and Pilots Association, um 1955.
Armbandchronograph aus Edelstahl mit Hilfszifferblättern für konstante Sekunde, 30-Minuten- und 12-Stunden-Register, Außenskalen für flugspezifische Rechenschieberlünette (Kal. Valjoux 72)
Durchmesser 40 mm

UNTEN RECHTS Breguet Type XX, hergestellt für die französische Luftwaffe, um 1955.
Armbandchronograph aus Edelstahl mit Drehlünette und Hilfszifferblättern für konstante Sekunde und 30-Minuten-Register (Kal. Valjoux 222)
Durchmesser 38 mm

GEGENÜBER Omega Speedmaster Ref. 2915, hergestellt 1958.
Armbandchronograph aus Edelstahl mit Hilfszifferblättern für konstante Sekunde, 30-Minuten- und 12-Stunden-Register, Lünette mit Tachymeterskala (Kal. 321)
Durchmesser 39 mm

OMEGA
Speedmaster
TACHYMÈTRE BASE 1000

ROLEX
OYSTER PERPETUAL
SAT
NOV
SWISS
SUPER OYSTER
ROLEX

KALENDERUHREN

GEGENÜBER Rolex Oyster Perpetual Ref. 6062, um 1952.
Armbanduhr aus 18 Kt Gelbgold mit Dreifachkalender und Mondphasenanzeige (Kal. 9¾''')
Durchmesser 36 mm

UNTEN Rolex Oyster Ref. 6036 Dato-Compax, um 1950.
Armbandchronograph aus 18 Kt Roségold mit Dreifachkalender und Hilfszifferblättern für konstante Sekunde, 30-Minuten- und 12-Stunden-Register (Kal. 72C)
Durchmesser 36 mm

NÄCHSTE SEITE, LINKS Patek Philippe Ref. 2497, hergestellt 1952.
Armbanduhr aus 18 Kt Gelbgold mit Ewigem Kalender, Zentralsekunde und Mondphasenanzeige (Kal. 27SC Q)
Durchmesser 37 mm

NÄCHSTE SEITE, RECHTS Patek Philippe Ref. 2499, hergestellt 1951.
Armbandchronograph aus 18 Kt Roségold mit Ewigem Kalender, Mondphase und Hilfszifferblättern für Datum, konstante Sekunde und 30-Minuten-Register, äußere Tachymeterskala (Kal. 13''' CH Q)
Durchmesser 37 mm

Angesichts der wachsenden Beliebtheit von Kalenderuhren stellte Rolex 1950 ein neues Oyster-Modell mit Wochentags-, Datums-, Monats- und Mondphasenanzeige vor. Die Uhr mit der Referenz 6062 verfügte über ein Werk mit Chronometereinstufung und war eine der ersten Dreifachkalenderuhren mit Automatikaufzug. Das klar aufgeteilte Zifferblatt war mit Fenstern für Datum und Monat unterhalb der 12 Uhr ausgestattet, die Datumsanzeige erfolgte über einen zusätzlichen Zentralzeiger und eine Skala am Zifferblattrand. Oberhalb von 6 Uhr befand sich ein Hilfszifferblatt für die Sekundenanzeige in Kombination mit dem Mondphasenfenster. Frühe Exemplare des Modells waren mit Stundenindizes in Sternform versehen. Dieses Modell war eines der wenigen, das Rolex mit seiner neuen Super Oyster Krone ausstattete. Anders als bei der standardmäßigen Oyster Krone war diese nicht mit dem Gehäuse verschraubt, sondern mit drei Dichtungen gegen Wasser geschützt. Der Super Oyster Krone war jedoch wenig Erfolg beschieden, ihre Produktion wurde binnen fünf Jahren wieder eingestellt.

Rolex behielt außerdem einen Chronographen mit Dreifachkalender im Programm, den so genannten Dato-Compax, der erstmals gegen Ende der 1940er-Jahre vorgestellt worden war. Die Abbildung unten zeigt ein um 1950 entstandenes Exemplar. Das Zifferblatt ist versilbert, der äußere Ring mit der Datumsskala für den zentralen Datumszeiger etwas dunkler getönt; unterhalb von 12 Uhr befinden sich Fenster für die Wochentags- und Monatsanzeige. Die Uhr verfügt über drei Hilfszifferblätter, zwei davon für die Minuten- und Stundenmessung des Chronographen, das dritte für die konstante Sekunde.

Gegen Ende des Jahres 1950 fertigte Patek Philippe das erste Exemplar einer neuen Armbanduhr mit Ewigem Kalender. Das Modell mit der Referenz 2497 kam im Folgejahr heraus. Mit 37 mm Gehäusedurchmesser, breiter, konkaver Lünette und gestuften Bandanstößen war diese Uhr deutlich größer und wuchtiger als ihre Vorgängerin aus den 1940ern, die Ref. 1526 (s. S. 120). Eine der bemerkenswertesten Besonderheiten dieses

MAR
NOV
PATEK PHILIPPE
GENÈVE

PATEK PHILIPPE
GENÈVE
MAR
NOV

neuen Modells war der zentrale Sekundenzeiger. Der Zentralsekundenzeiger erforderte ein höheres Gehäuse einschließlich einer höheren Lünette für einen ausreichenden Abstand zwischen Zeigern und Uhrenglas; der größere Gehäusedurchmesser sorgte jedoch für perfekt ausgeglichene Proportionen. Frühe Versionen der Ref. 2497 wie die auf S. 174 abgebildete Uhr zeigen mit der Kombination aus arabischen Ziffern und Punktindizes sowie *Feuille*-Zeigern (in Blattform) noch deutliche Einflüsse des Designs der 1940er-Jahre: Ab Mitte der 1950er-Jahre war das Modell auch mit Dauphine-Zeigern und facettierten Stabindizes erhältlich, wie auch ihr Schwestermodell, die Ref. 2438, die mit einer wasserdichten Version des Gehäuses der 2497 ausgestattet war. 1950 nahm Patek Philippe zudem die Produktion eines neuen Armbandchronographen mit Ewigem Kalender auf, der Ref. 2499 (s. S. 175). Abgesehen von zusätzlichen Hilfszifferblättern für die konstante Sekunde und Chronographenminuten ähnelte dieser stilistisch der 2497. Diese Referenz sollte eines der prägenden Modelle des 20. Jahrhunderts werden – bis zu ihrer Einstellung 1985 blieben die Gehäuseform und Zifferblattgestaltung trotz stilistischer Änderungen weitgehend unangetastet. Auch das Nachfolgemodell behielt zahlreiche Merkmale seines Vorgängers bei.

Im Jahr 1955 fertigte Audemars Piguet die erste Armbanduhr mit Ewigem Kalender und vollständiger Schaltjahreszyklusanzeige auf dem Zifferblatt. Diese Funktion, mit der man die Referenz 5516 ausstattete, hatte es zuvor nur bei Taschenuhren gegeben. Eine solche Anzeige auf einem Armbanduhrenzifferblatt brachte es allerdings mit sich, dass die Monate sehr schwierig abzulesen waren. Die Anzeige des Schaltjahreszyklus hatte dennoch einen unbestreitbaren Vorteil: Wer eine Uhr mit Ewigem Kalender ohne eine solche Anzeige besaß, konnte sich nur am 29. Februar eines Schaltjahres davon überzeugen, dass seine Uhr richtig gestellt war – und wurde möglicherweise enttäuscht, wenn er an diesem Datum feststellen musste, dass das Datum nicht richtig umsprang und die Uhr auf das falsche Jahr gestellt war. Um das

UNTEN Vacheron Constantin Ref. 4764, um 1953.
Armbanduhr in Kissenform aus 18 Kt Gelbgold mit Dreifachkalender und Mondphasenanzeige (Kal. 12½‴)
Länge 43 mm, Breite 34,5 mm

Darstellungsproblem der Monate und Schaltjahre auf dem kleinen Armbanduhrenzifferblatt zu umgehen, setzte Audemars Piguet auf zwei Monatsanzeigen – eine herkömmliche 12-Monats-Anzeige auf einem Hilfszifferblatt bei 3 Uhr und eine weitere bei 6 Uhr. Dieses zusätzliche Hilfszifferblatt war in Sektoren aufgeteilt und bildete klar die vier Jahre des Schaltjahreszyklus mit Unterteilungen für die 48 Monate ab. Das Zifferblatt aus versilbertem Gold zeichnete sich durch ein herausragendes Design aus: Die Hauptfläche war seidenmatt gehalten, die Kalenderanzeigen dagegen kreisförmig mit höherem Glanz satiniert. Das Datum wurde am Zifferblattrand abgelesen, für die Wochentage stand ein eigenes Hilfszifferblatt zur Verfügung. Wochentag, Datum, Monat und Schaltjahr wurden mit gebläuten Stahlzeigern angezeigt, die einen Kontrast zu den Gelbgoldzeigern für Stunden, Minuten und Sekunden boten, wobei letztere eine Kombinationsanzeige mit dem Schaltjahreszyklus bildeten. Mondalter und Mondphasen schließlich wurden mit einer Scheibe aus Gold und blauer Emaille in einem Fenster bei 12 Uhr

LINKS Patek Philippe
Ref. 5516 1955.
Armbanduhr aus 18 Kt Gelbgold mit Ewigem Kalender, Schaltjahres- und Mondphasenanzeige (Kal. 13VZSSQP)
Durchmesser 36 mm

dargestellt. Audemars Piguet fertigte 1955 nur drei Exemplare dieses Modells, 1957 kamen weitere sechs Armbanduhren mit Ewigem Kalender und Schaltjahresanzeige hinzu.[2] Trotz der Vorteile, die die Darstellung des Schaltjahreszyklus bot, blieb diese Art der Anzeige für Uhren mit Ewigem Kalender bis in die 1980er-Jahre eine Ausnahme.

Im Laufe des Jahrzehnts kamen immer mehr Uhren mit reiner Datumsfunktion auf den Markt. 1950 stellt Movado das Modell Calendoplan vor, das über eine Datumsanzeige in einem Sichtfenster verfügte. Eine Besonderheit dieser Uhr war der Datumskorrekturdrücker an der Gehäuseflanke unterhalb der Krone. Korrekturdrücker waren eine übliche Einrichtung für Dreifachkalenderuhren, jedoch höchst unüblich bei Uhren mit reiner Datumsfunktion; die meisten dieser Uhren erforderten ein Vorstellen der Zeiger über die Krone bis zum Erreichen des korrekten Datums. 1952 lancierte Omega das Modell Seamaster Calendar mit der Referenz 2627. Es handelte sich um Omegas erstes Modell mit Datumsfenster (statt des Datumsrings und des separaten Datumszeigers). Das Datumsfenster befand sich bei 6 Uhr, angetrieben wurde das Modell von Omegas Kaliber 353 mit Pendelautomatikaufzug. Die Ref. 2627 zeichnete sich durch ein markantes Gehäuse mit sehr langen, leicht ausgestellten und an den Oberkanten anglierten Bandanstößen aus. Das 35 mm messende Gehäuse hatte abgerundete Flanken und einen verschraubten Boden. Das bis auf 30 m Tiefe wasserdichte Modell war eine praktische Alltagsuhr, die Omega in der zeitgenössischen Werbung als Uhr für »Männer der Tat« anpries.

Rolex stellte 1956 eine neue Art von Kalenderuhr vor, die eine Zwischenform zwischen Dreifachkalender- und reiner Datumsanzeige bot. Das neue Modell mit der Bezeichnung Day-Date sollte sich zu einem der Aushängeschilder der Marke entwickeln. Die markante, Selbstbewusstsein ausstrahlende Day-Date ließ mit ihrem schweren Goldarmband keine Zweifel über den Erfolg ihres Trägers aufkommen. Das besondere Kennzeichen der Uhr mit Datumsfenster bei 3 Uhr war das weite, gewölbte Fenster, das an der 12-Uhr-Position stolz den ausgeschriebenen Wochentag anzeigte. Rolex beschrieb das Modell in seinem Marketingmaterial als »krönende Leistung« von Rolex.

OBEN LINKS Movado Calendoplan, gepunzt 1953.
Armbanduhr aus 9 Kt Gelbgold mit Handaufzugswerk und Datumsfenster, separater Korrekturdrücker zur Datumsschnelleinstellung (Kal. 128)
Durchmesser 33,5 mm

OBEN RECHTS Omega Seamaster Calendar Ref. 2627, um 1952.
Armbanduhr aus Edelstahl mit automatischem Aufzug, Zentralsekunde und Datumsfenster (Kal. 353)
Durchmesser 35 mm

GEGENÜBER, OBEN Rolex Oyster Perpetual Day-Date Ref. 6611, um 1958.
Automatikarmbanduhr aus 18 Kt Gelbgold mit Zentralsekunde, Wochentags- und Datumsanzeige (Kal. 1055)
Durchmesser 36 mm

GEGENÜBER, UNTEN Detail aus einem Rolex-Katalog mit Abbildung einer frühen Day-Date.

SUNDAY
ROLEX
OYSTER PERPETUAL
DAY-DATE
SUPERLATIVE CHRONOMETER
OFFICIALLY CERTIFIED
SWISS

ROLEX
OYSTER PERPETUAL
SUNDAY
28
The Day-Date

WECKERUHREN

Die Geschichte der Weckeruhr reicht bis ins 16. Jahrhundert zurück, aber erst zur Mitte des 20. Jahrhunderts gelang ihre erfolgreiche kommerzielle Produktion im kleinen Armbanduhrformat. Gegen Ende der 1940er-Jahre stellte die Schweizer Firma Vulcain das Armbanduhrenmodell Cricket (dt.: Grille) vor, ausgestattet mit zwei getrennten Federhäusern, einem für das Gehwerk und einem für die Weckerfunktion. Die Technik selbst war zwar nicht neu, Vulcains Errungenschaft lag aber darin, ein Uhrwerk in Standardgröße entwickelt zu haben, das in der Lage war, einen ausreichend lauten Alarmton abzugeben. Die Uhr war mit einer Abdeckung über dem Werk ausgestattet, die als eine Art Glocke fungierte, welche bei aktiviertem Alarm von einem vibrierenden »Hammer« des Werks angeschlagen wurde. Dies erzeugte einen zirpenden Klang, dem das Modell seinen Namen verdankte. Die »Glocke« war durch eine weitere Abdeckung geschützt, die zur besseren Schalldurchlässigkeit perforiert war. Beide Federhäuser der Uhr wurden bemerkenswerterweise über die eine Krone bei 3 Uhr aufgezogen; Drehen in die eine Richtung zog das Gehwerk auf, in die Gegenrichtung wurde die Weckerfeder aufgezogen. Der Drücker oberhalb der Krone diente als »Schalter« zur Aktivierung der Weckerstellfunktion und als Abschalter für den Weckerton.

OBEN Jaeger-LeCoultre Memovox, um 1951.
Armbanduhr aus 18 Kt Gold mit Weckerfunktion (Kal. P489/1)
Durchmesser 34,5 mm

RECHTS LeCoultre Memovox Parking, um 1958.
Armbanduhr aus vergoldetem Stahl mit Zentralsekunde und Parkuhralarm (Kal. 814)
Durchmesser 34 mm

UNTEN LINKS Vulcain Cricket, um 1950.
Armbanduhr aus 18 Kt Gold mit Weckerfunktion (Kal. 120)
Durchmesser 33 mm

UNTEN RECHTS Movado Ermetophon, um 1958.
Etuiuhr in lederbezogenem Gehäuse aus vergoldetem Metall mit Gehäuseaufzug, Zentralsekunde und Wecker (Kal. 1475)
Breite (geöffnet) 77 mm

Die frühen Armbandwecker richteten sich offenbar meist an Geschäftsleute und sollten an Besprechungstermine oder andere Ereignisse erinnern; da viele dieser Uhren bemerkenswert laut waren – insbesondere, wenn man sie flach auf einen Tisch legte –, waren sie jedoch durchaus auch als Morgenwecker geeignet. Jaeger-LeCoultre, schon bald der führende Anbieter von Armbandweckern, taufte sein erstes Weckermodell von 1950 »Memovox« – Stimme der Erinnerung. Neben dem ursprünglichen Handaufzugsmodell brachte LeCoultre im Laufe des Jahrzehnts mehrere weitere Versionen heraus. Hierzu zählten die erste Automatikweckeruhr im Jahr 1956 und die Modelle Memovox World Time und Memovox Parking, die 1958 anlässlich des 125. Jahrestags der Firma lanciert wurden. Letztere war speziell auf die Erinnerung an Parkzeiten abgestimmt. Die Memovox verfügte über zwei Kronen: Die untere diente zum Aufziehen des Gehwerks und zur Zeiteinstellung, die obere zum Aufziehen der Weckerfeder und zum Einstellen der zentralen Scheibe mit Dreieckmarkierung auf die gewunschte Alarmzeit.

Movado brachte 1955 die Ermetophon heraus, eine Weckerversion der Etuiuhr mit Schiebeverschluss. Ebenso wie die Memovox von LeCoultre war die Ermetophon mit zwei Kronen für Gang- und Weckerwerk ausgestattet. Wie die früheren Versionen der Ermeto wurde auch diese Uhr über das Außengehäuse aufgezogen, hier zog das Öffnen und Schließen des Gehäuses die Gang- und Weckerfeder simultan auf. Mit jedem Öffnen und Schließen des Gehäuses erhielt die Uhr dreieinhalb Stunden Gangreserve, sodass sie nur siebenmal täglich geöffnet werden musste, um ununterbrochen zu laufen. Die Ermetophon verfügte über einen integrierten Ständer auf der Gehäuserückseite, der bei geöffnetem Gehäuse ausgeklappt werden konnte, um die Uhr auf einem Nachttisch abzustellen. Die grundsätzlich mit Leuchtpunkten an Indizes und Zeigern ausgestattete Ermetophon war somit perfekt als Reisewecker geeignet.

ANTIMAGNETISCHE UHREN

Die Auswirkungen des Magnetismus auf das Uhrwerk waren schon lange bekannt. Uhrwerkskomponenten aus Stahl können sich magnetisieren und dadurch die Genauigkeit der Uhr stark beeinträchtigen. Bei einer magnetisierten Unruhfeder beispielsweise können die Windungen der Feder aneinander haften. Hierdurch schwingt die Unruh deutlich schneller, was die Genauigkeit erheblich beeinträchtigt. Eine gewisse Möglichkeit, solche Effekte zu vermeiden, bot die Fertigung der Uhrwerkteile aus weniger magnetismusanfälligen oder gar antimagnetischen Metalllegierungen. Durch die Einführung von Komponenten wie der Nivarox-Unruhfeder in den 1930er-Jahren war die Magnetismusanfälligkeit der Uhren bereits reduziert, aber nicht beseitigt worden. Die Luftstreitkräfte des Zweiten Weltkriegs benötigten magnetfeldgeschützte Uhren für ihre Piloten und Navigatoren, da die Bordinstrumente oft stark magnetisch wirkten und die Funktion von Uhren beeinträchtigen konnten. Eine besonders erfolgreiche Lösung für diese Herausforderung bestand in der Konstruktion eines »Käfigs« aus Weicheisen, der das Werk als Innengehäuse umgab und magnetische Einwirkungen absorbierte. Unternehmen wie die International Watch Company (IWC) hatten diese Käfige bei bestimmten Militäruhren des Zweiten Weltkriegs eingesetzt. Ab 1948 belieferte IWC das britische Militär mit einem neuen Modell, das als Mark XI bekannt werden sollte. Neben dem Weicheisenkäfig verfügte diese Uhr über ein Glas, das speziell gegen Herausspringen bei plötzlichem Druckabfall gesichert war. Von diesen Entwicklungen profitierte bei weitem nicht nur das Militär, und die Nachfrage nach Uhren mit hohem Magnetfeldschutz für bestimmte zivile Anwendungsbereiche nahm zur Jahrhundertmitte zu.

UNTEN International Watch Co. Mark XI, um 1951.
Antimagnetische Armbanduhr aus Edelstahl mit Handaufzug und Zentralsekunde, hergestellt für die britischen Streitkräfte (Kal. 89)
Durchmesser 36 mm

UNTEN **International Watch Co. Ingenieur, vorgestellt 1955, dieses Exemplar um 1958.**
Antimagnetische Armbanduhr aus Edelstahl mit Automatikaufzug und Zentralsekunde (Kal. 852)
Durchmesser 36 mm

Ingenieure und Wissenschaftler, die seit langem auf genaue Zeitmessungen angewiesen waren, benötigten ab den 1950er-Jahren immer häufiger Uhren, die in Laborumgebungen mit oftmals unvermeidlichen Magnetfeldeinflüssen eingesetzt werden konnten. Die International Watch Company war einer der ersten Hersteller, der eine Zivilversion seiner antimagnetischen Armbanduhr einführte. Diese neue Uhr, die 1955 unter der Bezeichnung Ingenieur vorgestellt wurde, war auf eine Magnetfeldbeständigkeit bis 1.000 Gauß (einer Einheit für die magnetische Flussdichte) ausgelegt. Das Modell, das sich ursprünglich an Ingenieure, Techniker, Chemiker, Piloten und Ärzte richtete, verfügte über Merkmale, die es auch für einen viel breiteren Käuferkreis interessant machten. Die erste Version des Modells wurde von IWCs Automatikwerk Kaliber 85 angetrieben, das mit einem hocheffizienten bidirektionalen Aufzugsrotor ausgestattet war, der die Uhr in beiden Drehrichtungen aufzog. Dieses System hatte Albert Pellaton entwickelt, der technische Direktor von IWC. Von Bedeutung war auch, dass die Uhr bis 10 ATM (100 m Tauchtiefe) wasserdicht war. Mit ihrem robusten Edelstahlgehäuse, den kräftigen Bandanstößen und der schlichten, abgeschrägten Lünette war die Ingenieur ein klassisches Beispiel für den Uhrenstil der 1950er-Jahre. Das stets versilberte Zifferblatt war mit facettierten und spitz zulaufenden Stabindizes besetzt, dazu passende Dauphine-Zeiger zeigten die Zeit an, und der »Ingenieur«-Schriftzug auf der unteren Zifferblatthälfte war mit einem Blitzsymbol unterlegt

Kurze Zeit nach der Einführung der Ingenieur brachte Rolex ein eigenes auf Magnetfeldschutz spezialisiertes Modell heraus, die Milgauss. Wie die Ingenieur verfügte auch die Milgauss über einen Weicheisenkäfig, der das Werk umgab und vor Magnetismus schützte. Auch diese Uhr war auf eine Magnetfeldbeständigkeit bis 1.000 Gauß ausgelegt, was durch spätere Prüfungen

ROLEX
OYSTER-PERPETUAL
MILGAUSS
SUPERLATIVE CHRONOMETER
OFFICIALLY CERTIFIED
Superlative Chronometer
Guarantee
MILGAUSS
ROLEX

GEGENÜBER Rolex Oyster Perpetual Milgauss Ref. 6541, um 1958.
Antimagnetische Armbanduhr aus Edelstahl mit Automatikaufzug, Zentralsekunde und Drehlünette mit Minutenskala (Kal. 1066M)
Durchmesser 37 mm

UNTEN LINKS Omega Railmaster Ref. 2914, um 1957.
Antimagnetische Armbanduhr aus Edelstahl mit Handaufzug und Zentralsekunde (Kal. 284)
Durchmesser 38 mm

UNTEN RECHTS Jaeger-LeCoultre Chronomètre Geophysic Ref. E168, hergestellt 1958.
Antimagnetische Armbanduhr aus Edelstahl mit Handaufzug und Zentralsekunde (Kal. P478/BWSbr)
Durchmesser 35 mm

beim CERN-Labor in der Schweiz bestätigt wurde. Um die Milgauss wasserdicht zu machen, griff Rolex auf das Oyster-Gehäuse zurück; die frühen Versionen des Modells wurden von einer modifizierten Version des Rolex-Kalibers 1065 mit automatischem Aufzug unter der Bezeichnung 1065M angetrieben (dieses wurde später durch das 1066M ersetzt). Die Uhr war mit einer Drehlünette mit 60-Minuten-Einteilung ausgestattet, die eine Messung von Zeitspannen ermöglichte. In den ersten Produktionsjahren wurden einige Designänderungen am Modell vorgenommen, wobei die Version mit schwarzem Gewebestrukturzifferblatt und »Blitz«-Sekundenzeiger der mittleren bis späten 1950er-Jahre am augenfälligsten ist.

Omega stellte 1957 ebenfalls eine spezielle antimagnetische Armbanduhr vor, die Railmaster. Die im Design etwas militärischer als die Ingenieur oder Milgauss anmutende Railmaster war eine Handaufzugsuhr, die wie die Modelle von Rolex und IWC mit einem Weicheisenkäfig für das Werk ausgestattet war. Ihr Zifferblatt war mattschwarz mit leuchtenden Dreieck-Stundenindizes und vier arabischen Ziffern, frühe Versionen des Modells trugen außerdem markante Zeiger mit Leuchtmasse und einer breiten Pfeilspitze am Stundenzeiger. Mit dem schweren Schraubboden, den breiten Bandanstößen und der kräftigen Lünette mit flacher Oberseite und abgeschrägter Kante erinnerte ihr robustes Edelstahlgehäuse ebenfalls an Militäruhren.

Jaeger-LeCoultre brachte anlässlich des 125-jährigen Bestehens im Jahr 1958 ein neues Modell namens Geophysic heraus. Die Lancierung des nur ein Jahr lang produzierten Modells war außerdem so gewählt, dass sie mit dem Internationalen Geophysikalischen Jahr (IGJ) zusammenfiel, das von Juli 1957 bis Dezember 1958 stattfand. Am IGJ, das der gemeinsamen Forschung zu geophysikalischen Themen diente, beteiligten sich 67 Nationen. Die antimagnetische Geophysic war mit einem Faraday'schen Käfig ausgestattet, der das Werk umgab und gegen bis zu 600 Gauß starke Magnetfelder schützte. Äußerlich präsentierte sich das Modell mit einem Zifferblatt mit Präzisionsaufteilung und langen Stabindizes für die Minuten und Stunden.

AUTOMATIKUHREN

Patek Philippe stellte 1953 seine erste Automatikarmbanduhr vor. Das Unternehmen trat mit dieser Technik zwar recht spät in den Markt ein, hatte aber durch die Konzentration auf Handaufzugswerke in den vorangegangenen Jahrzehnten auch die negativen Begleiterscheinungen früher Automatikwerke vermeiden können. Das Modell, welches für das neue Automatikwerk ausgewählt wurde, war die Referenz 2526. Diese Uhr wird mit ihrem kräftigen Gehäuse mit abwärts gewölbten Bandanstößen und schwerem Schraubboden vielfach als das erste »moderne« Modell von Patek Philippe angesehen. Die ausschließlich in Gold oder Platin erhältliche Uhr war ein eindeutiges Statussymbol, insbesondere, wenn sie mit einem der feinen, optional erwerbbaren Edelmetallbänder getragen wurde. Ihr Automatikwerk (Kaliber 12-600 AT) war mit einer Schwungmasse aus massivem 18 Kt Gold ausgestattet, deren Gewicht für ein reibungsloses und effizientes Aufziehen sorgte. Diese Schwungmassen waren mit aufwändigen Guillochierungen dekoriert, was umso bemerkenswerter ist, als Gehäuseböden mit Sichtfenstern zu dieser Zeit noch unüblich waren und der Besitzer die Finissierung daher nicht zu Gesicht bekam.

Jaeger-LeCoultre stattete einen Teil seiner Automatikmodelle weiterhin mit Gangreserveanzeigen aus, sodass leicht abzulesen war, wie viel Aufzugsenergie dem Werk noch zur Verfügung stand. In den frühen 1950er-Jahren lancierte LeCoultre ein neues Modell unter dem Namen Futurematic. Besonders ungewöhnlich war, dass dieses Modell gänzlich auf eine Handaufzugsfunktion verzichtete. Dies war eine kühne Entscheidung, denn an den frühen Automatikuhrmodellen der 1920er- und 30er-Jahre war immer wieder kritisiert worden, dass man sie bei Bedarf nicht zusätzlich von Hand aufziehen konnte. LeCoultre war so überzeugt von seinem neuen Modell, dass die Handaufzugsfunktion für entbehrlich gehalten wurde, und die Gangreserveanzeige dürfte die Bedenken vieler Nutzer, die Uhr könne unvermittelt stehen bleiben, zerstreut haben. Indem man die Krone, die ausschließlich zum Stellen der Zeiger diente, am Gehäuseboden

OBEN Patek Philippe
Ref. 2526, hergestellt 1953.
Automatikuhr aus 18 Kt Roségold mit Emaillezifferblatt und Goldarmband (Kal. 12‴600 AT)
Durchmesser 35 mm

RECHTS Patek Philippe Kaliber 12-600 AT, eingeführt 1953.
Automatikkaliber mit Ankerhemmung, 30 Lagersteinen, Gyromax-Unruh, Präzisionsregulierung und Rotor aus 18 Kt Gold

UNTEN LINKS Jaeger-LeCoultre Powermatic, um 1950.
Automatikarmbanduhr aus 18 Kt Roségold mit Zentralsekunde und Gangreserveanzeige (Kal. 481)
Durchmesser 35 mm

UNTEN, MITTE Jaeger-LeCoultre Futurematic Ref. E502, hergestellt 1957.
Automatikarmbanduhr aus 18 Kt Gelbgold mit Fenstern für Gangreserve (links) und Sekunden (rechts) (Kal. 817)
Durchmesser 37 mm

UNTEN RECHTS
Vacheron Constantin »Cioccolatone« Ref. 4737, um 1957.
Große Automatikarmbanduhr aus 18 Kt Gelbgold mit Zentralsekunde (Kal. P1019/1)
Breite 35 mm

platzierte, wurde die Gehäuserundung nur noch durch die Bandanstöße unterbrochen.

Die überwiegende Zahl der Automatikarmbanduhrmodelle dieser Zeit war rund, es waren jedoch auch rechteck- und kissenförmige Modelle verfügbar. So produzierte Vacheron Constantin ein sehr großes viereckiges Modell, das in Sammlerkreisen als »Cioccolatone« bekannt ist. Diese Uhr hatte gewölbte und gestufte Gehäuseflanken und war mit einem Rotorautomatikwerk bestückt.

Pendelautomatikwerke waren auch in den 1950er-Jahren noch weit verbreitet, um möglichst flache Automatikuhren anbieten zu können. Jedoch setzten sich im Verlauf des Jahrzehnts zunehmend Rotorautomatikwerke durch. 1954 erfolgte ein weiterer wichtiger Entwicklungsschritt für die Automatikuhr, als Buren ein Patent auf ein Uhrwerk mit Mikrorotor (Kal. 1000-Serie) erteilt wurde. Diese ab 1957 vermarktete Erfindung ermöglichte es, Schwungmasse, Automatikaufzug und Räderwerk auf derselben Ebene anstatt übereinander zu verbauen. Fast zeitgleich mit Burens Erfindung brachte Universal ein eigenes Mikrorotorwerk (Kal. 215) heraus, was zu einem Rechtsstreit zwischen beiden Firmen führte. Beide konnten dank der Mikrorotortechnologie noch flachere Werke konstruieren, wobei Universal mit 4,1 mm Höhe das flachere gelang. Es war jedoch ein anderer Hersteller, der das Potenzial dieses Systems noch konsequenter ausreizte. 1959 überraschte Piaget die Uhrenbranche mit einem neuen superflachen Kaliber, dem 12P. Das Werk mit Mikrorotor aus 24 Kt Gold, der dank seiner Masse für einen effizienten Aufzug sorgte, war ganze 2,33 mm hoch, fast 2 mm dünner als das flachste der Kaliber von Buren und Universal. Dieser Entwicklungssprung ebnete den Weg für die extraflachen Automatikuhren der nächsten Dekade und sicherte Piaget eine führende Stellung im Markt für elegante Armbanduhren.

DEKORATIVE EMAILLE-ZIFFERBLÄTTER

Im Laufe der 1950er-Jahre fertigten spezialisierte Schweizer Betriebe wie Stern Frères und Huguenin & Cie eine Fülle von Emaillezifferblättern für unterschiedliche Hersteller. Verschiedenste Varianten von einfarbig transparenten bis zu detailreichen, vielfarbigen Motiven in Cloisonné-Technik wurden produziert. Rolex gehörte zu den Herstellern, die auf Wunsch Emaillezifferblätter für bestimmte Modelle anboten; die Abbildung unten zeigt ein Beispiel aus den frühen 1950er-Jahren. Das Zifferblatt dieser Uhr ist bis auf den versilberten, perlmuttfarben schimmernden Rand mit der Minuterie fast vollständig transluzent bernsteinfarben emailliert. Das Zifferblatt ist mit goldenen, mehrfach facettierten Stundenindizes besetzt und mit dem Rolex-Schriftzug und Modelltext bedruckt.

Cloisonné-Emaillezifferblätter wurden schon in den 1940er-Jahren in kleinen Stückzahlen hergestellt, ihren Höhepunkt erlebten sie aber zweifellos in den 1950ern. Zifferblätter wie diese wurden nie in hohen Stückzahlen produziert, dennoch wurden unterschiedlichste Motive wie Segelschiffe, stilisierte Blumen, Tiere und Landkarten angeboten – letztere wurden gelegentlich von Patek Philippe zur Gestaltung ihrer Weltzeituhren verwendet. Die Herstellungsverfahren für diese Zifferblätter waren äußerst komplex. Die Oberfläche des meist aus Gold, Silber oder Kupfer bestehenden Zifferblatts musste zunächst vorbereitet werden, unter anderem mit einer Emaillegrundierung, die ein Verziehen des Metalls und damit eine Beschädigung der Emaillierung beim Brennen verhindern sollte. Die Umrisse des gewünschten Motivs wurden anschließend mit Gold- oder anderem Draht auf dem Zifferblatt fixiert, mit Emaillepulver aufgefüllt und schließlich in einem Spezialofen gebrannt. Dieser Vorgang wurde mehrmals wiederholt. Die Fertigung eines komplexen und farblich abgestuften Motivs stellte hohe Anforderungen an den Emailleur, denn dieser musste nicht nur unterschiedliche Emaillen mischen, sondern auch die Farbveränderungen während des Brennens berücksichtigen.

Eine andere Form des Emaillezifferblatts, bei der Miniaturszenen mit polychromer Emaille aufgemalt

UNTEN Rolex Oyster Perpetual Ref. 6101/ 6085, um 1951.
Automatikarmbanduhr aus 18 Kt Gelbgold mit Zentralsekunde und transluzent bernsteinfarbenem Emaillezifferblatt (Kal. 9¾‴)
Durchmesser 33 mm

GEGENÜBER, LINKS Vacheron Constantin, hergestellt 1950.
Armbanduhr aus 18 Kt Gelbgold mit Zentralsekunde und Cloisonné-Emaillezifferblatt von Stern Frères mit Segelschiffmotiv (Kal. 9‴-466/2B)
Durchmesser 31,5 mm

GEGENÜBER, RECHTS Patek Philippe Ref. 2494, hergestellt 1954.
Armbanduhr aus 18 Kt Roségold mit Cloisonné-Emaillezifferblatt von Stern Frères mit stilisiertem Blumenmotiv (Kal. 12‴400)
Durchmesser 33 mm

PATEK PHILIPPE
GENEVE

Corbeille de
10/179
10/192
10/183
10/16
10/20 - fond violet -
Feuillage - sur fond beige
Motif abstrait
St. Georges & le Dragon
Bateau 3 mâts
Oie sur fond violet
10/22
10/17
10/14
10/18
Poisson sur fond rouge
10/196
10/182
10/185
10/187
10/195
10/186
10/188
10/198
Fond vert avec
Email blanc avec
Croix sur fond
10/189

LINKS Huguenin Frères & Cie,
datiert 1956.
Auswahl unterschiedlicher Emaillezifferblätter, darunter Exemplare mit transluzenter Emaille, Cloisonné-Emaille und polychromer Emaille-Malerei
Zifferblattdurchmesser 16,5 – 43

wurden, war in dieser Dekade seltener anzutreffen. Bei diesem Verfahren wurde das Zifferblatt zunächst mit einer einfarbigen Emailleschicht versehen. Anschließend wurden Farbemaillen mit einem Bindemittel auf Ölbasis gemischt und auf die Oberfläche aufgemalt. Es folgten mehrere Brennvorgänge, oft nach jedem einzelnen Farbauftrag. Auch hier waren genaue Kenntnisse der einzelnen Emaillen gefordert, da die widerstandsfähigsten Mischungen zuerst aufgetragen werden mussten.

PIAGET
présente
en première mondiale
LA SEULE MONTRE
AUTOMATIQUE
ULTRA-PLATE
Epaisseur du mouvement :
2,3 mm
Cette réalisation technique
quasi incroyable est l'œuvre
du spécialiste des montres
les plus minces du monde.
CHEZ LES PLUS GRANDS JOAILLIERS DU MONDE

1960–1969

DIE 1960er-JAHRE

Die klassischen Uhrenmodelle, die sich in den beiden vorangegangenen Dekaden etabliert hatten, waren auch in den 1960er-Jahren anzutreffen, jedoch gewann ein Trend zu klaren, schlichten Designs mit Betonung der Funktionalität und guten Ablesbarkeit immer mehr an Bedeutung. Die 1960er-Jahre waren andererseits von tiefgreifenden kulturellen und sozialen Umbrüchen geprägt, deren Einflüsse auch vor der Welt der Uhren nicht haltmachten. Zwar bestimmten traditionelle Uhrenformen weiterhin den Markt, einige Designer wandten sich jedoch von konventionellen Formen ab und interpretierten Uhrendesigns radikal neu. So entstand eine Vielzahl asymmetrischer und abstrakter Gehäusedesigns, vielfach auch mit variierenden Oberflächenstrukturen.

Flache Uhren passten besonders gut zu den schlichteren Designs der 1960er-Jahre. Extraflache Handaufzugsuhren wurden von einer ganzen Reihe von Herstellern angeboten, die wachsende Nachfrage nach Automatikuhren führte jedoch auch zur Entwicklung immer flacherer Automatikkaliber, sodass die Hersteller ihr Angebot in diesem Genre deutlich erweitern konnten. Die Einführung des Mikrorotors in der zweiten Hälfte der 1950er-Jahre hatte bereits die Produktion einiger flacherer Automatikmodelle ermöglicht, von besonderer Tragweite war jedoch die Einführung des extraflachen Automatikkalibers 12P durch Piaget im Jahr 1959, die sich nachhaltig auf die Entwicklung eleganter Armbanduhren in den 1960er-Jahren auswirkte. Piagets ganze 2,3 mm flaches Werk verfügte über einen Mikrorotor aus 24 Kt Gold, dessen Masse trotz der kleinen und flachen Bauweise für einen effizienten Aufzug sorgte. Die Entwicklung dieses bemerkenswerten Werks sorgte gemeinsam mit den extraflachen Handaufzugskalibern des Unternehmens für einen Umbruch bei Piaget. Mit diesen Werken in der Hinterhand gelang es Piagets Designern, den Zeitgeist zu erfassen und eine Reihe stilprägender Modelle zu lancieren, die Piaget für die nächsten beiden Jahrzehnte zu einem Marktführer im Bereich der eleganten Uhren werden ließen.

UNTEN Piaget ultra-thin 12‴ Kaliber 12P. Automatikwerk, unten rechts zu sehen der Mikrorotor aus 24 Kt Gold
Durchmesser 27 mm, Höhe 2,3 mm

RECHTS Audemars Piguet
Ref. 5129, verkauft 1961.
Armbanduhr aus Platin mit Diamantbesatz und verdeckten Bandanstößen (Kal. 2001)
Durchmesser 35 mm

UNTEN Piaget, um 1960.
Ultraflache Armbanduhr aus 18 Kt Gelbgold (Kal. 12P)
Durchmesser 34 mm

Im Lauf des Jahrzehnts verbreiteten sich versilberte Zifferblätter in zahlreichen Varianten. Satinierte Sonnenschliff-Oberflächen erfreuten sich ebenso wachsender Beliebtheit wie weitere Dekorationsstile, darunter vertikal, diagonal oder multidirektional strukturierte Oberflächen. Bei den Zeigern setzten sich gerade Stabzeiger immer weiter durch, während frühere Formen zunehmend aus dem Blickfeld verschwanden. Bei vielen Modellen verzichtete man auf Minutenskalen auf dem Zifferblatt, da diese oft für entbehrlich gehalten wurden. Omegas Seamaster-Modelle wurden merklich flacher, außerdem lancierte das Unternehmen die neue Linie De Ville, um den Markt für elegante Uhren zu bedienen. Longines stellte unterdessen seine neue Linie Flagship vor. Die klassisch gestalteten Flagship-Modelle waren deutlich graziler als die Conquest-Modelle des Hauses aus dem vorangegangenen Jahrzehnt.

Rolex führte in den 1960er-Jahren einige Überarbeitungen an seinen Modellen durch. Da Rolex bereits über eine Kollektion etablierter Modelle mit klarer Identität verfügte, wurden viele Modelle wie die Submariner, GMT, Datejust und Day-Date nur dezent überarbeitet, um ihre DNA nicht zu verwässern. Bei der Milgauss und der Turn-O-Graph waren die Veränderungen jedoch deutlicher – beide Modelle waren in den 1950er-Jahren ähnlich wie die Submariner gestaltet worden, aber nun, da die Zeit des Experimentierens vorüber war, entschloss man sich, ihnen eine neue Identität zu verleihen. Die Turn-O-Graph behielt ihre charakteristische Drehlünette, wurde aber als elegantes Modell neu definiert und der Datejust-Linie zugeordnet. Die Milgauss wurde radikal umgestaltet und erhielt eine schlichtere, funktionellere Optik mit Fünftelsekundenskala am Zifferblattrand als Verweis auf ihre Ganggenauigkeit. Das Design zielte auf größtmögliche Klarheit und war damit auf Naturwissenschaftler als Hauptzielgruppe ideal abgestimmt.

Auch Patek Philippe folgte dem Trend zum klareren Design und stellte mit der 1959 patentierten Travel Time (Ref. 2597) eine Alternative zu den bisherigen Weltzeituhren und Uhren mit zweiter Zeitzone vor.

UNTEN LINKS Omega Seamaster De Ville Ref. 165.020, um 1966.
Armbanduhr aus Edelstahl mit automatischem Aufzug, Zentralsekunde und Metallarmband (Kal. 552)
Durchmesser 34,5 mm

UNTEN RECHTS Longines Flagship Ref. 3104-1, verkauft 1962.
Armbanduhr aus Edelstahl mit Zentralsekunde (Kal. 340)
Durchmesser 35 mm

LINKS Rolex Oyster Perpetual Datejust Turn-O-Graph Ref. 1625, eingeführt in den frühen 1960er-Jahren, dieses Exemplar um 1967.
Armbanduhr aus Edelstahl mit automatischem Aufzug, Zentralsekunde und Metallarmband (Kal. 1570)
Durchmesser 36 mm

UNTEN Rolex Oyster Perpetual Milgauss Ref. 1019, eingeführt in den frühen 1960er-Jahren, dieses Exemplar um 1968.
Antimagnetische Armbanduhr aus Edelstahl mit automatischem Aufzug, Zentralsekunde und Metallarmband (Kal. 1580)
Durchmesser 37 mm

Das klassische, klar gestaltete Zifferblatt verzichtete vollständig auf komplexe Weltzeitanzeigen. An der linken Gehäuseflanke befanden sich zwei Drücker, mit denen der Stundenzeiger in Stundensprüngen vor- und zurückgestellt werden konnte. Da die Krone nicht herausgezogen werden musste, um die Zeiger für die Änderung der Zeitzone manuell zu stellen, wurde die Zeitanzeigegenauigkeit nicht beeinträchtigt. Da es beim herkömmlichen Zeigerstellen einer mechanischen Uhr zu einigen Sekunden Abweichung kommen kann, nutzte Patek Philippe diesen Umstand als Marketingargument für das Modell. Kurz nach Aufnahme der Produktion begann man, das Modell mit einem zweiten Stundenzeiger auszustatten. Nun konnten zwei Zeitzonen simultan dargestellt werden, auf Reisen zum Beispiel die Orts- und die Heimzeit; wurde die zweite Zeitzone nicht benötigt, konnten beide Stundenzeiger deckungsgleich laufen. Auch bei Chronographen und Kalenderuhren war ein Trend zur Vereinfachung der Anzeigen zu erkennen; Tages- und Datumsfenster gewannen die Oberhand über die früheren Dreifachkalenderformate.

Gegen Ende des Jahrzehnts kam eine Uhr auf den Markt, die als eines der definitiven Modelle der zweiten Hälfte des 20. Jahrhunderts gelten kann. Das als Ellipse d'Or bekannte Modell wurde von Patek Philippe 1968 vorgestellt; sein Design basierte auf dem Goldenen Schnitt, einer mathematischen Formel aus der Antike, die zur Bestimmung »perfekter« Proportionen für Gebäude und Objekte verwendet wurde. Die elegante, schlichte Form des elliptischen Gehäuses in Verbindung mit dem tiefblauen, satinierten Zifferblatt, das, abgesehen von den schmalen Stabindizes und -zeigern, ganz auf Kalibrierungen verzichtete, schien den Inbegriff des Designethos der 1960er-Jahre zu verkörpern.

Der Aufstieg der elektronischen Armbanduhr ließ sich nicht mehr ignorieren, und als Bulova 1960 in den USA das Modell Accutron auf den Markt brachte, läuteten bei vielen Uhrenherstellern die Alarmglocken. Anders als die bisherigen batteriebetriebenen Uhren, die sich

UNTEN Patek Philippe Ref. 2597, hergestellt 1960. Armbanduhr aus 18 Kt Gelbgold mit Anzeige einer zweiten Zeitzone (Kal. 12‴400 HS) Durchmesser 35 mm

UNTEN LINKS Patek Philippe Ellipse Ref. 3548-1, eingeführt 1968.
Armbanduhr aus 18 Kt Gelbgold mit elliptischem Gehäuse und integriertem Armband aus 18 Kt Gold (Kal. 23-300)
Länge 32 mm, Breite 27 mm

UNTEN RECHTS Seiko Astron, hergestellt 1969.
Armbanduhr aus Gold mit Quarzwerk und Zentralsekunde (Kal. 35A)
Breite 41 mm

mit einer Elektrifizierung des mechanischen Uhrwerks begnügt hatten, verzichtete die Accutron fast vollständig auf herkömmliche Uhrmacherkunst. Die Werbekampagne zum Modell forderte selbstbewusst auf, eine Accutron statt einer Uhr zu tragen, und unterstrich den Anspruch der Firma, ein vollkommen neues Zeitanzeigemedium erfunden zu haben. Diese Bedrohung durch die elektronische Armbanduhr löste einen Wettlauf unter den traditionellen Schweizer Uhrenherstellern zur Entwicklung eines Konkurrenzmodells mit Quarzwerk aus, der dazu führte, dass ein Schweizer Herstellerkonsortium 1962 das Entwicklungszentrum Centre Electronique Horloger (CEH) in Neuchâtel errichtete. Die Gruppe aus namhaften Herstellern wie Ebauches SA, IWC, Omega, Piaget, Rolex und Patek Philippe setzte sich das Ziel, mit gebündelten Ressourcen ein serienproduktionsreifes Quarzkaliber zu entwickeln. 1966 wurde der erste Prototyp Beta 1 fertiggestellt, 1967 konnte man einen weiteren unter der Bezeichnung Beta 2 vorweisen. Exemplare dieser Kaliber wurden Prüfungen im Observatorium von Neuchâtel unterzogen, wo sie den ersten Preis gewannen und mit Gangabweichungen von nur 0,0003 Sekunden im Prüfungszeitraum die Genauigkeit der besten mechanischen Chronometer bei weitem übertrafen. 1969 wurde ein serienproduktionsreifes Kaliber unter der Bezeichnung Beta 21 entwickelt, das auf der Basler Uhrenmesse 1970 der Öffentlichkeit vorgestellt wurde. Das Schweizer Kaliber Beta 21 war groß und klobig – ganz anders als die immer flacheren mechanischen Werke dieser Zeit –, und seine Größe hatte deutliche Auswirkungen auf die Gehäusedesigns der frühen 1970er-Jahre. Der japanische Hersteller Seiko stellte unterdessen am 25. Dezember 1969 die erste kommerziell erhältliche Quarzarmbanduhr vor, die Astron. Im Laufe der 1960er-Jahre waren die Exporte von Uhren aus den USA und Japan dramatisch angestiegen; dieser Trend hielt in den 1970er-Jahren an und wurde zunehmend von elektronischen Uhren bestimmt. Es kündigte sich die Periode an, die später als Quarzkrise bekannt werden und die Existenz der gesamten mechanischen Uhrenindustrie bedrohen sollte.

ASYMMETRISCHE FORMEN

In den späten 1950er- und frühen 1960er-Jahren entschlossen sich einige Designer zu einer Abkehr von den klassischen Uhrenformen, die sich in den vorherigen beiden Jahrzehnten etabliert hatten. Einer der einflussreichsten Protagonisten unter ihnen war ein junger Schmuckdesigner namens Gilbert Albert. 1955 wurde der damals 24-jährige Albert von Henri Stern entdeckt, dem Präsidenten von Patek Philippe. Albert machte sich daran, eine Reihe von asymmetrischen Uhren zu kreieren, die gegen Ende der 1950er-Jahre erstmals auftauchten und in den 1960er-Jahren eine weitere Verbreitung fanden. Mit diesen unkonventionellen Uhren zeigte Albert eine neue, frische Herangehensweise im Uhrendesign, inspiriert von seiner Verehrung für die moderne Bildhauerei eines Constantin Brancusi oder Piet Mondrian. Unter den asymmetrischen Designs von Albert befanden sich sowohl Armband- als auch Taschenuhren. Die Zifferblätter dieser Uhren waren schlicht gehalten und meist mit schmalen Stabindizes ausgestattet, die sich oft spinnennetzartig überkreuzten.

OBEN Patek Philippe Ref. 3270, Design von Gilbert Albert, verkauft durch Serpico y Laino, Caracas, hergestellt 1962.
Damenarmbanduhr aus 18 Kt Gelbgold mit asymmetrischem Gehäuse (Kal. 13.5-320)
Länge 20 mm

RECHTS Patek Philippe Ref. 3424, Design von Gilbert Albert, hergestellt 1961.
Armbanduhr aus 18 Kt Gelbgold mit asymmetrischem Gehäuse (Kal. 8‴85)
Länge 37 mm

GEGENÜBER Patek Philippe Ricochet Ref. 788/1, Design von Gilbert Albert, hergestellt 1964.
Taschenuhr aus 18 Kt Gelbgold mit asymmetrischem Gehäuse (Kal. 23-300)
Länge 44 mm

PATEK PHILIPPE
GENÈVE

ROLEX
SWISS

GEGENÜBER Rolex Midas Ref. 9630, Design von Gérald Genta, um 1961.
Armbanduhr aus 18 Kt Gelbgold mit asymmetrischem Gehäuse und Metallarmband (Kal. 650)
Länge des Gehäuses 29 mm

UNTEN LINKS Cartier Crash, eingeführt 1967, dieses Exemplar eine originalgetreue Neuauflage von 1986.
Armbanduhr aus 18 Kt Gelbgold mit asymmetrischem Gehäuse
Länge 43 mm

UNTEN RECHTS Werbeanzeige von Patek Philippe für die von Gilbert Albert entworfenen asymmetrischen Uhren aus den frühen 1960er-Jahren.

Trotz ihrer ungewöhnlichen Formen fügten sich Alberts Designs perfekt in die Ästhetik der 1960er-Jahre mit deren Vorliebe für klare, schlichte Gestaltung ein. Rolex führte diese Ästhetik 1962 mit der Vorstellung eines neuen Modells namens Midas noch einen Schritt weiter. Die ebenfalls asymmetrisch geformte Uhr war das Werk eines weiteren Schmuckdesigners namens Gérald Genta und stellte eine Hommage an die Figur des König Midas aus der altgriechischen Mythologie dar. Genta hatte sich bei ihrer Gestaltung von der Architektur der griechischen Antike, insbesondere dem Pantheon-Tempel, inspirieren lassen. Genta nahm die kantigen Linien eines Quadrats als Ausgangspunkt und fügte eine Spitze an der linken Flanke hinzu, die die Krone teilweise verdeckte. Die Asymmetrie des Gehäuses setzte sich im Metallarmband fort: Es verlief auf der rechten Seite gerade, während es auf der linken der Linie der Gehäusespitze folgte. Das Zifferblatt war ausgesprochen schlicht und verzichtete gänzlich auf Ziffern und Indizes.

Die 1967 lancierte Cartier Crash steigerte die Abstraktion noch, indem sie sich in einem asymmetrischen Gehäuse mit surrealistischer Anmutung präsentierte. Eine Legende besagt, dass das Modell von einer bei einem Unfall stark beschädigten Cartier-Armbanduhr inspiriert wurde, die bei Cartier London zur Reparatur vorgelegt wurde. Zwar hatte das Unternehmen schon bemerkenswert früh in seiner Geschichte mit der Asymmetrie experimentiert, insbesondere bei der parallelogrammförmigen Tank Asymétrique der 1930er-Jahre, die Crash stellte aber mit ihrem markanten, gewagten Look eine neue Stufe der Designabstraktion dar. Da sie sich bei Sammlern großer Beliebtheit erfreute, wurde die inspirierte und höchst extravagante Uhr mehrfach neu aufgelegt.

Interessanterweise schien bei diesen Modellen trotz der höchst genauen und raffinierten Uhrwerke, mit denen sie ausgestattet waren, die Zeitanzeigefunktion von untergeordneter Bedeutung zu sein. In Ermangelung von Minuterien und teilweise auch Stundenindizes war es keineswegs einfach, die genaue Zeit abzulesen. Hier wurde dem Design absoluter Vorrang eingeräumt, denn bei diesen Uhren musste die Funktion der Form folgen.

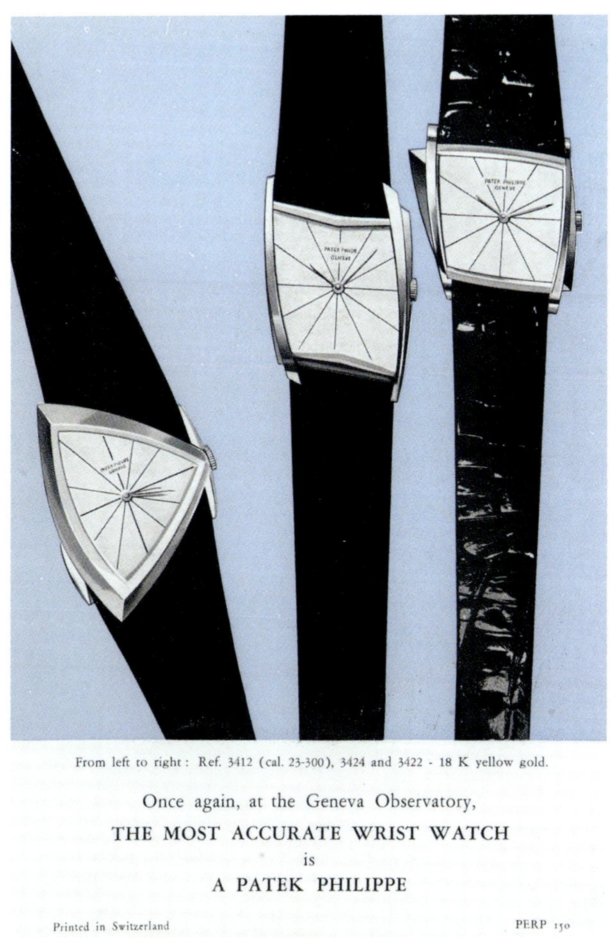

PIAGET
PIAGET
SWISS

DAMENUHREN

GEGENÜBER Piaget Ref. 9826 A6, verkauft 1966.
Ovale Damenarmbanduhr aus Weißgold mit Diamantbesatz und Metallarmband (Kal. 9P)
Breite 24 mm

UNTEN Bulgari Serpenti, um 1965.
Armreifuhr in Schlangenform aus Gold und Emaille mit Diamantbesatz, das Zifferblatt verborgen im Schlangenkopf mit Scharnierdeckel. Uhrwerk von Piaget.
Breite des Schlangenkopfs ca. 16 mm

Piaget erwies sich mit der Schöpfung einer neuen Art von Damenuhr als extrem einflussreich. Mit den ultraflachen Handaufzugs- und Automatikkalibern, die das Unternehmen in den späten 1950ern entwickelt hatte, konnte Piaget elegante, flache Damenuhren kreieren, die nicht mehr den Größenbeschränkungen der traditionellen Cocktailuhr unterlagen. Dieser neue Stil harmonierte mit dem allgemeinen Trend zu schlichteren Designs; auch hier stattete man Zifferblätter oft mit stabförmigen Stundenindizes und passenden Stabzeigern aus. Bei den Gehäusen waren häufig Lünetten mit Diamant- oder anderem Edelsteinbesatz zu sehen, die Betonung lag jedoch auf der Eleganz der flachen Gehäuse. Integrierte Metallarmbänder, etwa in Milanaise-Form oder als feine Gliederarmbänder, oft mit strukturierten Oberflächen, kamen in den 1960er-Jahren zunehmend in Mode und passten ideal zum neuen eleganten Uhrentyp von Piaget. Diese Armbänder wurden nahtlos mit dem Gehäuse verschweißt. Meist verfügten sie über keine Weiteneinstellmöglichkeit, sondern wurden individuell an den Handgelenkdurchmesser der Trägerin angepasst. Elegante Uhren mit integrierten, strukturierten Metallarmbändern waren auch in den folgenden 30 Jahren beliebt.

Entgegen dem herrschenden Trend zur Vereinfachung im Uhrendesign wurden in den 1960er-Jahren auch innovative und unkonventionelle Damenmodelle kreiert, die den Stellenwert der Uhr als Nutzobjekt infrage stellten. Wie in den vorangegangenen Jahrzehnten blieb die Armbanduhr mit verborgenem Zifferblatt ein beliebtes Designkonzept, das besonders bei aufwändig dekorierten Damenuhren Anwendung fand. Im Laufe der 60er-Jahre entwickelte Bulgari, ausgehend von seinen flexiblen Tubogas-Armbändern, eine Kollektion aus Uhren in Schlangenform. Diese außergewöhnlichen Kreationen wurden in einer Reihe unterschiedlicher Dekorationsarten angeboten. Die Uhr selbst war im Inneren des Schlangenkopfes verborgen; öffnete man den Scharnierdeckel, konnte das Zifferblatt betrachtet werden. Die Schwanzspitze der Modelle war stets passend zum Kopf gestaltet, die stilisierten Schuppen des flexiblen,

gefederten Armbands blieben oft undekoriert. Besonders aufwändige Exemplare waren hingegen über die gesamte Länge mit Schuppen aus farbiger Emaille verziert.

Auch einige weitere Hersteller produzierten bemerkenswerte Schmuckarmbanduhren mit verborgenen Zifferblättern; besonders imposante Exemplare wurden oft als Unikate oder eigens für Ausstellungszwecke angefertigt. Der Schweizer Schmuckdesigner Gilbert Albert kreierte einige außergewöhnliche Schmuckarmbanduhren und gewann zehnmal den Diamonds International Award, den »Oscar« der Goldschmiedekunst – zweimal für Omega, dreimal für Patek Philippe und fünfmal unter eigenem Namen. Seinem kreativen Talent verdanken wir wagemutige Neuinterpretationen der Form der Uhr und eine Fülle von avantgardistischen Designs. Die Abbildung gegenüber zeigt eine Schmuckuhr, die Albert um 1966 für Omega anfertigte. Das Armband hat die Form einer Schleife, die strukturierte Oberfläche besteht aus miteinander verbundenen, wie Goldnuggets geformten Elementen.

1969 beauftragte Omega den britischen Juwelier Andrew Grima mit der Fertigung einer Uhrenkollektion für eine Sonderausstellung mit dem treffenden Titel *About Time*. Mit ihren wagemutigen modernistischen Designs ließen die Modelle die Grenzen zwischen Uhr und Schmuckstück verschwimmen. Eines der innovativsten Elemente dieser Linie bestand in der Verwendung von farbigen Halbedelsteinen anstelle des herkömmlichen Uhrenglases. Die Abbildung gegenüber unten zeigt eine Uhr von Grima, welche die brutalistische Architektur der Zeit als opulentes, goldenes Schmuckstück widerspiegelt. Als Uhrenglas wurde ein grüner Turmalin in Stufenschliff verwendet. Das Modell mit Punze für 1969 ähnelt einer Uhr namens Utopia, die Grima für die Ausstellung *About Time* angefertigt hat.

UNTEN Patek Philippe Ref. 3292/7, hergestellt 1963.
Damenarmbanduhr aus Platin mit verborgenem Zifferblatt unter diamantbesetztem Scharnierdeckel; Gehäuse und Armband besetzt mit insgesamt ca. 14,74 Kt Diamanten (Kal. 13.5)
Breite 25 mm

GEGENÜBER, OBEN Omega Ref. 7180 Maille d'Or, Design von Gilbert Albert um 1966.
Damenarmbanduhr aus 18 Kt Gelbgold mit Metallarmband und verborgenem Zifferblatt (Kal. 640)
Breite 21 mm

GEGENÜBER, UNTEN Andrew Grima für Omega, gepunzt 1969.
Armreifuhr aus 18 Kt Gelbgold in asymmetrischer Form mit Uhrenglas aus grünem Turmalin in Stufenschliff, Uhrwerk von Omega
Innenumfang 58 mm

GRIMA

CHRONOGRAPHEN

In den frühen 1960er-Jahren stellte Rolex ein neues Chronographenmodell mit der Referenznummer 6238 vor. Erinnerte die Zifferblattgestaltung ursprünglich an jene früherer Jahrzehnte, entschied man sich jedoch schon bald für ein versilbertes, satiniertes Blatt mit aufgesetzten, anglierten Stabindizes. Die Hilfszifferblätter waren mit arabischen Blockziffern markiert. Die klare, frische Optik verlieh dem Rolex-Chronographen ein vollkommen neues Image. 1963 lancierte das Unternehmen ein Modell, das zu einer der berühmtesten Uhren des 20. Jahrhunderts werden sollte, die Cosmograph, die anlässlich Rolex' Sponsoring des Nascar-Rennens in Daytona Beach, Florida, bald den Beinamen Daytona erhielt. Der ursprünglichen Referenz 6239 folgte eine Reihe weiterer Modelle. Allen Daytona-Modellen gemeinsam waren die mit Skalen – meist Einheiten pro Stunde – versehenen Lünetten, die teils aus Stahl, bei einigen Referenzen auch mit Acryleinlagen gefertigt waren. Die Zifferblätter waren vorwiegend entweder schwarz mit weißen Hilfszifferblättern oder versilbert mit schwarzen Hilfszifferblättern. Eine exotische Zifferblattform, die aufgrund eines Fotos des Schauspielers mit dieser Uhr als »Paul Newman« bekannt wurde, ist lebhafter gestaltet und weist statt der stabförmigen Stundenindizes kleine Quadrate am Zifferblattrand auf, die sich auch an den Hilfszifferblättern wiederfinden.

1964 forderte die NASA bei mehreren Uhrenherstellern Angebote für robuste Armbandchronographen an, die tauglich für ihre Weltraummissionen sein sollten. Von den zahlreichen angeschriebenen Firmen reagierten lediglich vier, von denen drei in die Vorauswahl kamen.[1] Die ausgewählten Uhren wurden außergewöhnlich strengen Prüfungen unterzogen und mussten Stöße aller Art und extreme atmosphärische Schwankungen überstehen. Die Omega Speedmaster setzte sich dabei klar vor den anderen Modellen durch – die hervorragende Ablesbarkeit des Modells in Verbindung mit ihrer Zuverlässigkeit unter Extrembedingungen hatte überzeugt. Tatsächlich gelangten die ersten Omega Speedmaster noch vor der offiziellen Beschaffung durch die NASA ins Weltall, denn die Astronauten Walter

UNTEN Rolex Prä-Daytona Ref. 6238, um 1963.
Armbandchronograph aus Edelstahl mit Hilfszifferblättern für konstante Sekunde, 30-Minuten- und 12-Stunden-Register, äußerer Tachymeterskala, Stahlarmband (Kal. 72B)
Durchmesser 36 mm

GEGENÜBER Rolex Cosmograph Daytona »Paul Newman« Ref. 6239, um 1968.
Armbandchronograph aus Edelstahl mit Hilfszifferblättern für konstante Sekunde, 30-Minuten- und 12-Stunden-Register, Lünette mit Skala »Units per Hour«, Stahlarmband (Kal. 722-1)
Durchmesser 36,5 mm

UNITS PER HOUR
ROLEX
COSMOGRAPH
DAYTONA
T SWISS T

OMEGA
Speedmaster
PROFESSIONAL
TACHYMETRE
VII
SCHIRRA • EISELE • CUNNINGHAM
US 5c
1968
32920
11 DAYS SPACE FLIGHT
Apollo - 7

GEGENÜBER Die Omega Speedmaster des US-Astronauten Donn Eisele, **Ref. S105.012-65, um 1965, getragen bei der Mission Apollo 7 im Oktober 1968.** Armbandchronograph aus Edelstahl mit Hilfszifferblättern für konstante Sekunde, 30-Minuten- und 12-Stunden-Register, Lünette mit Tachymeterskala (Kal. 321) Durchmesser 42 mm

UNTEN LINKS Heuer Autavia **Ref. 3646, verkauft 1962.** Armbandchronograph aus Edelstahl mit Register und Drehlünette (Kal. Valjoux 92) Durchmesser 38 mm

UNTEN RECHTS Heuer Carrera **Ref. 2447S, um 1963.** Armbandchronograph aus Edelstahl mit Registern (Kal. Valjoux 72) Durchmesser 36 mm

Schirra und Gordon Cooper hatten sich privat Omega Speedmasters besorgt und trugen diese während ihrer Weltraummissionen 1962 und 1963.[2] Der offizielle Einsatz der Speedmaster durch die NASA begann mit der Gemini-3-Mission 1965. Auch während der Apollo-Missionen war die Omega Speedmaster im Einsatz und erlangte am 21. Juli 1969 besondere Berühmtheit, als sie als erste Uhr auf dem Mond getragen wurde; die Speedmaster Mark I hatte sich damit für immer den Beinamen »Moon Watch« verdient. Gegen Ende der 1960er-Jahre lancierte Omega eine neue Version der Speedmaster mit der Bezeichnung Mark II. Diese Uhr hatte ein wuchtiges, tonneau-förmiges Gehäuse – eine klare Abkehr von der traditionellen runden Form der ersten Speedmaster-Modelle. Ihr Zifferblatt blieb dem bewährten Speedmaster-Design treu, die Tachymeterlünette befand sich nun jedoch nicht mehr außen, sondern unter dem Glas am Zifferblattrand.

Die Marke Heuer, die sich schon in den 1950ern als Lieferant von Armaturenbrettuhren im Autorennsport einen Namen gemacht hatte, lancierte 1962 einen neuen Armbandchronographen namens Autavia. Die Autavia, deren Name aus »Automobile« und »Aviation« gebildet wurde, hatte ihren Ursprung als Bordchronograph für Flugzeuge und Automobile in den 1930er-Jahren. Auch die neue Autavia-Armbanduhr richtete sich wieder an Rennfahrer und Flieger. Sie war in erster Linie auf gute Ablesbarkeit und Anwendungsfreundlichkeit ausgelegt. Die ersten Modelle orientierten sich an bewährten Militär- und Fliegeruhren und waren, ähnlich wie die Taucheruhren der 1950er-Jahre, zusätzlich mit einer kalibrierten Drehlünette ausgestattet. Neben den äußerst gut sichtbaren Stundenindizes mit Leuchtmasse verfügten diese frühen Modelle über besonders große Hilfszifferblätter für die konstante Sekunde und Chronographenmessung. 1963 beschloss Jack Heuer, der Urenkel des Firmengründers, ein neues Chronographenmodell zu entwickeln, das klassischen Stil, hervorragende Ablesbarkeit und den neuen Trend zu schlichterem Design in sich vereinen sollte. Das Ergebnis war die Carrera, benannt nach dem

Straßenrennen Carrera Panamericana im Mexiko der 1950er-Jahre. Im Verlauf der 1960er-Jahre engagierte sich Heuer zunehmend im Motorsportbereich. Angesichts der wachsenden Popularität von Automatikuhren arbeitete Heuer gemeinsam mit Breitling und Hamilton insgeheim an der Entwicklung eines Automatikchronographen. Diese Chronographen waren mit Mikrorotoren ausgestattet, um ein Automatikmodul integrieren zu können, ohne die Bauhöhe drastisch zu erhöhen – ein wichtiger Gesichtspunkt, da die Chronographenkomplikation bereits viel Raum im Werk einnahm. Zu der Zeit befand sich das Joint Venture aus Breitling, Heuer und Hamilton im Wettbewerb mit Seiko und Zenith, die jeweils an eigenen Automatikchronographen arbeiteten. Am 3. März 1969 veranstalteten Heuer, Breitling und Hamilton eine gemeinsame Pressekonferenz, bei der sie die Einführung ihrer neuen Automatikchronographenlinie ankündigten. Die Entwicklung des Automatik-

RECHTS Heuer Autavia, um 1969.
Armbandchronograph aus Edelstahl mit automatischem Aufzug, Datumsanzeige und Hilfszifferblättern für 30-Minuten- und 12-Stunden-Register, Drehlünette mit Minuten/Stundenskala (Kal. 11)
Gehäuselänge 47 mm

chronographenwerks führte im Folgejahrzehnt zu einer Fülle neuer Modelle.

Einer der berühmtesten Chronographen des 20. Jahrhunderts, die Zenith El Primero, kam ebenfalls 1969 auf den Markt. Auch hierbei handelte es sich um ein Automatikmodell mit Datumsanzeige, das zwar mit einer großen Schwungmasse ausgestattet, aber trotzdem nur 6,5 mm flach war, 1,2 mm flacher als die Mikrorotorwerke des Konsortiums Breitling–Heuer–Hamilton und ca. 0,7 mm flacher als Seikos erstes Automatikchronographenkaliber. Das Zenith-Werk war ein Schnellschwingkaliber mit einer Frequenz von 36.000 Halbschwingungen pro Minute. Die schnelle Taktung hatte zur Folge, dass der zentrale Chronographensekundenzeiger Zehntelsekunden messen konnte. Das El-Primero-Kaliber von Zenith erlangte einen so exzellenten Ruf, dass es über Jahrzehnte auch in zahlreiche Modelle anderer Hersteller eingebaut wurde.

LINKS Zenith El Primero
Ref. SP 1205, um 1969.
Armbandchronograph aus Edelstahl mit Datumsanzeige und Hilfszifferblättern für konstante Sekunde, 30-Minuten- und 12-Stunden-Register, Innenlünette mit Tachymeterskala, Stahlarmband (Kal. 3019 PHC)
Durchmesser 37,5 mm

TUE
APR
PATEK PHILIPPE
GENÈVE
SWISS

KALENDERUHREN

GEGENÜBER Patek Philippe Ref. 3448, hergestellt 1968.
Automatikarmbanduhr aus 18 Kt Gelbgold mit Ewigem Kalender und Mondphasenanzeige (Kal. 27-460 Q)
Durchmesser 37 mm

UNTEN Patek Philippe Ref. 2499, hergestellt 1968 und verkauft durch Tiffany & Co., New York.
Armbandchronograph aus 18 Kt Gelbgold mit Ewigem Kalender, Registern und Mondphasenanzeige (Kal. 13''' CH Q)
Durchmesser 37 mm

Angesichts der Beliebtheit von Uhren mit einfacher Datumsanzeige und eines allgemeinen Trends zu klarerer Zifferblattgestaltung traten komplexe Dreifachkalender im Laufe der 1960er-Jahre immer mehr in den Hintergrund. Patek Philippe, das in diesem Genre nach wie vor führende Unternehmen, brachte 1962 eine neue Armbanduhr mit Ewigem Kalender unter der Referenz 3448 heraus. Es handelte sich um die erste seriengefertigte Automatikarmbanduhr mit Ewigem Kalender. Das Zifferblatt war besonders funktional und klar gestaltet. Auffallend war, dass dieses Modell auf den Sekundenzeiger, der beim Vorgängermodell vom Hilfszifferblatt ins Zentrum verlegt worden war, ganz verzichtete. Neben der Vereinfachung der Anzeige bot dies zwei weitere Vorteile: Es war nur ein einzelnes Hilfszifferblatt erforderlich, das ganz der Datumsanzeige vorbehalten bleiben konnte, und die Uhr ließ sich sehr flach konstruieren, da Räderwerk und Brücken für die Zentralsekunde wegfielen – ein wichtiger Gesichtspunkt, denn die rückseitig montierte Schwungmasse aus Gold forderte bereits eine gewisse Bauhöhe. Außerdem bot Patek Philippe weiterhin einen Armbandchronographen mit Ewigem Kalender an, nämlich eine überarbeitete Version der Referenz 2499 aus dem Vorjahrzehnt. Für eine klare Ablesbarkeit verzichtete man auf die Tachymeterskala, sodass sich nur noch eine einzige Skala für die Minuten und Chronographensekunden am Zifferblattrand befand. Interessanterweise sah Patek Philippe, ein Unternehmen, das seine Modelle mit Ewigem Kalender ab den 1940er- bis in die 1960er-Jahre regelmäßig überarbeitet hatte, nun bis in die 1980er-Jahre von weiteren signifikanten Änderungen bei diesen Uhren ab.

Hochkomplizierte Uhren wurden immer seltener, jedoch wurden in diesem Jahrzehnt einige wenige komplizierte Taschenuhrwerke aus der ersten Jahrhunderthälfte fertiggestellt und in Gehäuse eingebaut. Von Audemars Piguet und Patek Philippe sind Exemplare mit Ewigem Kalender, Schleppzeigerchronograph und Minutenrepetition bekannt, die in diesem Zeitraum komplettiert wurden. Eine dieser Uhren, deren Werk ab 1907 entstand,

AUDEMARS PIGUET
GENÈVE

GEGENÜBER Audemars Piguet
Ref. 5543BA, Werk begonnen 1907, eingeschalt und fertiggestellt 1968.
Taschenuhr aus 18 Kt Gelbgold mit Ewigem Kalender und Schleppzeiger-chronograph, 30-Minuten-Register, Mondphasenanzeige und Minuten-repetition (Kal. 18 SMCRQV)
Durchmesser 50 mm

UNTEN LINKS Zenith 3600
Ref. 230A, um 1965.
Automatikarmbanduhr aus Edelstahl mit Zentralsekunde und Datumsfenster (Kal. 2532PC)
Durchmesser 34 mm

UNTEN RECHTS Omega Seamaster Cosmic
Ref. 166.035, um 1969.
Automatikarmbanduhr aus Edelstahl mit Zentralsekunde, Wochentags- und Datumsanzeige (Kal. 752)
Breite 35 mm

die jedoch erst 1968 fertiggestellt und eingeschalt wurde, ist gegenüber abgebildet. Wie bei den Armbanduhren dieser Zeit wurde auch hier bei der Zifferblattgestaltung Wert auf bestmögliche Ablesbarkeit gelegt, kombiniert mit einem elegant abgeschrägten Gehäuse.

1958 lancierte Rolex sein letztes Oyster-Modell mit Dreifachkalender, dessen Produktion 1962 eingestellt wurde. Der Hersteller konzentrierte sich stattdessen auf weitere Modelle mit einfachem Datumsfenster, und so kamen bis zum Ende des Jahrzehnts die Air-King-Date und die Submariner Date hinzu. Parallel hierzu wuchs die Palette der Datejust-, Date- und Day-Date-Modelle weiter. Omega hatte in den 1950er-Jahren ebenfalls Dreifachkalendermodelle angeboten, konzentrierte sich aber nun wie Rolex auf einfachere Designs mit Datumsfenster. In der zweiten Hälfte des Jahrzehnts stellte Omega ein Modell mit einem länglichen Fenster bei 3 Uhr vor, das Wochentag und Datum anzeigte; diese Darstellungsform wählte der Hersteller für unterschiedliche Modelle dieser Zeit.

Die 3-Uhr-Position hatte sich mittlerweile als Standard für die Datumsanzeige etabliert, etliche Modelle setzten jedoch auf Alternativen, beispielsweise bei 12 oder zwischen 4 und 5 Uhr. Zuweilen verjüngten sich die Fenster nach innen, um der Rundung des Zifferblatts zu folgen.

A special Rolex "OYSTER" was fitted to the *outside* of the bathyscaph "Trieste" when it dived to a record depth of 35,798 feet—*nearly 7 miles!* The Rolex was still working perfectly when the "Trieste" returned to the surface after eight hours, having withstood pressures of nearly *seven tons per square inch!* This unique watch is now on permanent display at the Smithsonian Institute in Washington D.C.

Another "first" by Rolex of Geneva — the pace-setting Oyster Perpetual "SUBMARINER" was developed specially for deep-sea and skin divers, but thousands of others have found it the ideal watch for everyday wear. Extra robust, waterproof to 660 feet, it is a favourite with yachtsmen, fishermen, water skiers and all those fond of aquatic sports. Its revolving bezel, which was introduced as a means of measuring time elapsed under water, has commended it to all those who want a simplified stopwatch, as well as an accurate timepiece, on their wrists.

A special Rolex-built gauge, used in the laboratories of Rolex at Geneva for testing the effects on watches of pressures up to 600 atmospheres—the equivalent of *four miles* under the sea!

TAUCHERUHREN

GEGENÜBER Auszug aus einem Rolex-Katalog der frühen 1960er-Jahre mit Abbildungen der Deep Sea Special, die 1960 in den Marianengraben hinabtauchte (oben rechts), und einer Submariner mit sog. »Explorer«-Zifferblatt (unten links).

UNTEN LINKS Favre-Leuba Bathy 50, um 1965.
Taucheruhr aus Edelstahl mit Tiefenmesser und Drehlünette mit 60-Minuten-Skala (Kal. P 320)
Durchmesser 40 mm

UNTEN RECHTS Movado Super Sub Sea, Ref. 206 704 501, um 1965.
Taucherchronograph aus Edelstahl, Zeiger und Stundenindizes mit Leuchtmasse belegt, Hilfszifferblätter für konstante Sekunde, 30-Minuten- und 12-Stunden-Register, Tachymeterskala am Zifferblattrand, Drehlünette mit 60-Minuten-Skala (Kal. 146HP)
Durchmesser 41 mm

1960 führte Rolex einen spektakulären Test mit einer außergewöhnlichen Taucheruhr namens Deep Sea Special durch. Die Uhr wurde an der Außenhülle der *Trieste* befestigt, eines speziellen Tiefsee-U-Boots, das vom Schweizer Ozeanographen Jacques Piccard und dem US-Marineleutnant Don Walsh gesteuert wurde. Die *Trieste* erreichte eine Tiefe von 10.916 m am tiefsten bekannten Punkt der Weltmeere, dem Challengertief des Marianengrabens im Pazifik. Rolex hatte schon in den 1950er-Jahren frühere Versionen der Deep Sea Special getestet, der Tauchgang von 1960 stellte jedoch eine sensationelle Leistung dar und war zweifellos eine erstklassige Marketingaktion für die Submariner, das kommerziell erhältliche Taucheruhrmodell des Herstellers. Die Submariner-Linie erfuhr mit jedem neuen Modell vorsichtige Überarbeitungen. Eine der deutlichsten Veränderungen um 1960 war der neue Kronenschutz. Das erste Modell mit Kronenschutz war die Submariner von 1959. Die Vorrichtung bestand aus zwei Vorsprüngen des Gehäuses an beiden Seiten der Krone, die diese vor Beschädigungen durch Stöße schützen sollten, um die Wasserdichtheit nicht zu beeinträchtigen und damit Gefahrensituationen bei Tauchgängen zu vermeiden. Die Beliebtheit des Explorer-Modells von Rolex führte auch dazu, dass ein Submariner-Modell mit einem Zifferblatt im Explorer-Stil lanciert wurde.

Favre-Leuba reagierte mit seinem Modell Bathy 50 auf die aufsehenerregenden Tiefseetauchexpeditionen der Zeit. Wie andere Taucheruhren auch verfügte dieses Modell über eine Drehlünette mit Minuteneinteilung zur Zeitmessung von Tauchgängen – zur besseren Ablesbarkeit war der Minutenzeiger mit einer Dreieckspitze mit Leuchtmasse ausgestattet. Eine Besonderheit dieser Uhr war jedoch der Tiefenmesser mit einer Skala am Zifferblattrand und einem eigenen Zentralzeiger. Das System konnte Tauchtiefen bis 50 m messen und basierte darauf, dass Wasser in das Gehäuse strömte und Druck auf eine Membran ausübte, die nicht nur das Werk schützte, sondern auch bei steigendem Wasserdruck den Zentral-

LECOULTRE
15
30
45

GEGENÜBER LeCoultre Polaris
Ref. E859, um 1967.
Taucheruhr aus Edelstahl mit Weckfunktion, Leuchtindizes und -zeigern, drehbarer Innenlünette mit 60-Minuten-Skala und Gliederarmband aus Stahl
(Kal. K825)
Durchmesser 42 mm

UNTEN Rolex Oyster Perpetual Date
Sea-Dweller Submariner 2000
Ref. 1665, um 1967.
Taucheruhr aus Edelstahl mit Zentralsekunde, Leuchtindizes und -zeigern, Drehlünette mit 60-Minuten-Skala und Gliederarmband aus Stahl (Kal. 1570)
Durchmesser 39 mm

zeiger bewegte und so eine ungefähre Tiefenanzeige ermöglichte.

Die wachsende Nachfrage nach Taucheruhren führte auch zur Entwicklung von Taucherchronographen und Modellen mit Alarmfunktion. Movado stellte den Chronographen Super Sub Sea vor, der mit seiner kalibrierten Drehlünette und dem schwarzen Zifferblatt mit Leuchtindizes der traditionellen Formensprache der Taucheruhr folgte. Das Modell verfügte über drei Hilfszifferblätter für konstante Sekunden und die Minuten- und Stundenmessung des Chronographen. Jaeger-LeCoultre weitete seine Kollektion von Armbandweckern aus und bot Taucherversionen seines Memovox-Modells an. 1961 lancierte der Hersteller die Memovox Deep Sea, einen Armbandwecker mit traditioneller Taucher-Drehlünette. 1968 kam ein überarbeitetes Modell namens Polaris auf den Markt, bei dem sich die Taucherlünette nunmehr unterhalb des Glases am Zifferblattrand befand. Drei Kronen an der Gehäuseflanke dienten zum Einstellen der Innenlünette, der Zeiger und der Weckzeit. Die International Watch Company übernahm eine ähnliche drehbare Innenlünette für ihr Modell Aquatimer, das 1967 herauskam. Die Innenlünette bot einen gewissen Schutz gegen unbeabsichtigtes Verstellen der eingestellten Tauchzeit.

Rolex entwickelte im Anschluss an die Tiefseetests seiner Taucheruhren ein fürs Sättigungstauchen geeignetes Serienmodell. Das 1967 vorgestellte Modell namens Sea-Dweller Submariner war auf eine Tauchtiefe bis 610 m ausgelegt. Die Sea-Dweller verfügte nicht nur über ein noch robusteres Gehäuse als die Standard-Submariner, sondern auch über ein Gasauslassventil an der Gehäuseflanke bei 9 Uhr. Beim Tiefseetauchen kann sich eine Uhr mit Helium füllen, was in der Dekompressionsphase nach dem Tauchgang zu einem Überdruck in der Uhr führen und diese zerstören kann. Das Auslassventil sorgte dafür, dass das Helium sicher entweichen konnte. Das Heliumauslassventil kam auch bei einer speziellen Auflage der Submariner zum Einsatz, die Rolex für das französische Industrietaucherunternehmen Comex produzierte.

ELEKTRONISCHE UHREN UND SCHNELL SCHWINGENDE MECHANISCHE UHREN

1960 stellte der US-Uhrenhersteller Bulova nach mehreren Jahren Entwicklungsarbeit eine elektronische Uhr namens Accutron vor. Erfinder des Werks war der Schweizer Max Hetzel, der seit 1948 in Diensten der Bulova Watch Company stand. Das Werk der Accutron war insofern revolutionär, als es weder eine Zugfeder noch eine Unruh besaß. Das Herzstück des Werks war ein stimmgabelförmiger Oszillator, der mit einer Frequenz von 360 Hz schwang. Die Transistorelektronik der Uhr wurden von einer Batterie angetrieben. Für die Uhren wurde eine Gangabweichung von höchstens einer Minute pro Monat oder zwei Sekunden pro Tag garantiert. Eines der Accutron-Modelle war die Spaceview, die auf ein herkömmliches Zifferblatt verzichtete und den direkten Blick aufs Werk freigab. Die futuristisch anmutende Uhr war mit den sichtbaren elektronischen Bauteilen samt Stimmgabel visuell äußerst beeindruckend. Die Accutron, in unterschiedlichen Varianten mit traditionelleren Gehäuse- und Zifferblattdesigns erhältlich, demonstrierte ihre Modernität am ausdrucksstärksten in der Spaceview-Version.

Im Streben nach größerer Genauigkeit wurden außerdem schnell schwingende mechanische Werke entwickelt. Schnell schwingende Werke haben den Vorteil, dass Veränderungen der Unruhamplitude (der Schwingungsweite der Unruh in beide Richtungen) beim Entspannen der Zugfeder und bei Lageveränderungen der Uhr stark reduziert werden. Die Schwingungen eines Schnellschwingkalibers sind außerdem weniger empfindlich gegen Stöße und die Bewegungen des Trägers. 1959 produzierte Longines ein neues Kaliber, das speziell für Observatoriumswettbewerbe konzipiert war. Die Unruh dieses Kalibers mit der Bezeichnung 360 hatte eine Frequenz von 36.000 Halbschwingungen pro Stunde, doppelt so viel wie die meisten zu dieser Zeit erhältlichen Werke. Das Werk stellte Ganggenauigkeitsrekorde in der Armbandchronometerkategorie des Observatoriums Neuchâtel auf. 1967 brachte Longines das kommerziell produzierte Schnellschwingkaliber

UNTEN LINKS Bulova Accutron Spaceview Alpha, hergestellt in den frühen 1960er-Jahren.
Elektronische Armbanduhr aus 14 Kt Gelbgold mit Zentralsekunde (Kal. 214)
Breite 33 mm

UNTEN RECHTS Bulova Accutron, Präsentationsmodell, um 1960

UNTEN Longines Ultra-Chron Ref. 8301, um 1968.
Armbanduhr aus Edelstahl mit Automatik-Schnellschwingkaliber und Zentralsekunde (Kal. 431, eine Variante des Kal. 430 mit zusätzlicher Datumsanzeige) Breite 37 mm

430 heraus, das ebenfalls eine Frequenz von 36.000 Halbschwingungen aufwies und eine neue Modelllinie namens Ultra-Chron antrieb. Longines bewarb das Modell, das den Konkurrenzkampf mit den neuen elektronischen Armbanduhren aufnehmen sollte, als genaueste Armbanduhr der Welt mit einer garantierten Gangabweichung von höchstens einer Minute im Monat oder zwei Sekunden pro Tag – also die exakt gleiche Zusicherung, die Bulova für das Accutron-Modell gegeben hatte. Für eine seriengefertigte mechanische Armbanduhr war dies ein außergewöhnliches Versprechen. Das Marketing von Longines ließ deutlich erkennen, dass diese Uhr als Rivale der elektronischen Uhren gedacht war – das Symbol auf ihrem Zifferblatt ähnelte einer elektrischen Spule. Vergleichbare Spulensymbole zierten auch die Zifferblätter früher elektronischer Uhren von Herstellern wie Hamilton und Lip. Die Ultra-Chrons waren Automatikuhren, und man darf nicht vergessen, dass die Batterien der frühen Elektronikuhren keine lange Lebensdauer hatten und mindestens einmal jährlich ausgetauscht werden mussten – eine dauerhaft laufende Automatikuhr mit vergleichbarer Ganggenauigkeit hatte daher vieles, was für sie sprach. Auch Girard-Perregaux befasste sich mit Schnellschwingkalibern und brachte 1965 das Modell Gyromatic HF heraus. Auch dieses Modell hatte eine Unruhfrequenz von 36.000 Halbschwingungen pro Stunde, und wie zuvor Longines konnte Girard-Perregaux 1966 für seine Schnellschwingkaliber einen Preis des Observatoriums von Neuchâtel entgegennehmen. Den Vorteilen dieser neuen Werke stand jedoch der Nachteil eines übermäßigen Verschleißes durch die schnelle Frequenz gegenüber, und obwohl Werke dieser Art bis in die 1970er-Jahre produziert wurden, ging man bald wieder zu Kalibern mit Schwingungsfrequenzen zwischen 18.000 und 28.800 Halbschwingungen pro Stunde über.

Patek Philippe Hand-crafted.

In 1839, the founding year of Patek Philippe,
finishing a watch entirely by hand was the rule.
Today it is the exception.
Should rare watches made in this way appeal to you,
so will our color brochure
<u>The 7 Crafts of Patek Philippe.</u>
Please write to: Patek Philippe,
Dept. NGN, 41 Rue du Rhône, 1211 Geneva 3, Switzerland.

Nautilus, the most rugged of Patek Philippe watches. Water-resistant to a depth of 120 meters. Ultra-thin. Self-winding. Date. In steel or 18 kt. gold.

1970–1979

DIE 1970er-JAHRE

Obwohl sich in den 1960er-Jahren der scheinbar unaufhaltsame Wachstumskurs beim Export Schweizer Uhren mit einer Steigerung um 70 % über das Jahrzehnt fortgesetzt hatte, stand die Schweizer Uhrenindustrie vor ihrer gewaltigsten Krise seit den frühen 1930er-Jahren. Die größten Bedrohungen kamen aus den USA und Japan, wo die Produktion niedrigpreisiger mechanischer und – noch bedrohlicher für die Schweiz – elektronischer Uhren Fahrt aufnahm. In Verbindung mit der Ölkrise von 1973 und weltwirtschaftlichen Turbulenzen ergab dies für die traditionelle Uhrmacherindustrie ein katastrophales Szenario. In der zweiten Hälfte des Jahrzehnts brach der Export von Schweizer Uhren und fertigen Uhrwerken drastisch ein: Wurden 1974 noch 84 Millionen Einheiten exportiert, waren es 1979 weniger als 49 Millionen.[1]

Man vergisst heute leicht, wie dramatisch und schockierend das Auftauchen der Quarzuhr für die traditionelle Uhrenindustrie war. Die bloße Machbarkeit einer Quarzuhr war von vielen jahrelang bestritten worden. In einem 1970 veröffentlichten Artikel schrieb der Uhrenjournalist, -historiker und -designer Richard Good FBHI: »Als ich 1957 über die erste kommerziell erhältliche Armbanduhr schrieb, hätte ich mir nicht träumen lassen, dass ich 1970 über Armbanduhren mit Quarzkristall schreiben würde, und zwar keine Forschungsprototypen (...), sondern für jeden mit ausreichend Geld verfügbare Produktionsmodelle (...). Diese Tatsache dürfte momentan viele Experten heimlich erröten lassen. Noch vor wenigen Jahren hatten sie behauptet, die Quarzarmbanduhr sei ein Ding der Unmöglichkeit, und dies mit vielen wissenschaftlichen Argumenten untermauert.«[2]

Am 6. Mai 1970, im selben Monat, als Goods Artikel erschien, verkündete der US-Uhrenhersteller Hamilton die Entwicklung einer neuen elektronischen Quarzuhr, die als »Handgelenkcomputer« beschrieben wurde. Prototypen des Modells, das gemeinsam von der Hamilton Watch Company in Lancaster, Pennsylvania und der Electro/Data Inc. in Garland, Texas entwickelt worden war, sollen eine Gangabweichung von weniger als drei

UNTEN LINKS Girard-Perregaux Ref. 9444, frühe 1970er-Jahre. Quarzarmbanduhr aus vergoldetem Edelstahl mit Zentralsekunde und Datum (Kal. 351-513)
Breite 39 mm

UNTEN RECHTS Pulsar Digital Time Computer, um 1972. Quarzarmbanduhr aus Walzgold mit LED-Anzeige
Breite 40 mm

UNTEN LINKS Pulsar Time Computer, vorgestellt 1972, dieses Exemplar um 1977.
Quarzarmbanduhr aus Edelstahl mit LED-Anzeige
Breite 40 mm

UNTEN RECHTS Sekonda LCD, hergestellt 1979.
Quarzarmbanduhr aus vergoldetem Edelstahl mit LCD-Anzeige, Vollkalender, Stundensignal, Chronograph mit Zwischenzeitmessung, 24-Stunden-Wecker, Countdown-Zähler und Musikwecker; vergoldetes Metallgliederarmband
Breite 36 mm

Sekunden pro Monat gehabt haben.[3] Das war eine echte Revolution. Die Uhr verzichtete auf bewegliche Teile und zeigte die Zeit nicht mit Zeigern, sondern auf einem Bildschirm mit beleuchteten Ziffern an. Sie lief, anders als die hörbar summenden elektronischen Analoguhren, geräuschlos und benötigte wegen der fehlenden beweglichen Teile keine Wartung oder Reinigung. Die batteriebetriebene Uhr nutzte eine Leuchtdiode (LED), einen Halbleiter, der bei Stromdurchfluss leuchtet. Durch Betätigen eines Drückers wurde diese eingeschaltet und die Zeit angezeigt. Die beleuchtete Anzeige benötigte reichlich Strom, und obwohl sie nur auf Knopfdruck aufleuchtete, waren die Batterien schnell erschöpft – die Presseerklärung zum Modell gab eine Batterielebensdauer von sechs Monaten an. Die Uhr wurde 1972 unter dem Namen Pulsar als prestigeträchtige Golduhr zum stolzen Preis von 2.100 Dollar angeboten. Sie wurde mit ihrer Raumfahrtästhetik und der neuartigen Bedienung zur Sensation und ließ die Nachfrage nach LED-Uhren hochschnellen. Der Erfolg war so deutlich, dass nun auch andere US-Elektronikfirmen LED-Uhren fertigten; die Preise fielen massiv, und um 1977 konnte man LED-Uhren schon ab 10 Dollar erwerben.[4] Den Anbietern von LED-Uhren machte aber nicht nur der Preisverfall zu schaffen. Die 1973 eingeführte Flüssigkristallanzeige (LCD) war anfänglich kein Erfolg, weil die Anzeigen nach einigen Monaten trübe wurden. Verbesserte Herstellungsverfahren und das hohe Potenzial dieser Technik sorgten schließlich dennoch für einen Umbruch. Anders als die LED war die deutlich energiesparendere LCD-Anzeige permanent zu sehen, der entscheidende Vorteil waren aber die erstaunlichen »Komplikationen«, die durch die Module möglich wurden. Die Abbildung unten zeigt eine Sekonda LCD-Armbanduhr von 1979 – die Uhr weist bereits die Formensprache auf, die bei den LCD-Uhren der 1980er-Jahre vorherrschte, und bietet eine Fülle von Funktionen, darunter Chronograph mit Zwischenzeit, Countdown und mehrere Weckfunktionen, davon eine mit dem Lied »Oh! Susannah« – Sekonda pries das Modell daher als »erste Uhr, zu der

man tanzen kann« an (was Uhrenhistoriker angesichts der langen Geschichte der mechanischen Spieluhr mit dem Kopf schütteln lässt).

Obwohl sich Omega bei der Kreation der Beta 21 stark engagiert hatte, entwickelte das Unternehmen darüber hinaus auch weitere Elektro-Quarzwerke. In Zusammenarbeit mit dem Genfer Battelle-Institut schuf Omega das Werk Megaquartz f2.4Mhz (Kal. 1510). 1972 wurde eine überarbeitete Version dieses Werks (Kal. 1511) über einen Zeitraum von 63 Tagen im Observatorium von Neuchâtel geprüft, wobei man eine mittlere tägliche Gangabweichung von unter zwei Tausendstel Sekunden oder 0,73 Sekunden pro Jahr feststellte.[5] Aufgrund der hohen Genauigkeit verlieh das Observatorium dem Werk den besonderen Status »Marinechronometer«. Angesichts dieses Erfolges lancierte Omega 1974 eine Serie von 1.000 Exemplaren der Constellation Marine Chronometer Megaquartz. Die Uhr war mit ihrem kastenförmigen Gehäuse, der verschraubten Lünette und dem funktionellen Zifferblatt unverkennbar maritim gestaltet.

Andere Schweizer Uhrenhersteller, unter denen einige die Teilnahme am Projekt des CEH (Centre Electronique Horloger) zum Bau der Beta 21 abgelehnt hatten, entwickelten Quarzwerke in Eigenregie. So konzipierte Girard-Perregaux gemeinsam mit dem Elektronikingenieur Georges Vuffray die erste Quarzarmbanduhr des Hauses, die bei der Uhrenmesse in Basel 1970 vorgerstellt wurde.[6] Die Entwicklung des Beta 21 stellte einen wichtigen Meilenstein dar, jedoch hatte das Kaliber einige Nachteile. Bedingt durch die Größe des Werks sprachen die fertigen Uhren nur einen überschaubaren Käuferkreis an, außerdem waren die Batterien schon nach einem Jahr erschöpft. Insgesamt waren diese Uhren die Antithese zu den flachen, eleganten Uhren der 1960er-Jahre, und die am Projekt Beta 21 Beteiligten mussten schnell erkennen, dass die Zukunft der elektronischen Uhr in kleineren und flacheren Quarzwerken lag. Viele der großen Marken konzentrierten sich daraufhin auf die Entwicklung eigener Werke. 1975 stellte Piaget sein Quarzwerk Kaliber 7P vor. Mit nur 3,1 mm Höhe war es bei Erscheinen das kleinste Quarzwerk und ermöglichte es der Marke, ihr Angebot an flachen, eleganten Uhren um neue batteriebetriebene Modelle zu erweitern. Gegen Ende des Jahrzehnts stellten Ebauches SA und Ebauches-Fabrik ETA das außergewöhnlich flache Quarzwerk Delirium (Kal. 999.001) vor. Durch die

UNTEN LINKS Omega Marine Chronometer Constellation Megaquartz Ref. 398.0836, um 1974.
Elektro-Quarzarmbanduhr in Rechteckgehäuse aus Edelstahl und Gold mit Zentralsekunde, Datum und Metallarmband (Kal. 1511)
Länge 49 mm

UNTEN RECHTS Concord Delirium 1, hergestellt 1979.
Ultraflache Armbanduhr aus 18 Kt Gelbgold mit Quarzwerk (Kal. ETA Delirium)
Länge 34 mm

Integration von Uhrwerk und Gehäuseboden zu einer einzigen Baugruppe konnte eine Gehäusehöhe von nur 1,98 mm erzielt werden. Eine beachtliche Entwicklung für die Schweizer Quarzuhr: In weniger als einem Jahrzehnt war es gelungen, von der massiven Bauform der Beta 21 zu dieser ultraflachen Uhr zu gelangen.

In dieser von Innovationen und Wandel geprägten Zeit versuchten die Hersteller mechanischer Uhren, mit markanten und extravaganten Designs Aufmerksamkeit zu erwecken. Die elektronischen Uhren der frühen 1970er-Jahre waren von mächtiger Größe, und um mit dem neuesten Spielzeug am Handgelenk wirklich aufzufallen, bedurfte es stattlicher und farbenfroher Designs. Diese Tendenz zeigt sich am deutlichsten bei den Chronographen jener Zeit. Eine allgemeine Neigung, die mechanische durch die Quarzuhr zu ersetzen, gab es nicht, jedenfalls nicht unter den traditionellen Uhrenherstellern. Sogar Bulova, die Firma, die in den 1960er-Jahren mit ihrer elektronischen »Stimmgabeluhr« so erfolgreich gewesen war, stellte 1970 eine neue mechanische Automatikuhr vor und hob in der begleitenden Werbung hervor, dass 70 % aller Männer Uhren mit automatischem Aufzug bevorzugen.[7] In der Tat bildeten automatische Mechanikwerke die Grundlage für eine neue, moderne Gattung der Armbanduhr, die in den 1970er-Jahren aufkam und die Lücke zwischen eleganter Uhr und Sportuhr schloss. Gérald Genta war als Designer legendärer Modelle für Audemars Piguet, Patek Philippe und IWC – die Royal Oak, Nautilus und Ingenieur SL (s. S. 234–35) – der wichtigste Impulsgeber für diesen Trend. Um eine eigene elegante Sportuhr zu produzieren, sicherte sich derweil Vacheron Constantin die Dienste des Designers Jörg Hysek. Das Modell namens 222 wurde 1977 anlässlich des 222. Jahrestags von Vacheron vorgestellt. Die ergonomisch gestaltete Uhr war mit einem elegant integrierten Armband ausgestattet, das aus einem Edelstahlblock gefräste Gehäuse schloss mit einer verschraubten, gezahnten Lünette ab. Das Zifferblatt zeichnete sich durch Stabindizes und -zeiger und ein Datumsfenster aus. Die größere der beiden angebotenen Versionen hatte eine Gehäusebreite von 37 mm, war aber zugleich sehr flach, was durch das Kaliber 920 von LeCoultre ermöglicht wurde (das gleiche Basiskaliber wurde auch für die Royal Oak und Nautilus verwendet). Vacheron Constantin überarbeitete die Kaliber und verbaute sie unter der Bezeichnung VC1120.

UNTEN LINKS Vacheron Constantin Ref. 222, um 1977.
Automatikarmbanduhr aus Edelstahl mit Datumsanzeige und integriertem Armband (Kal. VC1120)
Durchmesser 37 mm

UNTEN RECHTS Le Phare, um 1970–1975.
Armbanduhr in verchromtem Stahlgehäuse mit Handaufzugswerk, Zifferblatt mit Sektorenanzeige und Datumsfenster
Breite 39,5 mm

Tonneau-, kissen- und ellipsenförmige Gehäuse waren damals bei mechanischen Uhren beliebt. Bei den Zifferblättern klassischer Uhren dieser Zeit herrschten trotz großer Variationsbreite schmale Stundenindizes und Stabzeiger vor. Farben spielten eine wichtige Rolle, weswegen Zifferblätter in verschiedenen Tönen angeboten wurden, vorwiegend in Grau, Gold, Blau und Schwarz, aber auch in Braun, Weinrot, Grün, Gelb und Rot. An eher klassisch gestalteten Uhren traf man diese Farben meist in satinierter Metallicausführung an, während sportliche Uhren oft matte Oberflächen zeigten. Auch Zifferblätter aus Stein wurden als besonderer Akzent verwendet. Um mit der Raumfahrtästhetik der neuen elektronischen Uhren mitzuhalten, setzten manche Hersteller auch auf Experimente im Zifferblattdesign und brachten neue Anzeigeformen wie retrograde Sektorenanzeigen heraus.

Rolex nahm wie in den 1960er-Jahren Überarbeitungen an seinen wichtigsten Modellen vor. Die meisten Anpassungen waren eher behutsamer Natur, und abgesehen von der Lancierung der Rolex Quartz mit Beta-21-Werk im Jahr 1970 (s. S. 233) und der Einführung von Quarzversionen der Modelle Day-Date und Datejust 1977 gab es kaum dramatische Veränderungen in den Rolex-Katalogen. Die Quarzmodelle von 1977 griffen auf Rolex' traditionelle Oyster-Designs zurück, wiesen aber einen etwas kantigeren Stil mit Tonneau-Gehäuse und flachen statt runden Armbandgliedern auf. Die Lünetten und Zifferblätter folgten mit Satinierungen und Stabindizes und -zeigern weitgehend der bewährten Rolex-Formensprache. Völlig neue gestalterische Wege ging jedoch die 1971 vorgestellte Explorer II. Dieses modernistisch gestaltete Modell war mit einem mattschwarzen Zifferblatt und Blockindizes mit Leuchtmasse ausgestattet. Die feste Lünette trug eine 24-Stunden-Skala für den zusätzlichen, orangefarbenen Stundenzeiger. Farblich abgesetzte Zeiger wurden in diesem Jahrzehnt oft eingesetzt, um zusätzliche zentrale Zeiger kenntlich zu machen, wie hier bei der Explorer II oder auch bei Chronographen mit zentralen Chronographenzeigern. Auch für einen deutlichen Kontrast zwischen Minuten- und Stundenzeiger griff man darauf zurück. 1970 stellte Omega eine Tiefseetaucheruhr mit sehr

UNTEN LINKS Rolex Oysterquartz Day-Date Ref. 19018, um 1978.
Quarzarmbanduhr aus 18 Kt Gelbgold mit Zentralsekunde, Tages- und Datumsanzeige und integriertem Armband aus 18 Kt Gelbgold (Kal. 5055)
Breite 36 mm

UNTEN RECHTS Rolex Oyster Perpetual Date Explorer II Ref. 1655, um 1972.
Automatikarmbanduhr aus Edelstahl mit Zentralsekunde, Datum, 24-Stunden-Anzeige und Metallarmband (Kal. 1570)
Durchmesser 37,5 mm

GEGENÜBER, OBEN Omega Seamaster 600 Ploprof Ref. 166.077, um 1970.
Übergroße Taucheruhr in Edelstahlgehäuse mit Zentralsekunde, Datum und Metallarmband (Kal. 1002)
Breite 55 mm

GEGENÜBER, UNTEN Corum für Rolls-Royce, späte 1970er-Jahre.
Armbanduhr mit Handaufzug in 18 Kt Weißgoldgehäuse in der Form eines Rolls-Royce-Kühlergrills (Kal. 9‴)
Breite 40 mm

großem Gehäuse, hervorragender Ablesbarkeit und kontrastierenden Zeigern in Weiß und Orange vor. Die 54 mm breite Uhr war für eine Wasserdichtheit bis 600 m Tauchtiefe ausgelegt. Die Lünette wies eine vollständige 60-Minuten-Skala auf und war zum Schutz so arretiert, dass sie nur gedreht werden konnte, wenn der große Drücker rechts heruntergedrückt war. Die Vorrichtung verhinderte ein unbeabsichtigtes Verdrehen der Lünette, deren Skala ein wichtiger Anhaltspunkt für die Tauchzeitberechnung war. So konnte sich der Taucher bei der lebenswichtigen Berechnung des verbleibenden Sauerstoffvorrats auf die abgelesene Tauchzeit verlassen. Der große, durch die Orangefärbung optisch hervorgehobene Minutenzeiger bildete einen Kontrast zum weißen Stundenzeiger und ermöglichte ein leichtes Ablesen der vergangenen Zeit auf der Minutenskala der Lünette.

Die 1970er waren ein Jahrzehnt der Modernisierung, der Experimente und der Neuausrichtung. Nach vielen Jahren nachhaltigen Wachstums hatte eine massive Marktkorrektur stattgefunden. Die Quarzkrise führte viele Uhrenhersteller in den Konkurs oder zwang sie zur Verschmelzung, sie sorgte aber auch zum Umdenken bei den führenden Unternehmen der Branche, die in der zweiten Hälfte der 1970er-Jahre den Grundstein für die Wiedergeburt der mechanischen Uhr legten. Diese Renaissance beruhte nicht nur auf Tradition, sondern auch auf mechanischer Leistungsfähigkeit. Es war klar, dass die elektronische Uhr bis auf Weiteres den Massenmarkt bestimmen würde, doch gerade diese Dominanz bot den Herstellern mechanischer Uhren eine Möglichkeit, sich abzusetzen. 1976 brachte Corum eine Armbanduhr heraus, die dem Kühlergrill eines Rolls Royce nachempfunden war. Das Modell war in Zusammenarbeit mit dem Autohersteller entstanden, verkörperte ultimativen Luxus und war mit einem traditionellen Handaufzugswerk ausgestattet. Trotz ihrer eklektizistischen Form hatte die Uhr einen klaren Bezug zur traditionellen Uhrmacherkunst – Armbanduhren in Kühlergrillform gehörten zu den ersten Formgehäuseuhren der 1920er-Jahre. In den 1980er-Jahren bedienten sich die Hersteller weiterhin aus der Fundgrube der Uhrendesigngeschichte, interpretierten Formen neu, passten sie an oder legten sie originalgetreu neu auf. Während die Uhr von Corum herauskam, arbeitete ein Team von Uhrmachern bei Audemars Piguet an einer der innovativsten Uhren der Dekade – einer extrem flachen mechanischen Uhr mit automatischem Aufzug, Ewigem Kalender und Mondphase (s. S. 240–241). Anspruchsvolle und hochfeine Modelle wie diese waren es, die den Herstellern mechanischer Uhren eine Zukunftsperspektive boten.

DAS BETA 21

Auf der Basler Uhrenmesse 1970 stellten die an der Entwicklung des Beta 21 beteiligten Hersteller eine breite Palette von Quarzmodellen vor. Das Kaliber Beta 21 war das außergewöhnliche Ergebnis einer Zusammenarbeit von Firmen, die eigentlich Konkurrenten waren. Das unter der Bezeichnung CEH (Centre Electronique Horloger) versammelte Konsortium entwickelte das Modul und die integrierten Schaltkreise, während Ebauches SA (heute ETA) die Quarzoszillatoren und mechanischen Werkteile fertigte. Unter den Beteiligten wurde die kommerzielle Fertigung von 6.000 Werken vereinbart. Insgesamt waren 20 Firmen bei der Werkentwicklung involviert, jedoch brachten nicht alle von ihnen Serienmodelle heraus.

Das Beta 21 war riesig und erforderte nicht zuletzt aufgrund seiner rechteckigen Form entsprechend große Gehäuse. Die Hersteller, die Serienmodelle mit dem Beta 21 entwickelten, warteten mit Modellen auf, die im Vergleich zu den schlichten, zurückgenommenen Designs des vorangegangenen Jahrzehnts ausgesprochen ungestüm wirkten. Dennoch waren es entschieden moderne Uhren mit neuester Technik, und obendrein handelte es sich um Statussymbole ihrer Träger. Es überrascht daher nicht, dass diese Uhren trotz ihres beachtlichen Formats auch in schweren 18-Kt-Goldgehäusen erhältlich waren, zur weiteren Betonung ihrer Wertigkeit oft mit integrierten Metallarmbändern.

Omega, das den Mikromotor für den Zeigerantrieb des Beta 21 entwickelt hatte, stellte sein Modell Electroquartz Beta 21 auf der Basler Uhrenmesse 1970 vor. Die Uhr hatte ein keilförmiges, recht klobiges und dickes Gehäuse. Sie war mit Zifferblättern in unterschiedlichen zeittypischen Farben mit satinierter Oberfläche erhältlich. Ein besonderes Merkmal war die Platzierung der Krone bei 9 Uhr. Die Uhren waren nach damaligem Standard mit lediglich bis zu fünf Sekunden Gangabweichung im Monat enorm genau und mussten nur selten gestellt werden. Da die Uhr nicht als Linkshändermodell konzipiert war, dürfte die Kronenposition ein dezenter gestalterischer Hinweis darauf gewesen sein, dass das

UNTEN Omega Constellation Electroquartz Ref. 196.005, um 1970.
Armbanduhr in großem, schwerem Edelstahlgehäuse mit Quarzwerk, Zentralsekunde und Datum (Kal. Beta 21)
Länge 42 mm

GEGENÜBER, OBEN Patek Philippe Ref. 3587/2, vorgestellt 1970, dieses Exemplar hergestellt 1972.
Armbanduhr in großem, schwerem 18-Kt-Gelbgoldgehäuse mit Quarzwerk, Zentralsekunde und Datum (Kal. Beta 21)
Breite 43 mm

GEGENÜBER, UNTEN Rolex Quartz Ref. 5100, um 1970.
Armbanduhr in schwerem 18-Kt-Gelbgoldgehäuse mit Goldarmband, Quarzwerk, Zentralsekunde und Datum (Kal. Beta 21)
Breite 38,5 mm

Stellen der Uhr zwar nicht ganz überflüssig, aber doch kaum notwendig war.

Patek Philippe brachte 1970 ein Modell mit dem Beta 21 unter der Referenznummer 3587 heraus. Auch dieses Modell war zu einer Zeit, als die meisten Uhren von Patek Philippe 32 bis 34 mm maßen und eine 36-mm-Uhr als übergroß galt, mit seinen 43 mm ausgesprochen wuchtig. Das schwere Modell war ausschließlich in Gelb- oder Weißgold und mit integriertem kräftigem Goldarmband erhältlich. Auch bei diesen Uhren dominierten farbige, satinierte Zifferblätter das Erscheinungsbild. Rolex lancierte ebenfalls ein wuchtiges Modell mit dem Beta 21. Diese große Quarzuhr mit Goldarmband war stilistisch an die eleganten Oyster-Modelle des Hauses angelehnt. Es handelte sich jedoch nicht um ein Oyster-Gehäuse, denn die Uhr war deutlich kantiger und mit einem gedrückten statt verschraubten Boden ausgestattet. Wie bei den Wettbewerbern auch wurde sie mit farbigen, satinierten Zifferblättern angeboten um den fließenden Sekundenzeiger voll zur Geltung zu bringen, stattete Rolex diese jedoch mit detaillierteren Kalibrierungen aus. Zwischen den schlanken, langen Minutenindizes war eine Fünftel-Sekunden-Skala untergebracht. Diese Einteilung unterstrich allein optisch die Ganggenauigkeit der Uhr und erinnerte an die Sekundenskala eines Chronographen. Die scharfen Anglierungen an Gehäuse und Armband des Modells drückten Modernität aus, während die klassische geriffelte Lünette beibehalten wurde.

ELEGANT-SPORTLICHE HYBRIDUHREN

Im Jahr 1970 wurde Gérald Genta von Georges Golay, dem Geschäftsführer von Audemars Piguet, mit dem Entwurf einer neuen wasserdichten Sportuhr beauftragt. Nach einer Prototypfertigung ging das als Royal Oak bekannt gewordene Modell 1972 in Produktion. Beim Design der Uhr hatte sich Genta von Taucherhelmen mit ihren verschraubten Sichtfenstern inspirieren lassen und daraus die achteckige Lünette der Royal Oak entwickelt. Das Gliederarmband ging nahtlos in ihr Gehäuse über und verlieh der Uhr ein zwar robustes, aber zugleich perfekt ausbalanciertes Erscheinungsbild. Das visionäre Modell erwies sich als eines der wichtigsten und einflussreichsten Uhrendesigns des 20. Jahrhunderts und erschien in einer für Audemars Piguet kritischen Phase während der turbulenten 1970er-Jahre. Die Royal Oak wurde zum Aushängeschild für Audemars Piguet und bestimmte in den folgenden Jahrzehnten die Geschicke des Unternehmens.

Mitte der 1970er-Jahre machte sich Patek Philippe, zweifellos beeindruckt vom Erfolg der Royal Oak, ebenfalls an die Entwicklung einer Sportuhr. Wieder war es Gérald Genta, der das Modell entwarf und mit ihm eine weitere Uhrenikone schuf. Das 1976 lancierte Modell mit großem, aber elegantem Gehäuse und integriertem Armband war gestalterisch an ein Bullauge angelehnt und erhielt den Namen Nautilus. Die Lünette war nicht wie bei der Royal Oak von oben aufgeschraubt, sondern in den »Ohren« an den Gehäuseseiten verschraubt.

Die Verwandtschaft der Royal Oak und Nautilus war nicht zu übersehen: Beide trugen unverkennbar die Handschrift von Genta. Ihre Zifferblätter waren strukturiert, bei der Royal Oak in Hufnagelmuster, bei der Nautilus mit horizontalen Rippen; die Stabzeiger, Indizes und Datumsfenster waren bei beiden Modellen fast identisch. Für Audemars Piguet und auch Patek Philippe stellten diese sportlichen Uhren eine Abkehr von ihren bisherigen eleganten Modellen dar. Dennoch waren sie ihrer großen Gehäuse (Royal Oak 39 mm, Nautilus 42 mm) und der robusten Anmutung zum Trotz überraschend flach (jeweils ca. 7 mm hoch), weswegen sie als universelle Modelle vermarktet werden konnten, die zum Taucheranzug ebenso passten wie zum Smoking. Die flache Bauweise der Modelle war zum Teil dem verbauten Werk zu verdanken. In der frühen Royal Oak wie auch

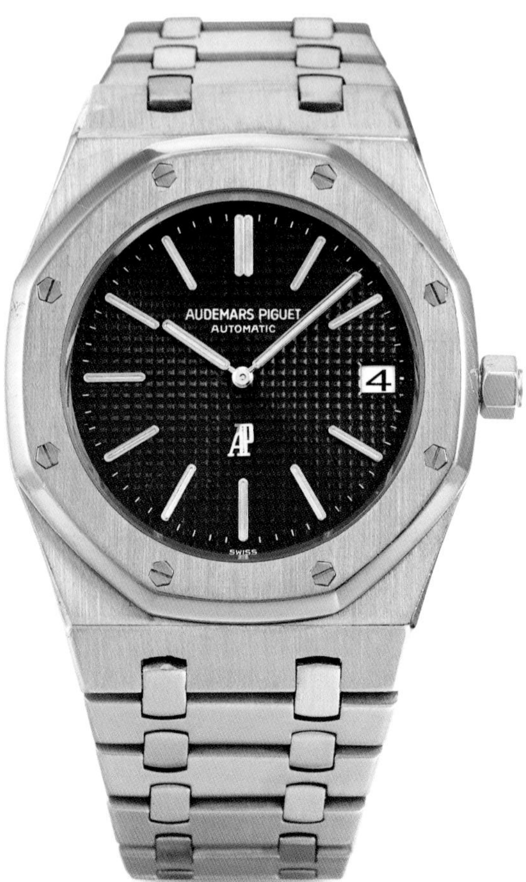

UNTEN LINKS Audemars Piguet Royal Oak Ref. 5402, um 1972.
Automatikarmbanduhr aus Edelstahl mit Datumsanzeige und integriertem Armband (Kal. 2121)
Breite 39 mm

UNTEN RECHTS International Watch Company Ingenieur SL, um 1976.
Antimagnetische Armbanduhr aus Edelstahl mit automatischem Aufzug, Zentralsekunde, Datumsanzeige und integriertem Metallarmband (Kal. 8541)
Breite 40 mm

UNTEN Patek Philippe Nautilus Ref. 3700/1A, vorgestellt 1976, dieses Exemplar hergestellt 1979. Automatikarmbanduhr aus Edelstahl mit Datumsanzeige und integriertem Armband (Kal. 28-255 C) Breite 42 mm

in der Nautilus arbeitete Jaeger-LeCoultres ultraflaches Automatikkaliber 920, das beide Manufakturen noch überarbeiteten, Audemars Piguet als Kal. 2121 und Patek Philippe als Kal. 28-255 C. Das Werk war ganze 3,05 mm flach und wurde von einem zentral aufgehängten Rotor mit Schwungmasse aus 21 Kt Gold aufgezogen.

Eine weiterer Zugang in dieser besonderen Stilkategorie war die Ingenieur SL. Die International Watch Company hatte das klassische Ingenieur-Modell 1975 eingestellt, wandte sich aber an Gérald Genta, der es zu einer modernen, sportlichen Uhr mit Metallarmband umgestalten sollte. 1976 wurde die Uhr mit ihrem unverkennbaren Genta-Design vorgestellt. Auch die Ingenieur SL war mit ihren 40 mm Durchmesser eine große Uhr und zudem mit 12,5 mm Gehäusehöhe auch merklich dicker als die Royal Oak und Nautilus, was dem größeren Kaliber 8541 von IWC geschuldet war. Dennoch war sie wie die Royal Oak und Nautilus mit ihrem klassisch-schwarzen Zifferblatt, den schmalen Stabindizes und -zeigern und dem kantigen Gehäuse und Metallarmband eine vielseitige Uhr.

Das radikale neue Styling dieser Uhren passte perfekt in die Zeit. Mit ihrem modernen, avantgardistischen Erscheinungsbild stellten die Royal Oak, Nautilus und Ingenieur SL die Konventionen des Uhrendesigns genau zu dem Zeitpunkt infrage, als die Zukunft der mechanischen Uhr auf dem Spiel stand. Die Einführung dieser Modelle zeigte eine langfristige Wirkung, die weit über die schwierige Zeit der Quarzkrise hinausreichte – für Audemars Piguet war die Royal Oak nicht weniger als die Rettung der Marke.[8]

CHRONOGRAPHEN

Marken wie Breitling, Heuer, Omega und Zenith, die in den 1960er-Jahren mit hohem Aufwand neue Chronographenwerke entwickelt hatten, brachten zu Beginn der 1970er eine ganze Reihe unterschiedlicher Chronographenmodelle heraus. Ein Vorteil des Chronographen lag für die Hersteller darin, dass er sich für innovative und aufwändige Zifferblattdesigns anbot. Elektronische Uhren mit analogen und LED-Anzeigen begannen mit ihren klobigen Gehäusen und futuristischen Looks die Welt im Sturm zu erobern, und so boten die mechanischen Chronographen den traditionellen Herstellern eine Möglichkeit, diesem Trend mit ebenso extravaganten Designs zu antworten. Außerdem konnten die Hersteller mechanischer Uhren zu Beginn der 1970er-Jahre den Vorteil nutzen, dass eine Reihe von Funktionen mit elektronischen Uhren noch nicht darstellbar war, was sich erst mit dem Aufkommen der LCD-Anzeige zur Mitte des Jahrzehnts änderte.

Die 1969 lancierte Monaco von Heuer wurde zu einem der bestimmenden Chronographenmodelle der 1970er-Jahre. Die markanten Linien des Gehäuses fanden eine Entsprechung in den horizontalen, linearen, erhabenen Stundenindizes des Zifferblatts. Die Hilfszifferblätter für das Stunden- und Minutenregister folgten ebenfalls der Gehäuseform und waren quadratisch mit abgerundeten Ecken. Die Platzierung der Krone bei 9 statt 3 Uhr wies gestalterisch darauf hin, dass es sich um eines der neuen Automatikmodelle handelte, das nicht von Hand aufgezogen werden musste. Obwohl die Monaco mit ihrer puristischen Formensprache ein Kind der 1960er-Jahre war, ließen das farbenfrohe blaue Zifferblatt mit roten Markierungen, die ungewöhnlichen Stundenindizes und das große kissenförmige Gehäuse eine neue Ästhetik der 1970er-Jahre erkennen.

Auch Omega kreierte in dieser Zeit ungewöhnliche und auffällige Modelle mit farbenfrohen und innovativen Zifferblattdesigns. Nach der Entwicklung eines Automatikchronographenkalibers in Zusammenarbeit mit Lemania brachte Omega in den frühen 1970ern eine Reihe neuer Modelle heraus, für die die

UNTEN LINKS Zenith El Primero
Ref. 01-0200-415, um 1975.
Armbandchronograph aus Edelstahl in Kissenform mit Datumsanzeige und Hilfszifferblättern für konstante Sekunde, 30-Minuten- und 12-Stunden-Register, Datumsfenster, Innenlünette mit Tachymeterskala, Stahlarmband (Kal. 3019PHC)
Breite 40 mm

UNTEN RECHTS Heuer Monaco
Ref. 1133B, um 1971.
Armbandchronograph aus Edelstahl in Kissenform mit automatischem Aufzug, blauem Zifferblatt, Hilfszifferblättern für 30-Minuten- und 12-Stunden-Register und Datumsfenster (Kal. 11)
Breite 40 mm

unten abgebildete Ref. 176.005 ein typisches Beispiel ist. Mit einem Gehäusemaß von 42×49 mm handelte es sich um eine stattliche Uhr, die im Vergleich zu vorherigen Generationen geradezu gigantisch wirkte. Beim Zifferblattlayout wich man vom gewohnten Chronographendesign mit standardisierten Hilfszifferblättern ab. Am auffälligsten war der zentrale Chronographenminutenzeiger: Der Zeiger mit orangefarbener, geflügelter Spitze saß in Ruhestellung unterhalb der zentralen Chronographensekunde und zeigte bei aktivem Chronographen die Minuten am Zifferblattrand an. Bei 6 Uhr befand sich ein herkömmliches Stundenregister und bei 9 Uhr eine Kombination aus konstanter Sekunde und 24-Stunden-Anzeige mit Aufteilung in Tages- und Nachtstunden.

1976 ging Omega einen kühnen Schritt weiter und interpretierte den Chronographen neu in Gestalt einer elektronischen Hybriduhr mit Analog- und LCD-Anzeige. Die auffällige und große Uhr wies ein Rechteckgehäuse auf, das horizontal am Handgelenk saß. Mit ihrer Größe von 45,3 mm bei 12,8 mm Dicke und den ungewöhnlichen Anzeigen wirkte sie wie ein Minicomputer. Auf der linken Seite zeigten zwei übereinander angeordnete LCD-Displays die Chronographenfunktionen in Minuten, Stunden und Hundertstelsekunden an. Das Modell von 1976 namens Seamaster Chrono-Quartz wurde passend zu den Olympischen Spielen von Montreal lanciert.

Obwohl all diesen modernen Vertretern auch konventionellere Modelle gegenüberstanden, wurden klassische Chronographen zunehmend seltener. Rolex bot weiterhin seine Daytona-Modelle an, die gegenüber den 1960er-Jahren nur wenige stilistische Änderungen erfuhren. Andere Firmen wie Breitling und Omega führten ihre Modelle wie Navitimer und Speedmaster weiter und boten sie zusätzlich in moderner gestalteten Varianten an. Im Gegensatz dazu zog sich Patek Philippe fast vollständig aus dem Chronographensegment zurück: 1969 stellte man die Produktion des letzten Standardchronographen, der Ref. 1463, ein, und 1971 lief der Schlepp-

UNTEN LINKS Omega Seamaster Ref. 176.005, um 1972.
Armbandchronograph in kissenförmigem Edelstahlgehäuse mit Datumsanzeige, blauem Zifferblatt, zentralem Chronographen-Minutenzeiger und Hilfszifferblättern für Stundenmessung und konstante Sekunde kombiniert mit 24-Stunden-Anzeige
(Kal. 1040)
Breite 42 mm

UNTEN RECHTS Omega Chrono-Quartz Montreal Olympics Ref. 196.0052/ 396.0839, um 1976.
Quarzarmbanduhr aus Edelstahl mit zwei LCD-Anzeigen für die Stoppuhrfunktion und analoger Zeitanzeige mit Datum (Kal. 1611)
Breite 47 mm

zeigerchronograph Ref. 1436 aus (der Chronograph mit Ewigem Kalender Ref. 2499 blieb allerdings in den gesamten 1970er-Jahren im Programm). Eine besondere Ironie der Uhrengeschichte liegt darin, dass einer der später begehrtesten Vintage-Chronographen, die Rolex Daytona, Erzählungen zufolge in den 1970er-Jahren eher ein Ladenhüter war. Auch die Tatsache, dass sich Audemars Piguet, Patek Philippe und Vacheron Constantin aus dem Chronographenmarkt zurückzogen, weist darauf hin, dass sich die Nachfrage nach klassischen Armbandchronographen Mitte der 1970er-Jahre auf dem absoluten Tiefpunkt befand. Patek Philippe, traditionell führend bei klassischen Chronographen, sollte erst 1998 wieder einen Standardchronographen (ohne Ewigen Kalender) ins Programm nehmen.

RECHTS Breitling Chrono-Matic Cosmonaute Ref. 1809, um 1970.
Armbandchronograph aus Edelstahl mit automatischem Aufzug, 24-Stunden-Zifferblatt mit nachleuchtenden Stundenindizes, Leuchtzeigern, Hilfszifferblättern für 30-Minuten- und 12-Stunden-Register, Datumsfenster, Rechenschieberskalen am Zifferblattrand und Drehlünette (Kal. 14‴)
Durchmesser 48 mm

GEGENÜBER Rolex Oyster Cosmograph Daytona Ref. 6265, um 1978.
Armbandchronograph aus 18 Kt Gelbgold mit Handaufzug, Hilfszifferblättern für konstante Sekunden-, 30-Minuten- und 12-Stunden-Register, Lünette mit Skala »Units per Hour«, Goldarmband (Kal. 727)
Durchmesser 37 mm

ROLEX
OYSTER
SUPERLATIVE CHRONOMETER
OFFICIALLY CERTIFIED
COSMOGRAPH
SWISS
UNITS PER HOUR

AUDEMARS PIGUET PERPETUAL CALENDAR

Inmitten der Quarzkrise fassten drei Uhrmacher bei Audemars Piguet, die die verheerenden Auswirkungen für die mechanische Uhrenindustrie hautnah miterlebten, einen ehrgeizigen Plan zur Wiederbelebung der Leidenschaft für die traditionelle Uhrmacherkunst. Ihr Ziel war die Schaffung einer ebenso eleganten wie anspruchsvollen Automatikarmbanduhr mit Ewigem Kalender. Die Uhrmacher Michel Rochat, Jean-Daniel Golay und Wilfred Berney stellten ihren Prototyp 1977 fertig. Georges Golay, der Geschäftsführer von Audemars Piguet, ließ sich von dem Projekt überzeugen. Erstaunlicherweise gab Golay die Fertigung von 159 Exemplaren in Auftrag – denn auch wenn diese Anzahl gering erscheint, bedeutete sie, gemessen am Arbeits- und Zeitaufwand für diese Uhren, eine enorme Anstrengung. Bedenkt man, dass die Zeit der mechanischen Vollkalenderuhren gegen Ende der 1960er-Jahre vorbei zu sein schien, lag in dem Vorhaben gerade in der turbulenten zweiten Hälfte der 1970er ein erhebliches Risiko. Schließlich entsprachen 159 Armbanduhren mit Ewigem Kalender annähernd der Gesamtproduktion von Kalenderuhren durch Audemars Piguet seit 1924.[9]

Audemars Piguet präsentierte das neue Modell unter der Bezeichnung Ref. 5548 Quantième Pérpétuel auf der Basler Uhrenmesse von 1978, wo es als das flachste Automatikwerk mit Ewigem Kalender und Mondphase vorgestellt wurde. Das aus 292 Einzelkomponenten aufgebaute Werk (Kal. 2120 QP), das auf dem Basiskaliber LeCoultre 920 beruhte, war ganze 3,95 mm flach. Von außen präsentierte sich die Uhr klassisch und elegant. Das Zifferblattdesign stammte von Jacqueline Dimier, die 1975 zu Audemars Piguet gestoßen war. Das weiße Zifferblatt war mit schmalen Stabindizes und -zeigern ausgestattet, die Kalenderanzeigen in Schwarz gehalten und die Mondphasenscheibe in Gold mit blauen Emailleakzenten.[10] Das runde Gehäuse war mit einer abgerundeten Stufenlünette und dezenten Bandanstößen ausgestattet. Mit ihren 36 mm Durchmesser und nur 7 mm Höhe stellte die Uhr eine selbstbewusste Rückkehr zur mechanischen Armbanduhr mit klassischen Maßen dar und stand in deutlichem Kontrast zu den Riesenuhren des Quarzzeitalters.

In den finstersten Zeiten der Quarzkrise hielt kaum jemand eine Renaissance der mechanischen Uhr für möglich. Audemars Piguets Quantième Pérpétuel wies jedoch in vielfacher Hinsicht einen Weg in die Zukunft: Das anspruchsvolle, komplizierte mechanische Werk wie auch das klassisch-schöne Design waren Motive, die von vielen Herstellern im folgenden Jahrzehnt dankbar aufgenommen wurden.

UNTEN Audemars Piguet 12½‴ Kaliber 2120/2800, wie verbaut im Modell Ref. 5548, eingeführt 1978.
Detailansicht Werkrückseite/Rotor und Zifferblattseite
Durchmesser 28 mm, Höhe 3,95 mm

GEGENÜBER Audemars Piguet Ref. 5548, vorgestellt 1978.
Automatikarmbanduhr aus 18 Kt Gelbgold mit Ewigem Kalender und Mondphasenanzeige (Kal. 2120)
Durchmesser 36 mm

JAN FEB MAR APR MAY JUN JUL AUG SEP OCT NOV DEC
SUN MON TUE WED THU FRI SAT
AUDEMARS PIGUET
AUTOMATIC
SWISS

FARBIGE ZIFFERBLÄTTER

Schon die 1960er-Jahre kannten Uhren mit Zifferblättern aus Stein, aber erst in den 1970er-Jahren gelangten farbige Zifferblätter zur vollen Blüte. Führendes Unternehmen in diesem Genre war Piaget, das eine außergewöhnliche Auswahl von Uhren anbot, die mit traditionellen Uhrendesignkonventionen brachen. 1969 entwickelte der Hersteller unter der Leitung von Valentin Piaget die »21st Century Collection«, eine neue avantgardistische Linie mit spektakulären Uhren, darunter innovative Spangenarmbanduhren und aufwändige Anhängeuhren, die mit Farben, Texturen und Asymmetrien spielten. Auf der Basler Uhrenmesse von 1970 zeigte Piaget ein wahres Kaleidoskop von farbigen Zifferblättern aus Koralle und Halbedelsteinen wie Jade, Lapislazuli, Opal, Türkis und Tigerauge.[11] Mit ihren natürlichen Einschlüssen und Schlieren erweckten die polierten Steinzifferblätter die Anmutung von Unikaten. Zu den faszinierendsten Uhren von Piaget aus dieser Zeit zählen die Armreifuhren, die unter der Leitung des an der Genfer Kunstgewerbeschule ausgebildeten Jean-Claude Gueit entstanden. Diese großen Uhren waren anatomisch an den Verlauf des Handgelenks angepasst und bildeten so ein komfortables Spangenarmband. Die Steinzifferblätter dieser Zeit passten perfekt zu diesen Designs, da sie lebhafte Kontraste zwischen den großformatigen, netzartigen Goldarmbändern und den farbenfrohen Zifferblättern ohne jegliche Markierungen ermöglichten.

1970 sorgte Corum für eine originelle, farbenfrohe Neuerung in Gestalt von Zifferblättern aus Vogelfedern.[12] Um die Federn bestmöglich zur Geltung kommen zu lassen, wurden sie meist in breite Gehäuse verbaut. Bei den Federzifferblättern verzichtete man, abgesehen vom Corum-Logo bei 12 Uhr, meist auf Markierungen, einige Versionen verfügten jedoch über Viertelstundenindizes. Die natürliche Bänderung der Federn erzeugte eine Optik, die der von Steinzifferblättern nicht unähnlich war, ihr mattes Schimmern und die dezente Oberflächenstruktur sorgten jedoch für ein unverwechselbares Aussehen.

UNTEN LINKS Piaget Ref. 9212, um 1970.
Spangenarmbanduhr aus 18 Kt Gelbgold mit Lapislazuli und Nephrit (Kal. 9P)
Breite 43 mm

UNTEN RECHTS Piaget, hergestellt 1975.
Anhängeuhr aus 18 Kt Gelbgold in ovaler Form mit Zifferblatt aus Tigerauge und Goldkette (Kal. 9P)
Breite 25 mm

GEGENÜBER Piaget Esclave
Ref. 9467, um 1974.
Spangenarmbanduhr aus 18 Kt Weißgold mit Malachitzifferblatt (Kal. 9P)
Breite 61,5 mm

PIAGET

In den 1970er-Jahren konnten Marken im Luxussegment wie Piaget und Patek Philippe mit Uhren- und Schmucksets ihre besondere Exklusivität und herausragende Handwerkskunst unter Beweis stellen. In einer Zeit, in der der Uhrenmarkt durch viele neue Anbieter, darunter auch Technologieunternehmen ohne Uhrmachertradition, herausgefordert wurde, konnte so die eigentliche Bedeutung der *haute horlogerie* herausgestellt werden. Die Armreife, Ohrhänger und Ringe dieser Ensembles waren oft mit den gleichen Halbedelsteinen dekoriert, die auch für Zifferblätter verwendet wurden. Die Abbildung gegenüber zeigt ein besonders schönes Set aus Uhr mit passendem Schmuck von 1977. Der Pavé-Diamantbesatz des Zifferblatts weist auf einen neu aufkommenden Trend hin, der sich in den 1980er-Jahren weiter durchsetzen sollte.

RECHTS Corum, hergestellt in den 1970er-Jahren.
Armbanduhr aus 18 Kt Weißgold in breiter Tonneau-Form mit federbesetztem Zifferblatt und diamantbesetzter Lünette (Kal. 7001)
Breite 42 mm

GEGENÜBER Patek Philippe Ref. 4363/1, hergestellt 1977.
Schmuckensemble aus 18 Kt Gelbgold mit Türkis- und Diamantbesatz, bestehend aus Armbanduhr, einem Paar Ohrringe und einem Ring (Kal. 16.250)
Breite 32 mm

PATEK PHILIPPE
GENÈVE

KOMPOSITMATERIALIEN

1970 bot Tissot eine Reihe kurz zuvor eingeführter Fiberglasmodelle der Kollektion Sidral an. Die Modelle wurden als jugendlich und sportlich vermarktet, und Tissots Werbematerialien bemühten sich, das ultramoderne Gehäusedesign hervorzuheben.[13] Tissot betonte die günstigen Eigenschaften von Fiberglas: Es war alterungsbeständig, unempfindlich gegen Rost und Verformungen, undurchlässig und besonders stoßfest. Mit ihrem bahnbrechenden Design nahmen Tissots Fiberglasuhren den Einsatz von Kunststoff als Uhrenmaterial vorweg, der in Kombination mit der weiteren Verbreitung von Quarzwerken das Uhrendesign bis weit in die 1980er-Jahre revolutionierte und einen Wandel einläutete, der die Preise sinken ließ und ein neues Genre von Modeuhren ermöglichte. Die Kompositgehäuse verzichteten außerdem auf verschleiß- und beschädigungsanfällige Vergoldungen oder Verchromungen. Auch Breitling und Heuer experimentierten mit Verbundmaterialien und brachten jeweils eine Reihe mechanischer Chronographen mit Kompositgehäusen heraus.

UNTEN Tissot Sideral, um 1970.
Automatiktaucheruhr aus Fiberglas, Kautschuk und Stahl mit Datum und Drehlünette mit 60-Minuten-Skala (Kal. 784-2)
Breite 40 mm

UNTEN Tissot Actualis Autolub, um 1975.
Verchromte Armbanduhr mit Handaufzugswerk aus spritzgegossenem Kunststoff (Kal. 2270)
Breite 36 mm

Anlässlich der Basler Uhrenmesse von 1971 ging Tissot noch einen Schritt weiter und stellte ein vollkommen neues mechanisches Werk vor, das, einschließlich Platinen, Brücken, Räderwerk und Hemmung, fast vollständig aus Kunststoff bestand. Die Entwicklung des Werks mit der Bezeichnung Astrolon hatte bereits 1964 begonnen. Es war auf eine kostengünstige Fertigung und Montage ausgelegt, außerdem erforderten die eingesetzten Kunststoffe keine Schmierung, waren nicht korrosionsanfällig, aber komplett antimagnetisch und äußerst unempfindlich gegen Stöße. Da auf viele traditionelle Arbeitsschritte wie Ölen und Anziehen von Schrauben verzichtet werden konnte, ließ sich die Produktion weitgehend automatisieren. Nach Angaben des Herstellers konnte das Werk mit einigen Justierungen und zusätzlichen Arbeiten sogar Chronometergenauigkeit erreichen.[14]

DANIELS
LONDON

GEORGE DANIELS

GEGENÜBER George Daniels, hergestellt 1970 und ausgeliefert an Edward Hornby am 1. Januar 1971.
Taschenuhr aus 18 Kt Gelbgold mit zwei Federhäusern, Ein-Minuten-Tourbillon, Federchronometerhemmung und retrogradem Stundenzeiger
Durchmesser 62 mm

Auch in den dunkelsten Stunden der Quarzkrise glaubten einige wenige Unverzagte an die Zukunft der mechanischen Uhr. Zwar hatten die traditionellen Hersteller von Uhrwerken den Kampf um die Genauigkeit längst gegen die Quarzuhr verloren, jedoch konnte die mechanische Uhr noch immer eine Exklusivität, Individualität und handwerkliche Qualität bieten, die mit den Schaltkreisen einer elektronischen Uhr niemals zu erreichen war. Inmitten der Turbulenzen, die der Vormarsch der elektronischen Uhren auslöste, tauchte ein Name auf, der dazu beitragen sollte, dass sich die mechanische Uhr ihren Stellenwert zurückerobern konnte, und der den Aufstieg einer neuen Gruppe von unabhängigen Uhrmachern verkörperte.

Der englische Uhrmacher Dr. George Daniels begann seine Laufbahn zunächst mit Uhrenreparaturen. Eine zufällige Begegnung mit Cecil Clutton, wie Daniels ein Liebhaber klassischer Automobile, gab dem Schaffen Daniels' eine neue Richtung. Clutton war ein namhafter Sammler antiker Uhren und weckte mit seiner Leidenschaft Daniels' Interesse. In den 1960er-Jahren entwickelte sich Daniels zu einem Liebhaber und Kenner der Uhrmacherkunst von Abraham-Louis Breguet und ließ diese Kenntnisse in seine eigenen Entwürfe einfließen. 1969 schuf er seine erste Uhr, die für Cecil Clutton bestimmt war. Es handelte sich um eine Taschenuhr aus Gold und Silber mit Ein-Minuten-Tourbillon und Chronometerhemmung mit Wippe. Von 1970 bis 1974 fertigte und verkaufte Daniels sieben weitere Uhren, basierend auf dem Originalentwurf für Clutton. Gegenüber ist die vierte von Daniels angefertigte Uhr abgebildet, die im Januar 1971 an den Sammler Edward Hornby verkauft wurde. Hornby erinnerte sich später: »Ich kann mich noch gut des Tages entsinnen, als er (George Daniels) mir sagte, dass er vorhabe, eigene Uhren zu fertigen, (und Daniels anmerkte): ‚Und Sie werden eine davon bekommen.' ‚Einen Moment', antwortete ich, ‚das ist schön, aber wie viel werden sie kosten?' – ‚Eine Menge', sagte er, ‚aber Sie werden trotzdem eine besitzen.'«[15]

Abgesehen von der herausragenden Qualität der Uhren Daniels' war besonders bemerkenswert, dass er fast alle Komponenten selbst herstellte. Er stand damit in deutlichem Gegensatz zur übrigen Uhrenindustrie, die ihre Komponenten von unterschiedlichsten Zulieferern bezog – Gehäuse, Zifferblätter, Werkteile oder komplette Werke wurden von spezialisierten Betrieben geliefert. Daniels' Alleinstellungsmerkmal war, dass er entschlossen war, seine Uhren fast komplett alleine zu entwerfen und anzufertigen. Er entschied sich von Anbeginn an, ausschließlich selbst entworfene Uhren zu bauen, die sich durch interessante mechanische Funktionen und – bei aller Verehrung für die Arbeit Breguets – eine ganz eigene Daniels-Ästhetik auszeichnen sollten.

Jede der Daniels-Uhren der frühen Serie trug ein versilbertes Zifferblatt, das mit drei unterschiedlichen Dekoren guillochiert war und am Zifferblattrand eine satinierte Sektorenanzeige für die durch römische Ziffern dargestellten Stunden aufwies. Das Design war von faszinierender Klarheit: Die Minutenskala auf einem satinierten Ring am Zifferblattrand war klar abgegrenzt und wurde nur durch den schmalen Ring für die kleine Sekunde im unteren Teil des Zifferblatts durchbrochen. Die beeindruckende retrograde Stundenanzeige ließ den Stundenzeiger auf die linke Seite der Sektorskala zurückschnellen, wenn 1 Uhr erreicht war. Das Werk war mit einer Chronometerhemmung nach Earnshaw ausgestattet, die in einem Tourbillon-Käfig aus poliertem Stahl aufgehängt war. Die faszinierende Mechanik des Tourbillons und seine extrem komplexe Bauweise sorgten seit jeher für größte Bewunderung unter Uhrenliebhabern. Daniels' Entscheidung für das Tourbillon war in gewisser Weise vorausschauend, denn unter anderem die Realisierung des Tourbillons im beengten Format der Armbanduhr trug in den 1980er-Jahren zu einem neu erstarkenden Interesse an mechanischen Uhren bei.

Edward Hornby, der Eigentümer der gegenüber abgebildeten Uhr, war ein begeisterter Sammler antiker Uhren, besorgte sich aber auch eine der neuen Quarzuhren der 1970er-Jahre. George Daniels erinnerte sich später daran, dass Hornby herausfinden wollte, wie sich seine Daniels-Uhr wohl gegenüber der neuen Quarzuhr behaupten würde, und sich entschied, beide zu testen: »Der Test dauerte acht Monate, bis die Batterie erschöpft war und der Sieg an die Tourbillon-Uhr ging. Ihre Gangabweichung bei Raumtemperatur betrug 0 bis 3 Sekunden pro Tag.«[16]

THE NEW SWATCH. GRANITA DI FRUTTA
THE ONLY WATCH THAT MAKES SCENTS.

1980–1989

DIE 1980er-JAHRE

In den frühen 1980er-Jahren begann die anfängliche Begeisterung für elektronische Uhren allmählich abzuebben. Es war klar, dass die Quarzuhr bis auf Weiteres den Massenmarkt dominieren würde, jedoch zeigten sich erste Anzeichen für eine aufkeimende Renaissance der mechanischen Uhr. Das Jahrzehnt wurde von zwei Hauptthemen bestimmt, angesiedelt an komplett gegensätzlichen Polen des Stilspektrums – die Uhr als opulentes Luxusobjekt einerseits und nostalgische Gefühle für Uhren aus der Vergangenheit andererseits. Die schwierige Zeit der 1970er-Jahre hatte viele traditionelle Uhrenmarken hinweggefegt, andere waren verschmolzen oder eingemottet worden. Zu Beginn des neuen Jahrzehnts war die Krise keineswegs ausgestanden, jedoch gelang es weitsichtigen Uhrmachern und Investoren, die an die Zukunft der mechanischen Uhr glaubten, dem Schicksal mancher der ältesten Uhrenhersteller eine spektakuläre Wendung zu geben.

Die beste Methode, um die Qualität und Exklusivität ihrer Uhren in den Vordergrund zu stellen, bestand für die traditionellen Hersteller darin, die Uhrwerke sichtbar zu machen. Eine der großen Paradoxien luxuriöser mechanischer Uhren lag darin, dass ihr Innenleben trotz der aufwändigen Finissierungen dem Auge gänzlich verborgen blieb. Skelettierte Uhren, die dem Betrachter den Blick in das Uhrwerk ermöglichten, waren bis zu den 1980er-Jahren sehr selten, aber angesichts eines neuen Interesses an mechanischen Werken führten einige Marken Skelettuhren neu ein. Bei der Basler Uhrenmesse von 1980 präsentierte die International Watch Company skelettierte Taschen- und Armbanduhren mit diamantbesetzten Lünetten, die die Exklusivität traditioneller mechanischer Uhren herausstellten. Als Zeichen ihrer Einzigartigkeit trugen die Werke einer limitierten Serie dieser Uhren die Signatur des jeweiligen IWC-Uhrmachers, der sie angefertigt hatte.[1] Auch Corum stellte 1980 ein neues Skelettmodell unter dem Namen Golden Bridge vor. Die Uhr war auf der Vorder- und Rückseite verglast und mit einem linear angeordneten Werk ausgestattet, bei dem das Federhaus an dem einen und die Unruh am anderen Ende positioniert war. Dieses wirkungsvolle Design ließ das Uhrwerk wie ein Ausstellungsstück erscheinen, das in einer Vitrine zu bewundern war.

UNTEN Corum Golden Bridge, vorgestellt 1980.
Skelettierte Armbanduhr aus 18 Kt Gelbgold mit linear angeordnetem Werk
Länge 32 mm

GEGENÜBER International Watch Company Ref. 5211, frühe 1980er-Jahre.
Skelettierte Taschenuhr aus 18 Kt Gelbgold mit Diamantbesatz (Kal. 952)
Breite 42 mm

Auch Gehäuseböden mit Sichtfenstern waren in der Zeit vor 1980 extrem selten und fast ausschließlich Uhren vorbehalten, die zu Ausstellungszwecken angefertigt wurden. Diese stellten jedoch nicht nur eine hervorragende Möglichkeit für den Uhrmacher dar, die Qualität seiner Arbeit zu zeigen, sondern fungierten auch als Verkaufshilfe für den Händler, der die Uhr nur umdrehen musste, um seinem Kunden das Werk zu demonstrieren. Anfangs gab es gewisse Vorbehalte in Hinblick auf die Verwendung von Glasböden – man war besorgt, dass dies die Ästhetik des Gehäuses stören oder schlimmstenfalls als unnötige Spielerei wahrgenommen werden könnte. Als Patek Philippe Mitte der 1980er-Jahre neue Modelle mit Ewigem Kalender und Ewigem Kalender mit Chronograph lancierte, wurden diese jeweils in zwei Versionen mit unterschiedlichen Referenznummern angeboten: die 3940 und 3970 mit Metallboden, die 3941 und 3971 dagegen mit Sichtfenstern aus Saphirkristallglas. Die Meinungen darüber, welche Option für derart feine Modelle die geeignetere wäre, blieben geteilt, sodass gegen Ende der 1980er-Jahre zwar die Referenznummern zu 3940 und 3970 zusammengefasst wurden, beide Modelle aber wahlweise mit oder ohne Sichtfenster erhältlich blieben. Da die Faszination für die Mechanik des Uhrwerks wieder zunahm, fanden in den folgenden Jahrzehnten auch Sichtfensterböden weitere Verbreitung.

Die Bemühungen, Markentraditionen in den Vordergrund zu stellen, führten zudem zur Wiederbelebung historischer Modelle. 1979 hatte Jaeger-LeCoultre die berühmte Armbanduhr Reverso neu aufgelegt – die schwierige Phase der späten 1970er-Jahre schien die passende Zeit zu sein, dieses legendäre Modell erneut aufleben zu lassen, war es doch erstmals zu Zeiten der Wirtschaftskrise der 1930er erschienen. Cartier brachte 1985 das Modell Pasha wieder auf den Markt; die ursprünglich 1943 kreierte Uhr erhielt eine zeitgemäße Überarbeitung durch den Designer Gérald Genta. Ein weiteres Cartier-Modell, das ins Rampenlicht zurückkehrte, war 1978 die Santos, die

UNTEN LINKS **Patek Philippe Ref. 3971, vorgestellt 1986.**
Armbandchronograph aus 18 Kt Gelbgold mit Ewigem Kalender und Hilfszifferblättern für 30-Minuten-Register kombiniert mit Schaltjahresanzeige, Datum mit Mondphasenfenster und konstante Sekunde mit 24-Stunden-Anzeige (Kal. CH27-70 Q)
Durchmesser 36 mm

UNTEN RECHTS **Cartier Pasha, um 1988.**
Automatikarmbanduhr aus 18 Kt Gelbgold mit Zentralsekunde und Datumsanzeige (Kal. 20)
Durchmesser 38 mm

GEGENÜBER **Der Gehäuseboden der Patek Philippe Ref. 3971 mit Sichtfenster aus Saphirkristallglas.**

PATEK
PHILIPPE
GENEVE

perfekt zu dem in den 1980er-Jahren herrschenden Trend der Bimetallgehäuse und -armbänder passte. Uhren aus Metallkombinationen tauchten schon seit den 1970er-Jahren vermehrt in den Katalogen der Hersteller auf, ihren Höhepunkt erreichte die Nachfrage nach Armbanduhren aus Stahl und Gold jedoch in den 1980er-Jahren. Einige Firmen setzten auch Kombinationen aus Edelmetallen ein, um das Prestige bestimmter Modelle zu unterstreichen. 1985 brachte Rolex das Tridor-Armband heraus, das, wie der Name vermuten lässt, aus Gold in drei Farben bestand. Die äußeren Glieder waren aus Weißgold mit Grauton, die mittleren bestanden aus Gelb-, Rosé- und Weißgoldbändern. Auch mit anderen Materialien wie Keramik, Titan und Aluminium wurde experimentiert. Die International Watch Company arbeitete mit dem Designer Ferdinand Alexander Porsche an einer neuen, modernen Armbanduhrenlinie und lancierte 1978 eine Uhr aus geschwärztem Aluminium mit Kompass, gefolgt von weiteren Modellen wie der ersten komplett aus Titan bestehenden Taucheruhr im Jahr 1984. Ende der 1980er-Jahre stellte IWC eine Spezialversion ihres Modells Da Vinci mit Ewigem Kalender vor, für die Zirkonoxidkeramik zum Einsatz kam (s. S. 277).

Die klassisch gestalteten Modelle dieser Zeit setzten durchgehend auf traditionelle, abgerundete Lünetten und kurze Bandanstöße. Meist wurden bescheidene Gehäusemaße bevorzugt; die großen, klobigen Sportuhren der 1970er-Jahre verloren an Bedeutung. Farbige Zifferblätter waren nach wie vor anzutreffen, jedoch setzten sich reinweiße Blätter immer weiter durch, und die Farbpalette beschränkte sich weitgehend auf Silber, Champagnerfarben, Schwarz und Tiefblau. Silber- und champagnerfarbene wie auch blaue Zifferblätter wurden meist satiniert angeboten. Weiße Zifferblätter waren gelegentlich in mattiertem Finish anzutreffen, häufig jedoch in Anlehnung an traditionelle Emaillezifferblätter glänzend oder hochglänzend gehalten. Schwarze Zifferblätter waren glänzend, matt oder satiniert anzutreffen. Bei den Ziffern wurden meist schmale Ausführungen bevorzugt, Stabindizes und römische Ziffern waren besonders beliebt.

UNTEN LINKS Cartier Santos, 1980er-Jahre.
Damenarmbanduhr aus Edelstahl und Gold mit Zentralsekunde (Kal. 8‴)
Breite 23,5 mm

UNTEN RECHTS International Watch Co. Ocean, um 1984.
Automatikarmbanduhr aus Titan mit Zentralsekunde und Datumsanzeige (Kal. 375)
Durchmesser 43 mm

GEGENÜBER, OBEN Rolex Oyster Perpetual GMT-Master Ref. 16753, sog. »Root Beer«, um 1984.
Armbanduhr aus Edelstahl und Gold mit automatischem Aufzug, zweiter Zeitzone, Datum und Metallarmband (Kal. 3075)
Durchmesser 40 mm

GEGENÜBER, UNTEN Rolex Oyster Perpetual Day-Date Tridor, Ref. 18039, um 1985.
Automatikarmbanduhr aus 18 Kt Weißgold mit Zentralsekunde, Wochentags- und Datumsanzeige, geriffelter Lünette aus Gelbgold und dreifarbigem Goldgliederarmband (Kal. 3055)
Durchmesser 36 mm

GMT-MASTER
SUPERLATIVE CHRONOMETER
OFFICIALLY CERTIFIED

FRIDAY
ROLEX
OYSTER PERPETUAL
SUPERLATIVE CHRONOMETER
OFFICIALLY CERTIFIED

Goldarmbänder waren recht verbreitet, so wurden etwa Cartiers Panthère, die Rolex Day-Date und Piagets Polo mit dieser Ausstattung angeboten. Bei der Polo ging das Zifferblatt nahtlos in das integrierte Armband über. Die Armbandglieder waren abwechselnd satiniert und poliert, und ihre Struktur setzte sich am Gehäuse und Zifferblatt fort. Modelle wie diese waren häufig mit Pavé-Diamanten besetzt. Für viele Eigentümer fungierten Uhren dieser Art als Statussymbol, das auf Wohlstand und Erfolg hinwies.

Komplikationsuhren traten wieder in den Vordergrund. In der Uhrenbranche war vielen das Marketingpotenzial nicht verborgen geblieben, das Kalenderuhren und insbesondere Modelle mit Mondphasenanzeige boten. In den 1980er-Jahren erschien eine Fülle solcher Modelle, oft mit traditioneller Gestaltung. 1987 wurde die berühmte Uhrenmanufaktur Breguet von der Investcorp übernommen. Die Marke Breguet, die bereits eine Wiederbelebung durch die vorherigen Besitzer, die Brüder Jacques und Pierre Chaumet, erfahren hatte, rüstete sich für eine spektakuläre Neuaufstellung. Seit Generationen hatte der unverwechselbare Stil der Breguet-Uhren Anlass zur Bewunderung gegeben, und das klassische Design der Uhren fügte sich perfekt in diese Renaissance der mechanischen Armbanduhr ein. Die Uhren des Unternehmens zeichneten sich durch charakteristische Gehäuse mit gerundeten Lünetten, guillochierten Gehäuseflanken und geraden, verschraubten Bandanstößen aus. Besonders die Modelle mit Kalenderanzeigen, die mit eleganten, aufwändig guillochierten Zifferblättern aufwarteten, erwiesen sich als ideale elegante Luxusuhren. Breguet hatte fast das gesamte 20. Jahrhundert hindurch Armbanduhren produziert, die neue kommerzielle Ausrichtung steigerte jedoch die Bekanntheit und Verfügbarkeit der Marke massiv. Hinzu kam, dass der Breguet-Stil seit jeher andere Uhrmacher beeinflusst hatte, was nun in den 1980er- und 90er-Jahren erneut besonders sichtbar wurde.

Der Wettlauf um Aufmerksamkeit sorgte auch für wagemutige und innovative Designs im Bereich der Komplikationsuhren. 1982 erwarb der Schweizer Geschäftsmann Rolf Schnyder eine Mehrheitsbeteiligung

UNTEN LINKS Cartier Panthère, um 1985.
Armbanduhr aus 18 Kt Gelbgold mit Goldarmband, Datumsanzeige und Quarzwerk
Breite 27 mm

UNTEN RECHTS Piaget Polo, um 1985.
Armbanduhr aus 18 Kt Gelbgold mit Goldarmband, Datumsanzeige und Quarzwerk
Breite 35 mm

GEGENÜBER Breguet Ref. 3330, um 1988.
Automatikarmbanduhr aus 18 Kt Gelbgold mit Wochentags-, Datums- und Mondphasenanzeige (Kal. 12½''')
Durchmesser 36 mm

BREGUET 3149
GIO
SWISS

am Uhrenhersteller Ulysse Nardin. Zu Beginn der 1980er-Jahre waren mechanische Marinechronometer – für Ulysse Nardin ein wichtiges Geschäftsfeld – weitgehend überflüssig geworden. Schnyder war entschlossen, das Unternehmen wieder in Schwung zu bringen, und wollte eine vollkommen neuartige Armbanduhr produzieren, die Nardins Ruf als Hersteller außergewöhnlicher mechanischer Uhren neu begründen sollte. Das neue Armbanduhrenmodell namens Astrolabium Galileo Galilei wurde 1985 vorgestellt. Die außergewöhnliche Uhr zeigte neben der Standardzeit auch die Positionen von Sonne, Mond und Sternen von der Erde aus betrachtet an. Das komplexe Zifferblatt zeigte außerdem einen Ewigen Kalender, die Mondphase, Auf- und Untergang von Sonne und Mond, Morgen- und Abenddämmerung, die Tierkreiszeichen sowie Sonnen- und Mondfinsternisse an. Das Zifferblatt war so komplex, dass die Bedienungsanleitung für die Uhr dreimal umgeschrieben werden musste, bis sie für den Benutzer verständlich war.[2] Das Modell war in ein Gehäuse im typischen Stil der 1980er-Jahre mit abgerundeter Lünette und Gehäuseflanken eingeschalt und mit Leder- oder integriertem Metallarmband erhältlich.

1986 stellte Audemars Piguet die weltweit flachste Automatikarmbanduhr mit Tourbillon unter der Referenznummer 25643 vor. Armbanduhren mit Tourbillon waren in den Jahrzehnten vor 1980 extrem selten und wurden nur in äußerst geringen Stückzahlen von Herstellern wie Omega, Patek Philippe und Lip gefertigt. Audemars Piguets Tourbillon-Armbanduhr wurde von Maurice Grimm und André Beyner entworfen, die auch das Design der Delirium verantwortet hatten, der flachsten Armbanduhr zum Ende der 1970er-Jahre (s. S. 228–229). Diese neue Tourbillon-Armbanduhr hatte denkbar wenig mit den Schaltkreisen des Delirium-Quarzwerks zu tun, dennoch konnten Grimm und Beyner einige Designprinzipien jener Uhr übernehmen. Wie bei der Delirium war das Werk der Tourbillon-Uhr in den Gehäuseboden integriert, und man verzichtete auf einen Großteil der traditionellen Brücken. Statt eines Rotors setzte man auf eine kleine Schwungmasse aus einer besonders schweren Platin-Iridium-Legierung (ein Rotor in voller Größe war nicht mit der extraflachen Bauweise vereinbar, dennoch musste die Schwungmasse ausreichend Gewicht aufbieten, um angesichts des begrenzten Raums den Aufzug aktivieren zu können). Nach der Fertigung eines Prototyps erwarb Audemars Piguet die Rechte am Design. In ihrer endgültigen Form bestach die Uhr durch einen radikalen Look mit einem Goldzifferblatt mit Sonnenstrahldekor, das vom Tourbillon-Käfig im Sichtfenster links oben ausging.

UNTEN **Ulysse Nardin Galileo Galilei, vorgestellt 1985, dieses Exemplar um 1989.**
Astronomische Automatikarmbanduhr aus 18 Kt Gelbgold mit Goldarmband (Kal. UN-97)
Durchmesser 40 mm

UNTEN Audemars Piguet
Ref. 25643 um 1986.
Ultraflache Armbanduhr aus 18 Kt Gelbgold mit Tourbillon (Kal. 2870)
Länge 32,5 mm, Breite 28,5 mm, Höhe 4,8 mm

Ein zweites Sichtfenster bei 6 Uhr gab den Blick auf die Schwungmasse frei, die mit den Initialen der Firma dekoriert war und in Bewegung wie ein Pendel wirkte. Wie viele andere Uhren dieser Zeit hatte dieses Modell eine abgerundete Lünette und kurze Bandanstöße. Die ultraflache Uhr war ganze 4,8 mm hoch.

In den frühen 1980er-Jahren wurde der Unternehmensberater Nicholas Hayek von einer Gruppe Schweizer Bankiers damit betraut, die Liquidation der SSIH[3] (zu der Marken wie Omega und Tissot gehörten) und der ASUAG (des weltgrößten Herstellers von Uhrenkomponenten und Werken) zu organisieren.[4] 1983 wurden SSIH und ASUAG zu einer Holdinggesellschaft verschmolzen, die Hayek 1985 mit Unterstützung durch Schweizer Privatinvestoren übernahm. Das Unternehmen wurde 1986 in SMH[5] umbenannt und firmierte ab 1998 als Swatch Group. Hayeks außergewöhnliches Geschick bei der Umstrukturierung und Modernisierung der ehemaligen Unternehmen der ASUAG und SSIH trug maßgeblich zur Neuausrichtung der Branche bei und machte aus der neuen SMH die wertvollste Unternehmensgruppe der Uhrenindustrie. Einen großen Anteil am Erfolg der SMH hatte der zur Gruppe gehörende Werkehersteller ETA, der 1983 die Armbanduhr Swatch eingeführt hatte. Die Swatch war für die SMH eine wirkungsvolle Waffe, um sich gegen die massenproduzierten elektronischen Uhren zu behaupten, die zu dieser Zeit den Markt überschwemmten; die Swatch wurde so zu einem Symbol der Wiederauferstehung der Schweizer Uhrenindustrie. Unter der Ägide von Hayek erwarb die SMH/Swatch Group im Laufe der 1990er-Jahre mehrere historische Uhrenmarken, darunter Blancpain im Jahr 1992 und Breguet 1999.

Gegen Ende der 1980er-Jahre schien die Zukunft der mechanischen Uhr wieder gesichert zu sein. Die traditionelle Uhrmacherei wurde durch ein neues Selbstbewusstsein beflügelt. Einerseits hatte die Quarzkrise der traditionellen Uhrenindustrie schweren Schaden zugefügt, andererseits hatte sie aber dazu geführt, dass feine mechanische Uhren wieder gebührend gewürdigt wurden. Diese neue Wertschätzung für die Uhrmacherkunst eröffnete auch neue Perspektiven für fähige unabhängige Uhrmacher. 1985 gründeten die Uhrmacher Svend Andersen und Vincent Calabrese die AHCI (Académie Horlogère des Créateurs Indépendants). Die AHCI verfolgt bis heute die Mission, unabhängige Uhrmacher zu fördern und bei der Entwicklung ihrer eigenen Marken zu unterstützen. Zu den Mitgliedern der Akademie zählten legendäre Uhrmacher wie François-Paul Journe und Philippe Dufour, die beide in den 1990er-Jahren Berühmtheit erlangten.

SWATCH

Traditionell hatte man die Zuverlässigkeit und Genauigkeit einer Uhr weitgehend an ihrem Preis ablesen können. Zu Beginn der 1980er-Jahre war die Quarzarmbanduhr bereits ein Massenartikel, der eine phänomenal genaue Zeitmessung für jedermann erschwinglich machte. Für den Schweizer Werkehersteller ETA eröffnete die gegen Ende der 1970er-Jahre lancierte Armbanduhr Delirium den Weg für die Entwicklung eines neuen Massenmarktmodells, das billig und in für die Schweizer Uhrenindustrie bislang ungekannten Stückzahlen verkauft werden konnte. Ernst Thomke, der CEO von ETA, fungierte als Projektleiter für die Entwicklung einer neuen Armbanduhr für den Massenmarkt unter dem Projektnamen Vulgaris Calibre 500.121. Die ersten Planungen für die später als Swatch bekannt gewordene Uhr begannen im Januar 1980. Im Oktober 1981 hatte Thomke ein Team zusammengestellt, das aus Jacques Müller, Konstrukteur des Antriebs und der mechanischen Werkteile, Elmar Mock, verantwortlich für die Kunststoffkomponenten, Marlyse Schmid und Bernard Müller als Chefdesigner und Franz Sprecher als Marketingleiter bestand.[6] Die wichtigsten Projektziele waren, dass die Uhr in der Schweiz hergestellt, robust, genau und wasserdicht sein sollte und die Produktionskosten unter 10 Schweizer Franken liegen sollten.[7]

Der Schlüssel zum Erfolg der Swatch lag in der Nutzung des Zifferblatts und in der Fertigung des Gehäuses aus Kunststoff. Experimente mit Fiberglas und anderen Verbundmaterialien hatte es schon in den 1970er-Jahren gegeben, die Ergebnisse waren jedoch farblich unauffällig und gedeckt. Im Gegensatz dazu boten die Gehäuse der Swatch ein wahres Kaleidoskop an Farben, wie schon die Prototypen von 1981 bis 1982 mit ihren farbenfrohen Gehäusen in Grün, Blau, Gelb und Rot ankündigten. Die frühen Zifferblätter spielten mit Farben und nachgeahmten Strukturen etwa der im Luxusmarkt nach wie vor beliebten Steinzifferblätter. Farben wurden im weiteren Verlauf des Jahrzehnts zu einem immer bedeutenderen Merkmal der Swatch. Hohe Absatzvolumen und geringe Herstellungskosten ermöglichten eine riesige Modellvielfalt, die von minimalistischen, einfarbigen Zifferblättern ohne Kalibrierung über historisch inspirierte Designs bis zu den fröhlichen Designs in knalligen Farben reichten, die an die Popkultur der 1980er-Jahre angelehnt waren.

Die Swatch wurde schnell zur Fashion-Ikone. Die ursprünglich einmal als »Zweituhr« konzipierte Swatch hatte dies der Tatsache zu verdanken, dass ihre Designer sie derart vielfältig gestalteten, dass sie im Konferenzsaal ebenso gut aufgehoben war wie auf dem Sportplatz. Sie ließ ihren Träger seine Individualität ausdrücken, und ihr niedriger Preis machte die Anschaffung mehrerer Exemplare für unterschiedliche Anlässe möglich. Schnell bildete sich ein Sammlermarkt, und es folgte eine regelrechte Swatch-Manie. Trotz ihrer breiten Verfügbarkeit wirkte Swatch wie eine prestigeträchtige Marke, was durch die raren limitierten Auflagen zusätzlich unterstrichen wurde. Die Marke wuchs außerordentlich schnell: Nach dem offiziellen Start 1983 wurde schon 1984 die Marke von einer Million Exemplaren erreicht, bis 1990 wurden über 75 Millionen Stück produziert.[8]

GEGENÜBER, LINKS Swatch Jelly Fish, Ref. GZ010, hergestellt 1983.
Quarzarmbanduhr aus transparentem Kunststoff
Durchmesser 34 mm

GEGENÜBER, MITTE Swatch Yellow Racer, Ref. GJ400, hergestellt 1984.
Quarzarmbanduhr aus gelbem Kunststoff mit mehrfarbigem Zifferblatt
Durchmesser 34 mm

GEGENÜBER, RECHTS Swatch Granita di Frutta, Ref. LW105, hergestellt 1985.
Quarzdamenarmbanduhr mit Duftgehäuse
Durchmesser 25 mm

swatch
QUARTZ
SWISS

KUNSTUHREN

GEGENÜBER Movado und Andy Warhol Times/5, vorgestellt 1988.
Limitierte Armbanduhr aus geschwärztem Stahl, bestehend aus fünf einzelnen Uhrengehäusen mit Quarzwerken und Zifferblättern mit unterschiedlichen Fotografien von New York City
Länge der Einzelgehäuse jew. 38 mm

UNTEN Movado und Yaacov Agam, Rainbow Collection, vorgestellt 1989.
Kollektion aus Uhren mit geschwärzten Gehäusen, Quarzwerken und vielfarbigen Scheiben und Kalibrierungen
Durchmesser der Armbanduhren 31 und 32 mm
Durchmesser der Taschenuhr 46 mm

1983 entschloss sich Gedalio Grinberg, der Chef der North American Watch Corporation, die Uhrenmarke Movado zu übernehmen, die wie viele andere Hersteller schwer unter der Quarzkrise und der schwierigen Weltwirtschaftslage gelitten hatte. Als begeisterter Sammler moderner Kunst hatte Grinberg geplant, Movado unter anderem mit limitierten, von Künstlern entworfenen Uhrenkreationen wiederzubeleben. Als erster Künstler wurde Andy Warhol verpflichtet, mit dem Grinberg persönlich befreundet war. Warhol, der mit runden und quadratischen Formen experimentierte, entschied sich schließlich für ein Rechteckgehäuse. Schon früh hatte er die Idee, mehrere Uhrengehäuse zusammenzufügen, und als Prototyp präsentierte er Grinberg fünf miteinander verbundene Uhren. Anstelle von »gemalten« Szenen für die Zifferblätter – die der Uhr nach Befürchtungen Warhols die »Anmutung einer Kaufhausuhr«[9] verliehen hätten – entschied er sich für Schwarzweißfotografien von New York. Warhol starb 1987 vor Abschluss des Projekts, er hatte jedoch die Fotografien für die Zifferblätter ausgewählt, sodass Warhols Atelierleiter die Fertigstellung des Movado-Uhrenprojekts an Grimberg melden konnte.[10]

Warhol selbst war Uhrensammler und häufig mit einer Cartier Tank am Handgelenk zu sehen. Ein vielsagendes Zitat von Warhol lautet: »Ich trage eine (Cartier) Tank nicht, um die Zeit abzulesen, ich ziehe sie nicht einmal auf. Ich trage eine Tank, weil das die Uhr ist, die man tragen muss!« Es überrascht daher nicht, dass Warhol sich für die klassische Rechteckform als Grundlage seines Designs für Movado entschied – und dass er bei den Zifferblättern auf jegliche Kalibrierungen verzichtete. Warhols Uhr war als Statement gedacht, sie sollte zuallererst ein Kunstwerk sein, bei dem die Zifferblätter als Leinwände für seine schwarz-weißen Stadtansichten dienten. Das Armband war nicht verstellbar und hatte eine Länge von 22 cm, sollte also locker am Handgelenk hängen. Die Gehäuse bestanden aus geschwärztem Stahl, was dem Objekt eine monochrome Optik verlieh, die nur von den roten Stunden- und Minutenzeigern

durchbrochen wurde. Für Warhol mögen die Zeiger nur sichtbare Zeichen der vergehenden Zeit statt genaue Zeitanzeiger gewesen sein, dennoch waren die einzelnen Uhren mit Quarzwerken ausgestattet, sodass sie nicht aufgezogen werden mussten.

Warhols Movado-Uhr erhielt den Namen Times/5 und wurde 1988 in einer limitierten Auflage von 250 Exemplaren zum Preis von 13.500 US-Dollar verkauft. 1989 setzte Movado seine Künstlerserie mit vier Uhren fort, die durch den Op-Art- und Kinetikkünstler Yaacov Agam gestaltet wurden. Die Kollektion bestand aus einer Armbanduhr mit Lederband, einer weiteren mit geschwärztem Stahlarmband, einer Taschenuhr und einer Tischuhr. Movado brachte drei von Agam gestaltete Kollektionen unter den Namen Rainbow, Love Star und Galaxy heraus. Alle Uhren hatten geschwärzte Gehäuse. Die Rainbow-Kollektion war mit farbigen Ringen gestaltet, die auf glänzenden Scheiben rotierten und zur halben Stunde einen Halbkreis, zur vollen Stunde einen vollen Kreis bildeten; Stunden- und Minutenzeiger bestanden aus darunter angeordneten Punkten und zeigten die Zeit auf einer regenbogenfarbenen Skala auf der Lünette an. Agam führte die Abstraktion weiter fort und verwendete bei seiner Kollektion Love Star Dreiecke anstelle von Zeigern und verwirbelte Kreise auf den Zifferblättern der Galaxy-Linie.

Die Transformation der Uhr zum Kunstobjekt beschränkte sich nicht nur auf das Luxussegment. 1985 kündigte Swatch eine neue Linie mit »Art«-Uhren an. Der erste Künstler, der sich an dem Projekt mit Swatch beteiligte, war der französische Designer Christian Chapiron unter seinem Künstlernamen Kiki Picasso. Kurz nach Chapiron folgte Keith Haring, der vier Swatch-Modelle in limitierten Auflagen mit Nummerierungen von 1 bis 9999 produzierte;[11] zumindest eines von Harings Modellen war schon im Dezember 1985 in New York erhältlich und wurde für 50 US-Dollar verkauft.[12] Harings Graffitikunst wurde mit ihren kräftigen Farben und dem jugendlichen Flair zum Synonym der 1980er-Jahre und passte perfekt zur modernen Vision von Swatch. In den folgenden Jahren kam es zu weiteren Kooperationen von Künstlern mit Swatch, etwa 1987 mit dem belgischen surrealistischen Maler und Illustrator Jean-Michel Folin und dem renommierten japanischen Grafiker Tadanori Yokoo. Yokoo wurde 1988 mit der Produktion eines limitierten Modells anlässlich des fünften Jahrestags von Swatch und der Fertigung der fünfzigmillionsten Swatch beauftragt.[13]

LINKS Swatch und Kiki Picasso Ref. GZ008, hergestellt 1985.
Quarzarmbanduhr aus Kunststoff
in limitierter Auflage
Durchmesser 34 mm

GEGENÜBER, LINKS Swatch und Keith Haring Personnage, Ref. GZ100, hergestellt 1985–86.
Quarzarmbanduhr aus Kunststoff
in limitierter Auflage
Durchmesser 34 mm

GEGENÜBER, MITTE Swatch und Jean-Michel Folin Perspective, Ref. GZ106, hergestellt 1987.
Quarzarmbanduhr aus Kunststoff
in limitierter Auflage
Durchmesser 34 mm

GEGENÜBER, RECHTS Swatch und Tadanori Yokoo Ref. GZ107, hergestellt 1988.
Quarzarmbanduhr aus Kunststoff
in limitierter Auflage
Durchmesser 34 mm

UHREN MIT REICHEM EDELSTEINBESATZ

1979 erhielt Vacheron Constantin den Auftrag zur Fertigung einer bemerkenswert opulenten edelsteinbesetzten Armbanduhr. Die Uhr mit dem Namen Kallista, abgeleitet aus dem griechischen *kalos* für »schön«, wurde von Raymond Moretti gestaltet. Das Gehäuse wurde aus einem massiven, 1 kg schweren Goldblock gefräst und wog in fertigem Zustand 140 g. Gehäuse, Zifferblatt und Armband waren komplett mit 118 smaragdgeschliffenen Diamanten von gleicher Farbe und Klarheit besetzt. Der Auftrag für die fünf Millionen US-Dollar teure Uhr[14] kam für Vacheron Constantin zu einem kritischen Zeitpunkt, da die Umsätze während der Turbulenzen der 1970er-Jahre stark zurückgegangen waren. Die Kallista war zwar ein Unikat, jedoch fertigte Vacheron Constantin im Verlauf der 1980er-Jahre weitere eng an sie angelehnte Uhren. Diese Uhren folgten mit ihren Goldarmbändern und dem durchgehenden Diamantbesatz der opulenten Formensprache der ursprünglichen Kallista. Das größte und imposanteste Modell trug den Namen King Kalla.

Besonders bemerkenswert daran ist, dass die King Kalla als Herrenuhr konzipiert war. Uhren mit aufwändigem Edelsteinbesatz für Damen waren im gesamten 20. Jahrhundert keine Seltenheit, aber nun, in den 1980er-Jahren, wurden verstärkt auch Schmuckuhren für Herren angeboten. In dieser Zeit erlangte Rolex einen hohen Bekanntheitsgrad für seine extravaganten Edelsteinuhren, insbesondere jene mit schweren Goldarmbändern aus der Day-Date-Linie. Diese Uhren sind in vielfacher Hinsicht zum Synonym für die 1980er-Jahre geworden, als so mancher es genoss, Wohlstand und Erfolg in Gestalt einer funkelnden Edelsteinuhr offen zu zeigen.

Die vorwiegend aus Gelbgold gefertigten Schmuckuhren der 1980er-Jahre waren oft mit Steinen in Pavé-Fassung besetzt, sodass die Gehäuse und Armbänder nahezu vollständig mit Edelsteinen bedeckt waren. Schmuckuhren für Damen wurden nach wie vor von einer Vielzahl von Herstellern angeboten. Die Pavé-besetzten Uhren führender Hersteller der Zeit waren meist mit Steinen im Rundschliff besetzt, die mit der Oberfläche von Gehäuse und/oder Armband und Zifferblatt bündig abschlossen, was ihnen ein besonders reizvolles Aussehen verlieh. Uhren wie diese passten perfekt zu den nahtlos ins Gehäuse übergehenden flexiblen Armbändern, die die ausgehenden 1960er- und die 1970er-Jahre hervorgebracht hatten.

Chopard entwickelte seine Serie mit Happy-Diamonds-Modellen weiter. Das patentierte und erstmals 1976 vorgestellte Design mit seinen frei beweglichen Diamanten zwischen zwei Saphirglasscheiben entwickelte sich zu einem Aushängeschild der Marke und passte mit seinem innovativen und originellen Look perfekt zur Mode der 1980er-Jahre.

UNTEN LINKS Rolex Oyster Perpetual Day-Date Ref. 18048, um 1985.
Automatikarmbanduhr aus 18 Kt Gelbgold mit Wochentags- und Datumsanzeige, mit diamant-, rubin- und saphirbesetztem Zifferblatt, diamantbesetzter Lünette und diamantbesetztem Goldarmband (Kal. 3055)
Durchmesser 37 mm

UNTEN MITTE Patek Philippe Ref. 3817/4, hergestellt 1984.
Quarzarmbanduhr aus 18 Kt Gelbgold mit Diamantbesatz und integriertem, diamantbesetztem Goldarmband (Kal. E19)
Breite 25 mm, Länge 30 mm

UNTEN RECHTS Chopard Happy Diamonds, um 1980.
Armbanduhr aus 18 Kt Weißgold mit Weißgoldarmband und frei beweglichen Diamanten auf dem schwarzen Außenzifferblatt (Kal. 2446)
Breite 32 mm

GEGENÜBER Vacheron Constantin King Kalla, vorgestellt in den 1980er-Jahren.
Handaufzugsuhr aus 18 Kt Weißgold mit Weißgoldarmband, besetzt mit 160 Smaragdschliff-Diamanten im Gesamtgewicht von 101,27 Kt (Kal. 1052)
Breite 27,5 mm

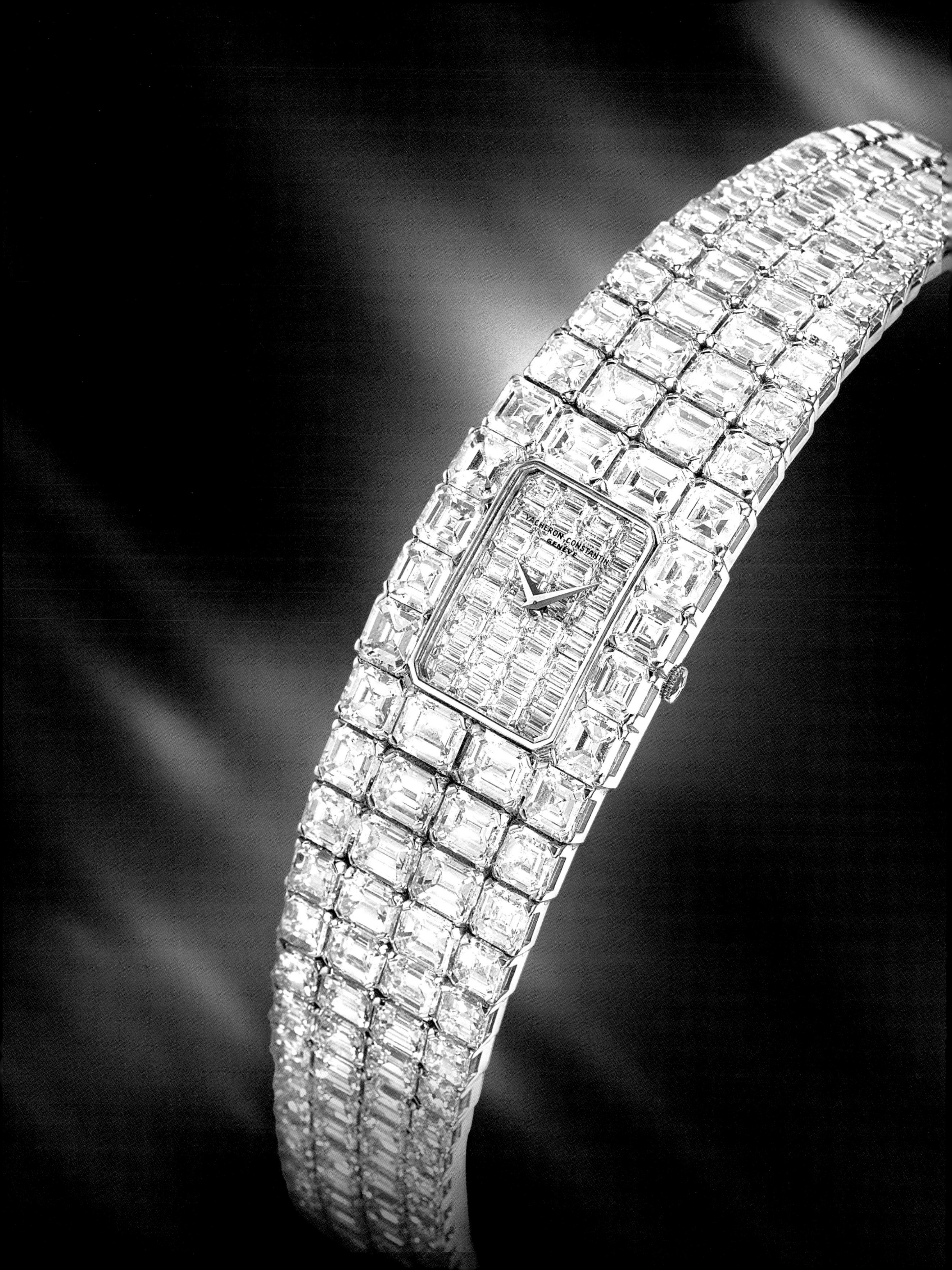
VACHERON CONSTANTIN
GENÈVE

CHRONOGRAPHEN

Zwischen 1980 und 1993 produzierte Audemars Piguet eine kleine Stückzahl von Chronographen mit Handaufzug, die sich an historischen Modellen des Unternehmens orientierten. Diese neuen Chronographen waren jedoch mit skelettierten Zifferblättern versehen, durch die das Uhrwerk betrachtet werden konnte. Sogar das Federhaus war durchbrochen, sodass die Windungen der Zugfeder sichtbar wurden. Die feinen Skelettierungen und die aufwändig finissierten Brücken ließen vollendete Uhrmacherkunst erkennen und waren ein hervorragender Baustein für die weitere Renaissance der mechanischen Uhr. 1986 lancierte Audemars Piguet seinen ersten Automatikchronographen, ausgestattet mit Hilfszifferblättern für die 30-Minuten- und 12-Stunden-Register. Das Gehäuse war zeittypisch rund mit abgerundeter Lünette und kurzen Bandanstößen gestaltet. Das Zifferblatt war mit drei Hilfszifferblättern bei 6, 9 und 12 Uhr und einem Datumsfenster bei 3 Uhr asymmetrisch ausgelegt. Das gesamte Zifferblatt einschließlich der von schmalen Metallringen gerahmten Hilfszifferblätter war einfarbig gehalten.

1987 entwickelte Jaeger-LeCoultre ein neues »Mecha-Quartz«-Kaliber (Kal. 630), das traditionelle Uhrmacherei mit Quarztechnologie verband. Obwohl das Werk aus 233 Einzelkomponenten bestand, hatte es nur ein Drittel der Größe eines herkömmlichen mechanischen Chronographenwerks und war bei seiner Einführung um 40 % kleiner als der kleinste zu der Zeit erhältliche Quarzchronograph (mit Analoganzeige).[15] Das batteriebetriebene Werk mit Quarzoszillator war ansonsten ein recht traditionelles mechanisches Modul. Das Werk wurde von Jaeger-LeCoultre im ultraflachen Chronographen Odysseus verbaut, der 1988 lanciert wurde und zusätzlich mit Datums- und Mondphasenanzeige aufwartete.

Rolex präsentierte seine erste Neuerung bei Chronographen seit den 1960er-Jahren in Gestalt eines neuen Cosmograph Daytona Automatikmodells im Jahr 1988. Die Uhr war mit 39 mm etwas größer als seine Vorgängerreferenzen 6263 und 6265, die Rolex gegen Ende der

UNTEN LINKS Audemars Piguet Ref. 25563, vorgestellt 1981.
Skelettierter Armbandchronograph aus 18 Kt Roségold mit 30-Minuten-Register (Kal. 5030)
Durchmesser 36 mm

UNTEN RECHTS Jaeger-LeCoultre Odysseus, vorgestellt 1988.
Armbandchronograph aus 18 Kt Gelbgold mit Quarz-Mechanik-Hybriduhrwerk, Hilfszifferblättern für konstante Sekunde, 30-Minuten- und 12-Stunden-Register, Datums- und Mondphasenfenster, Pulsometer-Außenskala (Kal. 630)
Durchmesser 35 mm

RECHTS Audemars Piguet Huitième Ref. 25644, vorgestellt 1986.
Armbandchronograph aus 18 Kt Gelbgold mit automatischem Aufzug, Hilfszifferblättern für konstante Sekunde, 30-Minuten- und 12-Stunden-Register, Datumsfenster und Tachymeter-Außenskala (Kal. 2126)
Durchmesser 40,5 mm

1960er herausgebracht hatte und die bis zur Einführung des 1988er-Modells weiter erhältlich waren. Die neuen Cosmograph Daytonas erhielten einen runderneuerten Look mit weiß oder schwarz glänzenden Zifferblättern für die Edelstahl- und Edelstahl-Gold-Versionen und satiniert champagnerfarbenem Blatt für die Vollgoldversion. Eine maßgebliche Veränderung betraf das Zifferblatt selbst, das nun über die gesamte Oberfläche einfarbig gehalten war. Statt wie bei den vorherigen Daytona-Generationen die gesamten Hilfszifferblätter in Kontrastfarbe auszuführen, waren nun nur noch deren Ziffernringe farblich abgesetzt. Wie Rolex' andere Instrumentenuhren Submariner und GMT auch waren die neuen Daytonas mit einem Kronenschutz ausgestattet, außerdem bestand das Glas nun aus Saphirkristall. Eine weitere bedeutende Änderung betraf das verwendete Uhrwerk. Angesichts der Beliebtheit automatischer Chronographen in den 1970er-Jahren überrascht es ein wenig, dass Rolex erst mit der Daytona von 1988 einen Automatikchronographen vorstellte. Das Werk basierte auf Zeniths Kaliber 400, dem Kaliber El Primero, das allgemein als bestes seriengefertigtes Automatikchronographenkaliber auf dem Markt galt. Rolex führte rund 200 Modifikationen an diesem Werk durch, unter anderem wurde die Schwingungsfrequenz von 36.000 auf 28.800 Halbschwingungen pro Stunde gesenkt, es wurde eine Rolex-Unruh mit Breguet-Spirale und Microstella-Regulierung eingebaut, und die Datumsanzeige wurde entfernt.[16] Das Werk wurde derart verfeinert, dass alle neuen Daytona-Modelle die Chronometernorm erfüllten.

RECHTS Rolex Oyster Perpetual Cosmograph Daytona Ref. 16520, vorgestellt 1988.
Armbandchronograph aus Edelstahl mit automatischem Aufzug, Hilfszifferblättern für konstante Sekunde, 30-Minuten- und 12-Stunden-Register, Lünette mit Skala »Units per Hour«, Stahlarmband (Kal. 4030)
Durchmesser 39 mm

UNTEN Blancpain Chronographe Rattrapante, erstmals vorgestellt 1989. Schleppzeigerchronograph aus 18 Kt Gelbgold mit Automatikaufzug, Hilfszifferblättern für konstante Sekunde, 30-Minuten- und 12-Stunden-Register und Datumsfenster (Kal. 1186) Durchmesser 33,5 mm

In den 1980er-Jahren befand sich Blancpain in der beneidenswerten Position, mit der Expertise seiner Eigentümer Jean-Claude Biver, ehemals Omega-Geschäftsführer, und Jacques Piguet eine neue Serie mit Komplikationsuhren entwickeln zu können. Letzterer entstammte der berühmten Uhrmacherdynastie von Frédéric Piguet (ehemals Louis-Elysée Piguet), die für Kalender- und Chronographenwerke bekannt war, und mit Jacques Piguets Expertise konnte Blancpain eine Reihe vollkommen neuer Chronographen kreieren. 1989 vermeldete Blancpain die Produktion des ersten Schleppzeiger-Armbandchronographen mit automatischem Aufzug (Kal. 1186). Dies war eine herausragende Leistung, denn die zusätzliche Bauhöhe, die ein Schleppzeigermechanismus beansprucht, hatte zuvor alle Bemühungen zur Automatisierung dieser besonders komplizierten Chronographen verhindert. Neben der Schleppzeigerkomplikation und dem automatischen Aufzug wurde außerdem ein Datumsfenster hinzugefügt. Trotzdem war das Werk nur 6,75 mm hoch und hatte einen Durchmesser von nur 27 mm. In der äußeren Gestaltung folgte man mit einer gerundeten Lünette, einem schlichten weißen Zifferblatt und dezenten römischen Ziffern wiederum der klassischen Ästhetik. Das Gehäuseformat befand sich mit traditionell anmutenden 33,5 mm ebenfalls im ästhetischen Rahmen der von Biver und Piguet so geschätzten klassischen historischen Armbanduhren.

KALENDERUHREN

LCD-Uhren hatten dafür gesorgt, dass selbsteinstellende Kalenderuhren leicht verfügbar waren, jedoch waren mechanische Kalender seit jeher eine Möglichkeit für Uhrmacher, ihr ganzes Können zu demonstrieren. Mit der komplexen und ansprechenden Anzeige eines Ewigen Kalenders mit Mondphase bot sich ein weiteres Genre dazu an, das Verlangen der Öffentlichkeit nach mechanischen Uhren neu zu wecken.

Nachdem Audemars Piguet 1978 seine flache Automatikarmbanduhr mit Ewigem Kalender herausgebracht hatte, folgten in den 1980er-Jahren etliche mechanisch angetriebene Kalenderuhren, nicht zuletzt aus demselben Haus die 1984 vorgestellte Royal Oak Perpetual Calendar. Patek Philippe, das traditionell führende Unternehmen in diesem Genre, brachte 1981 eine neue Armbanduhr mit Ewigem Kalender heraus. Diese Ref. 3450 war seit fast 20 Jahren das erste Modell des Herstellers mit Ewigem Kalender. Sie unterschied sich ästhetisch zwar nur geringfügig von ihrem Vorgänger, wartete aber mit einer wichtigen Ergänzung auf, die anschließend bei vielen Armbanduhren mit Ewigem Kalender der 1980er-Jahre und danach anzutreffen war: einer Schaltjahresanzeige. Ein kreisförmiges Fenster zwischen 3 und 4 Uhr zeigte auf dem Zifferblatt der 3450 den Schaltjahreszyklus an – und zwar als Ziffern für die Jahre eins bis drei und als roten Punkt für das Schaltjahr (spätere Versionen des Modells zeigen alle vier Jahre mit römischen Ziffern an). Schaltjahresanzeigen waren für Taschenuhren mit Kalender durchaus üblich, auf dem kleinen Zifferblatt einer Armbanduhr jedoch eine Seltenheit. Ohne Schaltjahresanzeige konnte der Benutzer nicht wissen, auf welches Jahr die Uhr gestellt war – was in Ordnung war, solange sich die Uhr in täglichem Gebrauch befand und vom Uhrmacher korrekt eingestellt worden war, aber bei längerer Aufbewahrung der Uhr zum Problem werden konnte. Bedenkt man, dass ein großer Teil des Reizes einer Uhr mit Ewigem Kalender darin besteht, die automatische Umstellung des Kalendariums am 29. Februar des Schaltjahres zu beobachten, erscheint eine Schaltjahreszyklusanzeige als

UNTEN Patek Philippe Ref. 3450, hergestellt 1981.
Armbanduhr aus 18 Kt Gelbgold mit automatischem Aufzug, Ewigem Kalender, Mondphasen- und Schaltjahresanzeige (Kal. 27-460 Q)
Durchmesser 38 mm

GEGENÜBER Audemars Piguet Royal Oak Ref. 25554ST, vorgestellt 1984.
Armbanduhr aus Edelstahl mit automatischem Aufzug, Ewigem Kalender und Mondphasenanzeige (Kal. 2120QP)
Breite 39 mm

AUDEMARS PIGUET
AUTOMATIC
SWISS MADE

sehr wünschenswert. Als Patek Philippe seine Armbanduhren mit Ewigem Kalender 1984–1985 einer erneuten Überarbeitung unterzog, entschloss man sich aus gutem Grund zu einer vollständigen Schaltjahreszyklusanzeige auf einem Hilfszifferblatt.

1985 ging die International Watch Company bei einem neuen Modell namens Da Vinci mit der Schaltjahresanzeige noch einen Schritt weiter. Diese Automatikuhr mit Ewigem Kalender war die erste Armbanduhr, die die vollständige Jahreszahl auf dem Zifferblatt anzeigte. Das Modell war so konstruiert, dass es bis zum Jahr 2499 das korrekte Datum anzeigte. Als Zubehör wurde der Uhr ein mit Wachs versiegeltes Glasröhrchen beigegeben, das einen neuen Jahrhundertschieber für das 22., 23. und 24. Jahrhundert enthielt. Auch wenn dies nicht einer gewissen Ironie entbehrte, konnte IWC mit diesem Merkmal die Qualität und Langlebigkeit der mechanischen Uhr herausstellen. Neben den Kalender- und Mondphasenanzeigen verfügte die Da Vinci auch über einen Chronographen mit 30-Minuten- und 12-Stunden-Register. Das Gehäuse des Modells war mit charakteristischen abgerundeten Flanken und zylindrischen Bandanstößen ausgestattet.

Um 1980 produzierte Gérald Genta, der als Designer legendärer Uhren für Fremdmarken bereits Bekanntheit erlangt hatte, eigene unverkennbare Armbanduhrenmodelle. Er konzentrierte sich dabei vorwiegend auf Komplikationsuhren und ungewöhnliche Anzeigen und brachte unter anderem Armbanduhren mit Ewigem Kalender und Schaltjahresanzeige heraus. Bei Gentas Modell befand sich im Zentrum des Hilfszifferblatts für die Monatsanzeige eine kleinere Anzeige mit vier keilförmigen Fenstern und einer farbigen Scheibe, die in den Fenstern das aktuelle Jahr des Schaltjahreszyklus anzeigte. Bemerkenswert war auch die bei 12 Uhr angesiedelte blaue Scheibe, die an ihrer Basis ein Fenster für die Mondphasenanzeige aufwies. Die Modelle waren in markante, vorwiegend achteckig oder rund geformte Gehäuse eingeschalt.

Audemars Piguet steigerte seine Produktion von Uhren mit Ewigem Kalender in den 1980er-Jahren

UNTEN LINKS Patek Philippe Ref. 3940, hergestellt 1986 und verkauft durch Beyer.
Armbanduhr aus 18 Kt Gelbgold mit automatischem Aufzug, Ewigem Kalender, Mondphasen-, Schaltjahres- und 24-Stunden-Anzeige (Kal. 240Q)
Durchmesser 36 mm

UNTEN RECHTS Gérald Genta, späte 1980er-Jahre.
Armbanduhr aus 18 Kt Gelbgold mit automatischem Aufzug, Ewigem Kalender, Mondphasen- und Schaltjahresanzeige
Durchmesser 31 mm

GEGENÜBER International Watch Co. Da Vinci, um 1989.
Armbanduhr mit Gehäuse aus schwarzem Zirkonoxid und Gold mit automatischem Aufzug, Ewigem Kalender, Jahresanzeige, Mondphasenanzeige, Chronograph und Registern (Kal. 7906)
Durchmesser 39 mm

IWC
Schaffhausen
20
10
SUN
MON
TUE
WED
THU
FRI
SAT
60
20
40
DEC
JAN
FEB
MAR
APR
MAY
JUN
JUL
AUG
SEP
OCT
NOV
12
3
9
1992
T SWISS T

erheblich. In den 15 Jahren nach der Lancierung der Referenz 5548 mit Automatikaufzug und Ewigem Kalender im Jahr 1978 fertigte Audemars Piguet über 7.000 Uhren mit Ewigem Kalender, verteilt auf mehr als 70 unterschiedliche Modelle.[17] In den 1980er-Jahren stellte der Hersteller auch die neue Grande Complication vor, eine Lépine-Taschenuhr mit Ewigem Kalender, Mondphase, Schleppzeigerchronograph und Minutenrepetition. Zum Zeitpunkt ihres Erscheinens war sie die wohl teuerste seriengefertigte Uhr der Welt; es wurde nur ein Exemplar pro Jahr hergestellt.[18] Das Modell wartete mit einem eleganten Gehäuse und traditioneller Zifferblattauslegung auf, und die schmalen Stabzeiger sowie Ziffern und Skalen folgten der gängigen Ästhetik der Zeit.

Gegen Ende des Jahrzehnts kamen im Zuge der wachsenden Beliebtheit skelettierter Uhren auch »transparente« Uhren mit Ewigem Kalender auf, bei denen die Zifferblätter nur noch aus schmalen Ziffernringen und minimalistischen Stunden- und Minutenkalibrierungen bestanden. Derart komplizierte Uhren boten sich ideal für Skelettierungen an, da sich so die herausragende Finissierung und Feinheit der Mechanik ungehindert bewundern ließen. Sowohl Audemars Piguet als auch Vacheron Constantin brachten vor Ende des Jahrzehnts skelettierte Versionen ihrer Modelle mit Ewigem Kalender heraus.

RECHTS Audemars Piguet Grande Complication Ref. 25570, um 1984.
Taschenuhr aus 18 Kt Gelbgold mit Handaufzug, Ewigem Kalender, Mondphasenanzeige, Minutenrepetition und Schleppzeigerchronograph mit 30-Minuten-Register (Kal. 2860)
Durchmesser 52 mm

GEGENÜBER Vacheron Constantin Ref. 43032, um 1988.
Skelettierte Armbanduhr aus 18 Kt Gelbgold mit automatischem Aufzug, Ewigem Kalender und Mondphasenanzeige (Kal. 1120QP)
Durchmesser 36 mm

VACHERON CONSTANTIN
GENÈVE

INNOVATIVE KOMPLIKATIONEN

George Daniels hatte schon im Verlauf der 1970er-Jahre eine Reihe bemerkenswerter Uhren gefertigt. Unter ihnen die erste, die Daniels mit einer selbst erfundenen Hemmung ausstattete – der unabhängigen Doppelradhemmung –, die er in eine Lépine-Uhr aus Gold einbaute und 1976 an den Sammler Seth Atwood verkaufte. 1982 stellte Daniels die erste seiner Space-Traveller-Uhren fertig. Im Jahr 1984[19] komplettierte Daniels eine zweite, kompliziertere Uhr, die Space Traveller II, die zusätzlich eine Chronographenfunktion enthielt. Das außergewöhnlich komplizierte Werk war mit seinem symmetrischen Räderwerk, den zwei Hemmungsrädern und den exponierten Chronographenbrücken auch optisch faszinierend. Das handgearbeitete Silberzifferblatt wies mehrfache unterschiedliche Guillochierungen auf und zeigte auf dem linken Zifferblatt die Sternzeit und auf dem rechten die mittlere Sonnenzeit an, jeweils ergänzt durch eine eigene dezentrale Sekundenanzeige darunter. Auf der 12-Uhr-Position des Hauptzifferblatts befand sich eine Sektorenanzeige für die Zeitgleichung, ein Mondphasenfenster war innerhalb des Sternzeitzifferblatts platziert. Weitere die Ziffernringe durchbrechende Fenster zeigten Mondalter und Jahreskalender an. Die Uhr verfügte über eine Chronographenfunktion, die entweder auf das Sonnen- oder Sternzeiträderwerk geschaltet werden konnte, um die abgelaufene Zeit zu messen. Diese außergewöhnlich komplizierte Uhr war Daniels' bisher anspruchsvollstes Werk. Die Space Traveller II blieb bis zu seinem Tod 2011 in George Daniels' Besitz und wurde regelmäßig von ihm als Uhr der Wahl getragen. Der Gehäuseboden der Uhr war verglast. Dr. Daniels' Bewunderer waren stets erpicht darauf zu sehen, welche Uhr der Meister trug – und dank ihrer Konstruktion konnte man bei dieser Uhr nicht nur die Schönheit des Zifferblatts bewundern, sondern sich durch den Glasboden auch von der Komplexität des Werks faszinieren lassen.

Einer der engsten Freunde Daniels' in Uhrmacherkreisen war der Engländer Derek Pratt. 1965 war Pratt in die Schweiz ausgewandert, wo er als selbstständiger

UNTEN Der verglaste Sichtboden der George Daniels Space Traveller II

GEGENÜBER George Daniels Space Traveller II, hergestellt 1982 bis 1984. Taschenchronograph aus 18 Kt Gelbgold mit Daniels' unabhängiger Doppelradhemmung, Anzeige von mittlerer Sonnenzeit, Sternzeit, Jahreskalender, Mondalter und Mondphase, Zeitgleichung Durchmesser 63 mm

60
55
5
50
10
40
20
30
22
24
2
20
4
18
6
16
8
14
XII
I
XI
II
X
III
IX
VIII
IIII
VII
V
DANIELS

Uhrmacher und Uhrenrestaurator arbeitete. Hier traf Pratt auf Peter Baumberger, mit dem er bei der Uhrmacherfirma Urban Jürgensen & Sønner ab den 1980er-Jahren eine außergewöhnliche Kollektion von Taschen- und Armbanduhren schuf. 1985 übernahm Baumberger die Firma Urban Jürgensen. In der zweiten Hälfte der 1970er-Jahre hatten Pratt und Baumberger bereits ein Projekt zur Fertigung einer Kleinserie von Tourbillon-Taschenuhren begonnen. 1979 gab Gerhard Scheufens, damaliger Eigentümer von Urban Jürgensen & Sønner, sein Einverständnis, dass diese Tourbillon-Uhren unter der Signatur des Unternehmens erscheinen konnten. Eine der ersten dieser Tourbillon-Taschenuhren, fertiggestellt 1982, ist gegenüber abgebildet. Die Uhr ist mit Pratts Ein-Minuten-Tourbillon-Käfig mit einem darin montierten Ein-Sekunden-Remontoire ausgestattet – diese Konstruktion, ein Novum unter den Tourbillons, war Pratts Streben nach größerer Genauigkeit zu verdanken. Die Tourbillon-Uhr war ihrem Zifferblatt- und Gehäusedesign nach an Taschenuhren der 1920er- und 30er-Jahre angelehnt.

Wie bei George Daniels war die von Baumberger und Pratt gemeinsam entwickelte Ästhetik deutlich vom Werk Abraham-Louis Breguets beeinflusst, was sich an den zunehmend eingesetzten Zifferblattguillochierungen mit unterschiedlichen kontrastierenden Strukturen ablesen lässt. Zifferblätter dieser Art wurden für eine kleine Anzahl hochkomplizierter, aber unfertiger Werke hergestellt, die Baumberger im Rahmen seiner Übernahme der Firma Urban Jürgensen erwarb. Diese Uhren wurden von Pratt im Laufe der 1980er-Jahre fertiggestellt und reguliert. Baumberger erkannte, dass er zur Steigerung seiner Umsätze auch eine Armbanduhrenlinie anbieten musste. Gegen Ende der 1970er-Jahre, gerade als mechanische Werke aus der Mode kamen, hatte Baumberger einen Posten El Primero Chronographenwerke von Zenith erworben. Auf deren Grundlage schuf er ein neues Armbanduhrenmodell. Die Uhr mit der Bezeichnung Ref. 1 war ein Armbandchronograph mit automatischem Aufzug, Dreifachkalender und Mondphasenanzeige, von dem zwischen 1982 und 1986 186 Exemplare gefertigt wurden.[20] Die Ref. 1 war mit einem handguillochierten Silberzifferblatt ausgestattet. Auch dieses Zifferblatt war deutlich von der Breguet-Ästhetik geprägt. Das Gehäuse nahm mit den tropfenförmigen Bandanstößen, rechteckigen Chronographendrückern und abgerundeten Flanken die Designsprache der Jahrhundertmitte auf.

UNTEN LINKS Urban Jürgensen & Sønner/ Derek Pratt, um 1985.
Lépine-Taschenuhr aus 18 Kt Gelbgold mit Minutenrepetition, Ewigem Kalender, Schleppzeigerchronograph mit 30-Minuten-Register und Mondphasenanzeige (Rohwerk von Louis-Elysée Piguet)
Durchmesser 60,5 mm

UNTEN RECHTS Urban Jürgensen Ref. 1, vorgestellt 1982.
Armbanduhr aus 18 Kt Gelbgold mit automatischem Aufzug, Dreifachkalender, Chronograph mit 30-Minuten- und 12-Stunden-Register und Mondphasenfenster (Kal. Zenith El Primero 3019PHF)
Durchmesser 40 mm

GEGENÜBER Urban Jürgensen & Sønner/ Derek Pratt, um 1982.
Lépine-Taschenuhr aus 18 Kt Gelbgold mit zwei Federhäusern, Ein-Minuten-Tourbillon mit im Käfig montiertem Remontoir, springender Sekunde und Gangreserveanzeige
Durchmesser 63 mm

URBAN JÜRGENSEN &
SØNNER COPENHAGEN

URBAN JÜRGENSEN &
SØNNER COPENHAGEN

PATEK PHILIPPE
GENEVE
SONNERIE
TEMPERATURE °C
DIM
FEV
DATES DE PAQUES
AVRIL
SUD
NORD
OUEST
EST
LEVER
SOLEIL
COUCHER
SOLEIL
TEMPS SIDERAL
EQUATION
SAGITTAIRE
CAPRICORNE
VERSEAU
HIVER
POISSONS
BELIER
PRINTEMPS
TAUREAU
GEMEAUX
CANCER
LION
ETE
VIERGE

PATEK PHILIPPES JUBILÄUM 1989

GEGENÜBER UND UNTEN Patek Philippe Calibre 89, hergestellt zwischen 1980 und 1989.
Taschenuhr aus 18 Kt Gelbgold mit Zifferblättern auf Vorder- und Rückseite, Westminster-Schlagwerk mit Minutenrepetition, Grande Sonnerie und Petite Sonnerie, Tourbillon, Schleppzeigerchronograph, 60-Minuten- und 12-Stunden-Register, Ewigem Kalender, retrogradem Datum, Jahres-, Schaltjahreszyklus-, Jahreszeitanzeige, zweiter Zeitzone, Osterdatum; astrologische Anzeigen, Mondphase, Zeitgleichung
Gangreserve für Schlag- und Gehwerk, Sonnen- und Sternzeit, Wecker, Thermometer, Sonnenauf- und -untergang, Sternenkarte für den Nachthimmel von Genf am Breitengrad 46° 11′ 59″ N (Kal. 32‴89)
Durchmesser 88,2 mm

1979, gegen Ende eines turbulenten Jahrzehnts für die Weltwirtschaft und die Uhrenindustrie, richtete Philippe Stern, Ehrenpräsident von Patek Philippe, den Blick in die Zukunft. In zehn Jahren würde das Unternehmen sein 150-jähriges Bestehen feiern, und Patek Philippe sollte gut auf diesen Anlass vorbereitet sein. Stern besprach mit Patek Philippes technischem Leiter Max Studer die Möglichkeit, die Henry Graves Supercomplication[21] (s. S. 106–109) nachzubauen. Dies schien in vielerlei Hinsicht ein passendes Projekt zu sein, entstammte doch die 1933 während der Weltwirtschaftskrise fertiggestellte Supercomplication einer ähnlich schwierigen Zeit. Studer hatte jedoch den Ehrgeiz, mit diesem Projekt noch weiter zu gehen: Patek Philippe sollte eine noch komplexere Uhr, die komplizierteste Uhr der Welt bauen. Ein solches Projekt war von außerordentlicher Tragweite – die von Konstrukteuren, Uhrmachern und anderen Handwerkskünstlern zu leistende Arbeit würde über Jahre einen erheblichen Anteil der Ressourcen des Unternehmens in Anspruch nehmen. Stern war jedoch von dem Vorhaben überzeugt, und das Projekt wurde mit Paul Buclin als leitendem Uhrmacher stillschweigend, aber offiziell gestartet.

Die 1989 fertiggestellte Uhr mit der passenden Bezeichnung Calibre 89 wog schließlich 1,1 kg, bestand aus 1728 Einzelteilen und bot 33 mechanische Komplikationen (neun mehr als die Henry Graves Supercomplication). Zu den Funktionen zählten eine Sternenkarte, ein Ewiger Kalender, die Anzeige der Zeit von Sonnenauf- und -untergang, ein Schleppzeigerchronograph, eine Minutenrepetition, *grande* und *petite sonnerie* sowie eine Weckerfunktion und sogar die Anzeige des Osterdatums. Diese einzigartige Leistung festigte die Position des Unternehmens auf dem Spitzenplatz der Haute Horlogerie. Von außen erinnerte die Uhr an die Henry Graves Supercomplication: Das Gehäuse hatte eine ähnliche Bassine-Form und offene Zifferblätter auf beiden Seiten. Wenn auch traditionell gehalten, war die Zifferblattbeschriftung jedoch klar vom Stil der 1980er-Jahre beeinflusst.

PATEK PHILIPPE
GENEVE
SWISS
22K

GEGENÜBER Patek Philippe Ref. 3979, offiziell vorgestellt 1989.
Armbanduhr aus 18 Kt Gelbgold mit Minutenrepetition (Kal. R27PS)
Durchmesser 33 mm

UNTEN Patek Philippe Ref. 3974, offiziell vorgestellt 1989.
Automatikarmbanduhr aus 18 Kt Gelbgold mit Minutenrepetition, Ewigem Kalender und Mondphasenanzeige (Kal. R27Q)
Durchmesser 36 mm

Die Parallelen zwischen der Henry Graves Supercomplication und der Calibre 89 waren durchaus beabsichtigt und sollten die Wertschätzung des Marktes für klassische mechanische Uhren neu beleben. Von der Calibre 89 wurden lediglich vier Exemplare produziert – die Uhr war als Statement uhrmacherischen Könnens gedacht und niemals für die Serienproduktion vorgesehen. Neben der Calibre 89 lancierte Patek Philippe jedoch auch eine Auswahl von Armbanduhren, die ebenfalls die Tradition und die unverändert hohe Uhrmacherkunst des Unternehmens hervorhoben. Zwei Armbanduhren mit Minutenrepetition bildeten die Spitze unter diesen Modellen. Die erste war die Ref. 3979, eine Armbanduhr mit automatischem Aufzug, Minutenrepetition und porzellanweißem Zifferblatt mit römischen Ziffern. Das wundervoll dezent gestaltete Modell kann als Inbegriff der klassischen Armbanduhr gelten und beherbergte eine der kompliziertesten Uhrwerksarten überhaupt. Von vorne betrachtet bestand der einzige Hinweis auf das hochkomplizierte Innenleben in dem Schieber an der linken Gehäuseflanke, mit dem das Schlagwerk für Stunde, Viertelstunden und Minuten nach der vollen Stunde aktiviert wurde. Diesem Modell stand mit der Ref. 3974 eine noch kompliziertere Minutenrepetitionsarmbanduhr zur Seite, die zusätzlich einen Ewigen Kalender mit Mondphase aufbot.

Patek Philippe lancierte weitere limitierte Modelle anlässlich des Firmenjubiläums 1989. Hierzu zählten zwei bemerkenswerte Uhren, die auf zwei der frühesten Armbanduhrstile überhaupt zurückgriffen. Die erste war die so genannte »Offiziersuhr« (Ref. 3960), die eng an frühe Armbanduhren der 1910er-Jahre angelehnt war, die zweite eine tonneau-förmige Armbanduhr mit springender Stunde (Ref. 3969), der ihre enge Verwandtschaft mit den Art-déco-Originalen anzusehen war. Diese Uhren waren insofern besonders bedeutend, als sie die Essenz von Patek Philippe verkörperten, indem sie auf die lange Tradition des Herstellers verwiesen und gleichzeitig als begehrenswertes Sammlerobjekt erschienen. Vintage-Modelle, ob als Inspirationsquelle oder Grundlage für Aktualisierungen oder Neuauflagen, entwickelten sich in den folgenden Jahren und Jahrzehnten zu einem immer wichtigeren Standbein des Herstellers.

UNTEN Patek Philippe Officier
Ref. 3960, offiziell vorgestellt 1989.
Armbanduhr aus 18 Kt Gelbgold mit Scharnierdeckelboden und Cuvette mit gravierter Erinnerungswidmung (Kal. 215PS)
Durchmesser 33 mm

GEGENÜBER Patek Philippe
Ref. 3969, offiziell vorgestellt 1989.
Armbanduhr in Tonneau-Form aus 18 Kt Roségold mit springender Stunde (Kal. 215HS)
Länge 38 mm

PATEK PHILIPPE
GENEVE
SWISS

1990–1999

DIE 1990er-JAHRE

Die Nachfrage nach mechanisch komplexen Uhren, die durch den wieder auflebenden Uhrenmarkt in der zweiten Hälfte der 1980er-Jahre gespeist wurde, blieb auch in den 1990er-Jahren dominant. Zwar beeinträchtigten die wirtschaftlichen Turbulenzen der frühen 1990er-Jahre die Uhrenbranche, dennoch bescherte die Fähigkeit der Hersteller, neue und innovative Uhren zu kreieren, dem Jahrzehnt eine ungeahnte Fülle von Modellen.

Im Dezember 1990, kurz nach der deutschen Wiedervereinigung, wurde das historische Uhrmacherunternehmen A. Lange & Söhne durch Walter Lange, Urenkel des Firmengründers, neu gegründet. Finanziert von der Mannesmann-Gruppe und mit technischer Unterstützung durch die International Watch Company konnte A. Lange & Söhne im Oktober 1994 seine erste moderne Uhrenlinie vorstellen. Das Unternehmen ging mit einem einzigartigen Angebot an den Markt, das herausragende Handwerkskunst mit einem innovativen, aber im Grunde klassischen Design kombinierte. Jedes Detail dieser Uhren war sorgfältig durchdacht und ließ ihre außergewöhnliche Qualität erkennen, von der Präzision und Klarheit der Zifferblätter bis zu den aufwändig gefertigten Werken und perfekten Gehäusen. Zu den ersten Modellen zählte die Lange 1, die sich sofort zu einer Uhrenikone entwickelte. Sie bestach durch ein höchst innovatives Zifferblatt mit separaten Anzeigebereichen für Stunden und Minuten, Sekunden und Gangreserve, die sich nicht behinderten oder überlappten. Das klar ablesbare Großdatum rundete die Anzeige ab und ließ sich durch einen Drücker an der Gehäuseflanke bei 10 Uhr im Bedarfsfall schnell umstellen. Die Uhr zeichnete sich durch ein beachtliches Gewicht aus und war mit einem außergewöhnlichen Werk bestückt – das aus Neusilber gefertigte Kaliber hatte den traditionellen Dreiviertelplatinenaufbau der historischen Taschenuhrwerke des Unternehmens. Die Lagersteine waren in verschraubten Chatons gefasst, die Platine selbst mit Streifenschliff dekoriert. Der Saphirglasboden gab den Blick auf das außergewöhnliche Werk frei.

Uhrenhersteller, die die Verwerfungen der Quarzkrise überlebt hatten, begannen sich zunehmend auf ihr Markenerbe zu besinnen. Viele Firmen durchforsteten ihre

UNTEN LINKS A. Lange & Söhne Lange 1, vorgestellt 1994.
Armbanduhr aus 18 Kt Gelbgold mit Gangreserveanzeige und Großdatum (Kal. L 901)
Durchmesser 39 mm

UNTEN RECHTS Jaeger-LeCoultre Reverso 60ème Ref. 270.2.64, vorgestellt 1991.
Wendbare Armbanduhr aus 18 Kt Roségold mit Gangreserveanzeige und Datum (Kal. 824). Die Fotomontage zeigt Vorder- und Rückseite des Wendegehäuses gleichzeitig
Länge 34 mm, Breite 25 mm

UNTEN LINKS Alain Silberstein Krono 2, um 1995.
Armbandchronograph aus geschwärztem Stahl mit automatischem Aufzug, Dreifachkalender, Chronographenregistern, Mondphase und 24-Stunden-Anzeige (Kal. ETA-Valjoux 7751)
Durchmesser 38 mm

UNTEN RECHTS Patek Philippe Ref. 5015, vorgestellt 1993.
Automatikarmbanduhr aus 18 Kt Gelbgold mit Sektor für Gangreserveanzeige und Mondphasenfenster (Kal. 240PS)
Durchmesser 35 mm

Archive, um sich von historischen Modellen inspirieren zu lassen. Für Jaeger-LeCoultre jährte sich 1991 die Lancierung ihres Aushängeschilds Reverso zum 60. Mal, was das Unternehmen zum Anlass nahm, ein limitiertes Sondermodell zu produzieren. Die Jubiläums-Reverso erhielt die Bezeichnung 60ème (»60.«) und war mit einem guillochierten Zifferblatt mit Datumsanzeige und fächerförmiger Gangreserveanzeige ausgestattet. Auf der Rückseite konnte durch einen Saphirglasboden das Handaufzugswerk mit seinen Platinen und Brücken aus 14 Kt Massivgold mit Genfer Streifenschliff bewundert werden. Das Uhrengehäuse selbst bestand aus 18 Kt Roségold. Die 500 produzierten Exemplare der 60ème waren schnell ausverkauft, was Jaeger-LeCoultre dazu ermunterte, weitere limitierte Reverso-Modelle mit beliebten Komplikationen wie Tourbillon und Minutenrepetition herauszubringen.

Als eine der markantesten Marken der 1990er-Jahre kann Alain Silberstein gelten. Der französische Künstler und Designer Silberstein war in den 1980er-Jahren als Marketingberater für französische Modeuhren tätig. Nach einigen Experimenten konstruierte Silberstein erfolgreich einen Armbandchronographen auf der Basis des Kalibers Valjoux 7750, sodass er sich 1989 gemeinsam mit seiner Frau zur Gründung der Firma Alain Silberstein Creations entschloss.[1] Basierend auf Werken von ETA entwarf er eine Reihe äußerst ungewöhnlicher mechanischer Armbanduhren, insbesondere Chronographen sowie Kalender- und Tourbillon-Uhren. Silbersteins Uhren waren deutlich von seinem künstlerischen Flair geprägt und interpretierten das Genre der Fashion-Uhr für den Markt hochwertiger Luxusuhren neu. Silbersteins Uhrendesign, das vom künstlerischen Werk Joan Mirós beeinflusst war, stellte das geltende Image der Luxusuhr als dezent gestaltetem Wertgegenstand infrage, das die Welt der mechanischen Uhren der 1980er-Jahre weitgehend bestimmt hatte. Der Erfolg der Swatch und ihr Anklang bei einem weiten Käuferkreis hatte eine Marktlücke für eine höherpreisige Luxusarmbanduhr eröffnet, die ein verspieltes, farbenfrohes Design mit wertvollen Materialien und hochwertiger Verarbeitung verband. Die meisten Uhren Silbersteins waren rund, mit schmalen Lünetten

und sehr hohen Gehäusen, was ihnen eine leicht zylindrische Anmutung verlieh.

Der Wettlauf um faszinierende Zifferblattdesigns führte zu zahlreichen ungewöhnlichen Entwürfen, unter denen Anzeigen mit springender und wandernder Stunde besonders häufig vertreten waren. Uhren mit Sektorenanzeigen etwa für die Gangreserve waren über das gesamte Jahrzehnt beliebt. Sektorenanzeigen wurden aber auch für die Zeitanzeige selbst eingesetzt. 1994 jährte sich der Tod des niederländischen Kartographen Gerardus Mercator (1512–1594), berühmt für die Weltkarte mit der nach ihm benannten Projektion, zum 400. Mal. Zu diesem Anlass brachte Vacheron Constantin ein neues Modell namens Mercator heraus. Das Gehäuse der Uhr war von Designs der 1940er- und 50er-Jahre inspiriert, ihr Zifferblatt jedoch originell und modern. Die retrograde Zeitanzeige war in zwei Sektoren für die Stunden auf der linken und die Minuten auf der rechten Zifferblatthälfte aufgeteilt, die Zeiger hatten die Form zweier Zirkelschenkel. Der Minutenzeiger sprang zu jeder vollen Stunde auf die Null zurück, der Stundenzeiger nach Ablauf von zwölf Stunden wieder auf die Eins. Die Zifferblätter waren mit gold- oder silberfarbenen, von Mercator inspirierten Landkarten dekoriert, einige wenige Exemplare auch mit polychromer Emaillemalerei der Künstler Lucie und Jean Genbrugge.

Franck Muller, der selbsternannte »Meister der Komplikationen«, gründete 1991 seine gleichnamige Marke und lancierte über die gesamte Dekade eine beeindruckende Anzahl von Komplikationsuhren, mit denen er sich als ernsthafte Konkurrenz der etablierten Hersteller positionierte. Seine Modelle waren hochgradig innovativ und überzeugten stilistisch durch ihre Verbindung der Eleganz des Art déco mit modernen Elementen. Muller hatte in den 1980er-Jahren als Uhrenrestaurator und Uhrmacher gearbeitet und dabei eine Leidenschaft für Komplikationsuhren entwickelt, die die Grundlage seines Unternehmens bildete. Eines der langlebigsten Modelle des Herstellers war die Cintrée Curvex, eine tonneau-förmige Armbanduhr mit leicht gewölbtem Gehäuseboden, die direkte Anleihen bei ähnlichen Uhren der 1910er- und 20er-Jahre nahm und stets die

UNTEN LINKS **Vacheron Constantin Mercator Ref. 43050, vorgestellt 1994.**
Armbanduhr aus 18 Kt Gelbgold mit automatischem Aufzug und zwei retrograden Sektorenanzeigen für Stunden und Minuten. Zifferblatt mit Landkartenmotiv in polychromer Emaillemalerei von Jean und Lucie Genbrugge, abgebildet sind das Südchinesische Meer/Taiwan und die Ostküste Chinas (Kal. 1120)
Durchmesser 36 mm

UNTEN RECHTS **Franck Muller Curvex Cintrée Ref. 2850, vorgestellt um 1992.**
Armbanduhr in gewölbtem, tonneauförmigem Gehäuse aus 18 Kt Weißgold mit automatischem Aufzug und Ewigem Kalender (Kal. 2800)
Länge 45 mm, Breite 31 mm

GEGENÜBER **Ulysse Nardin San Marco »Répétition Minutes Jacquemart Forgerons« Ref. 701-22, vorgestellt 1989, dieses Exemplar um 1991.**
Armbanduhr aus 18 Kt Gelbgold mit automatischem Aufzug, Minutenrepetition und Jacquemart-Automat (Kal. 11)
Durchmesser 39 mm

ULYSSE NARDIN

typischen gestreckten arabischen Ziffern der Art-déco-Ära trug. Wie manch anderer Hersteller stattete auch Muller viele seiner Modelle mit einer Minutenrepetition aus. In den 1990er-Jahren gingen die führenden Produzenten von Komplikationsuhren mehr und mehr dazu über, ihre Spitzenmodelle mit Minutenrepetitionen zu versehen, oft kombiniert mit weiteren Komplikationen. Der Minutenrepetitionsmechanismus zählt zu den schwierigsten mechanischen Komplikationen, ist aber von außen meist nur durch einen Aktivierungsschieber an der Gehäuseflanke zu erahnen. Ulysse Nardin machte sich ein historisches Design zunutze, um eine Uhr mit klar erkennbarer Minutenrepetition zu kreieren. Nardin schuf eine Serie von Minutenrepetitionsarmbanduhren, die jene *jacquemart*-Figuren wieder aufgriffen, die an Repetitionstaschenuhren des 19. Jahrhunderts zu finden waren, welche wiederum von Schlagwerksfiguren früher europäischer Großuhren beeinflusst waren. Am Zifferblatt des Modells von Ulysse Nardin waren zwei bewegliche *jacquemart*-Figuren angebracht, die bei Aktivierung des Schiebers zeitgleich mit den Hämmern des Schlagwerks eine Glocke anzuschlagen schienen Die Zifferblätter der Modelle bestanden aus transluzenter Emaille auf guillochiertem Untergrund und orientierten sich darin ebenfalls stilistisch am 19. Jahrhundert.

Das Angebot an sportlichen Uhren weitete sich im Verlauf des Jahrzehnts aus. Rolex führte weiterhin seine etablierten Sportmodelle wie die Submariner, Daytona und Explorer und brachte 1992 ein zusätzliches robustes Modell namens Yacht-Master heraus. Es handelte sich um eine große und schwere Uhr mit 18-Kt-Goldgehäuse und 40 mm Durchmesser. Das kraftvoll gestaltete Modell war mit einer breiten Drehlünette mit mattiertem Finish ausgestattet. Mitte der 1990er-Jahre brachte Vacheron Constantin eine neue Sportuhr unter dem Namen Overseas heraus, die von der von Hysek gestalteten Ref. 222 des Hauses aus den 1970er-Jahren (s. S. 229), aber auch vom Modell Phidias der frühen 1990er-Jahre inspiriert war. Das Modell wurde in drei Größen angeboten, wobei das größte, die Chronographenversion, mit gut 40 mm Durchmesser der wachsenden Nachfrage nach übergroßen Gehäusen Rechnung trug.

UNTEN LINKS Rolex Oyster Perpetual Date Yacht-Master Ref. 16628, vorgestellt 1992.
Armbanduhr aus 18 Kt Gelbgold mit automatischem Aufzug, Zentralsekunde, Datumsanzeige, kalibrierter Drehlünette und Goldarmband (Kal. 3135)
Durchmesser 40 mm

UNTEN RECHTS Vacheron Constantin Overseas Ref. 49140, späte 1990er-Jahre.
Armbandchronograph aus Edelstahl mit Metallarmband, automatischem Aufzug, Registern und Großdatum (Kal. 1137)
Breite 40 mm

UNTEN Omega Co-Axial Chronometer, hergestellt 1999.
Limitierte Armbanduhr aus 18 Kt Gelbgold mit automatischem Aufzug, Zentralsekunde, Datumsanzeige und Co-Axial-Hemmung
Dieses Exemplar wurde übergeben an George Daniels am 30. April 1999 anlässlich Omegas Vorstellung der Co-Axial-Hemmung bei der Basler Uhrenmesse 1999 (Kal. 2500).
Durchmesser 38 mm

Im Verlauf der 1990er-Jahre begann die Bedeutung von Gelbgold als Metall der Wahl für Luxusuhren zu schwinden. Hier machte sich der Einfluss des Vintage-Uhrenmarktes bemerkbar, dessen Angebot an Gelbgolduhren ungleich höher war als an Weiß- und Roségold- oder gar Platinuhren. Das daraus folgende Preisgefälle auf dem Vintage-Markt zwischen gleichen Modellen aus selteneren Metallen gegenüber Gelbgoldmodellen führte zu der Wahrnehmung, dass Gelbgold das am wenigsten begehrenswerte unter den Edelmetallen war. Mit der Folge, dass man dazu überging, einen größeren Anteil an Modellen in Roségold und den monochromen Metallen Weißgold und Platin zu produzieren. Bicolor-Metalluhren waren in den 1990er-Jahren nach wie vor gefragt, mehr und mehr wurden jedoch einfarbige Metalluhren bevorzugt.

Auf der Basler Uhrenmesse von 1999 zeigte Omega sein erstes Armbanduhrenmodell mit der neuen Co-Axial-Hemmung, einer Erfindung von George Daniels, die er nach einigen Jahren Entwicklungszeit 1974 fertigstellte und 1980 patentieren ließ. Die Genialität dieser Hemmung lag darin, dass sie die Reibung deutlich reduziert, eine Schmierung damit fast vollkommen entbehrlich macht und so eine höhere Effizienz ebenso ermöglicht wie längere Wartungsintervalle. Die Bedeutung dieses Ereignisses wird im historischen Kontext deutlich: Omegas Verwendung der Co-Axial war die erste erfolgreiche Kommerzialisierung einer neuen Hemmung seit der Einführung der Ankerhemmung von Thomas Mudge im Jahr 1754. Stephen Urquhart, Omega-Präsident zur Zeit der Einführung der Co-Axial, schrieb später: »Ohne Frage war die Industrialisierung der Co-Axial-Hemmung ein echter Wendepunkt für die Marke und schuf die Grundlage dafür, dass Omega wieder seine rechtmäßige Position als Hersteller feiner mechanischer Uhren einnimmt.«[2] Daniels' Vertrag mit Omegas Mutterkonzern, der Swatch Group, stellte sicher, dass er die Hemmung für eigene Kreationen verwenden durfte. Darüber hinaus wurde vereinbart, dass der zur Swatch Group gehörende Werkehersteller ETA eine kleine Anzahl von Rohwerken für die Co-Axial-Hemmung anfertigen und an Daniels für dessen Eigenbedarf liefern sollte. Diese Werke wurden durch Daniels und seinen Meisterschüler Roger Smith im englischen Stil mit vergoldeten Platinen und gebläuten Stahlschrauben finissiert. Die Werke wurden mit handgearbeiteten, guillochierten Zifferblättern ausgestattet und in runde Gehäuse mit abgerundeten, gestuften Lünetten eingeschalt. Die Krone wurde links unten an der Gehäuseflanke positioniert; durch den Saphirglasboden konnte das Werk mit seinem dekorativ guillochierten Goldrotor betrachtet werden.

Ein weiterer Messestand auf der Basler Uhrenmesse von 1999 ließ ebenfalls Daniels' Einfluss erkennen: jener des aufsteigenden Star-Uhrmachers François-Paul Journe. In einer Hommage George Daniels' nach dessen Tod 2011 schrieb Journe: »Ohne Sie hätte ich niemals meine erste eigene Uhr gebaut ... (Sie) haben uns den Weg zurück zu authentischer und zugleich innovativer Uhrmacherkunst gezeigt.«[3] An Journes Stand bei der Basler Messe war auch seine Tourbillon Souverain zu sehen. Schon in jungen Jahren, als er bei seinem Onkel Michel Journe, einem Uhrenrestaurator aus Paris, arbeitete, war Journe mit den Arbeiten von Abraham-Louis Breguet und Antide Janvier in Berührung gekommen. François-Pauls außergewöhnliche Kreativität, gepaart mit den Einflüssen von Daniels und früheren Uhrmachern wie Breguet und Janvier, ließen ihn zu einem eigenen, höchst individuellen Stil finden. Journes Tourbillon Souverain war die erste Armbanduhr mit Konstantkraft-Remontoir – dieser Mechanismus sorgte für eine gleichmäßige Energieversorgung der Hemmung im Verlauf der Entspannung der Zugfeder. Das ungewöhnlich gestaltete Zifferblatt räumte der Zeitanzeige ebenso viel Platz ein wie dem Sichtfenster auf das Tourbillon. Eine Sektoranzeige für die Gangreserve nahm den oberen Bereich des Zifferblatts ein, im unteren Bereich lässt ein Sichtfenster das Satellitenrad des Remontoirs erkennen. Journes höchst individueller Stil, das außergewöhnlich hohe uhrmacherische Niveau und die hervorragende Verarbeitung bescherten der Marke schnell eine treue Gefolgschaft.

Gegen Ende des 20. Jahrhunderts schien sich der Kreis des Uhrendesigns geschlossen zu haben. Stilistische Elemente der 1920er- bis 1970er-Jahre dienten als Grundlage für viele Modelle, und neu aufgelegte Vintage-Designs machten einen bedeutenden Anteil im Angebot der großen Marken aus. Die Quarzkrise und ihre Nachwirkungen hatten der Uhrenindustrie jedoch gezeigt, dass sie innovativ sein musste, um zu überleben, und eine neue Generation talentierter Uhrmacher hatte für eine frische, die Tradition herausfordernde Dynamik gesorgt. In der schwierigen Phase der 1970er- und frühen 80er-Jahre war eine Fülle von Uhrenmarken untergegangen, jedoch etablierte nun eine neue Generation von Uhrmachern neue Marken. Etliche der historischen Marken wurden hingegen erfolgreich von den Unternehmensgruppen Swatch und Richemont wiederbelebt, was zu einer Regeneration des Marktes führte. Am Vorabend des neuen Jahrtausends nahm die Nachfrage nach Luxusuhren weiter an Fahrt auf, und die Branche gewann ihr Selbstbewusstsein zurück – die Renaissance der mechanischen Uhr war nahezu vollendet.

UNTEN George Daniels Millennium, hergestellt 1999.
Armbanduhr aus 18 Kt Gelbgold mit automatischem Aufzug, Zentralsekunde und Daniels' Co-Axial-Hemmung
Durchmesser 37 mm

GEGENÜBER F. P. Journe Tourbillon Souverain d'Égalité, vorgestellt 1999.
Armbanduhr aus Platin mit Tourbillon, Konstantkraft-Remontoir und Gangreserveanzeige (Kal. 1498)
Durchmesser 38 mm

Remontoir d'Egalité
0 10 20 30 42
Invenit et Fecit
F.P.JOURNE

UHREN MIT SPRINGENDER UND WANDERNDER STUNDE

In den 1990er-Jahren kam ein neues Interesse an der Entwicklung von Uhren mit unkonventionellen Zeitanzeigen auf. 1990 stellte Breguet eine limitierte Armbanduhr mit springender Stunde vor. Diese Uhr wies mit ihrem Emaillezifferblatt und dem Minutenzeiger aus gebläutem Stahl klassische Stilmerkmale auf. Ein Fenster über der 60 zeigte die Stunde in arabischen Ziffern an. Die Stundenscheibe beschrieb jedoch alle 24 und nicht wie üblich alle zwölf Stunden eine volle Umdrehung und hatte daher eine 24-Stunden-Aufteilung.

Audemars Piguet brachte 1991 eine vollkommen neuartige Armbanduhr mit wandernder Stunde heraus. Das Modell namens Star Wheel verfügte über ein dreiarmiges zentrales Rad, an dem drei transparente Scheiben mit Stundenziffern von 1 bis 12 aufgehängt waren. Auf einer Sektoranzeige am oberen Zifferblattrand waren die Minuten abzulesen. Nur jeweils eine Scheibe folgte der Minutenskala – jede Stundenziffer war mit einer Dreieckmarkierung versehen, die auf die Minute zeigte, während die aktuelle Stunde die Minutenskala passierte. Die äußerst unkonventionelle Anordnung fand bei etlichen verschiedenen Modellen von Audemars Piguet Verwendung, gelegentlich auch in Kombination mit einer Minutenrepetition.

Cartier stellte 1996 ein neu aufgelegtes, limitiertes Modell Tank à Guichet vor, eine Version des Modells Tank mit springender Stunde, das ursprünglich 1928 entworfen worden war. Vom neu aufgelegten Modell wurden zunächst neun Exemplare (drei in Roségold, drei in Gelbgold, drei in Platin) für die Auktion »Magical Art of Cartier« bei Antiquorum in Genf im November 1996 angefertigt. 1997, anlässlich des 150. Jahrestags von Cartier, wurde eine größere limitierte Serie von Tank-à-Guichet-Uhren herausgebracht. Diese Modelle waren eng an die Uhren mit springender Stunde der Art-déco-Zeit angelehnt. Bei der Serie von 1996 befand sich die Aufzugskrone zwischen den Bandanstößen oberhalb der 12 Uhr, bei den Uhren von 1997 bei 3 Uhr. Auch hierbei war man den Originalen gefolgt, die ebenfalls mit Kronen in beiden Positionen produziert worden waren.

UNTEN LINKS Breguet Ref. 3420, vorgestellt 1990.
Armbanduhr aus 18 Kt Gelbgold mit automatischem Aufzug und springender Stunde (Kal. 562)
Durchmesser 36 mm

UNTEN RECHTS Audemars Piguet Star Wheel, vorgestellt 1991.
Armbanduhr aus 18 Kt Gelbgold mit automatischem Aufzug und wandernder Stunde (Kal. 2124)
Durchmesser 36 mm

UNTEN LINKS Cartier Tank à Guichet, hergestellt 1997.
Limitierte Armbanduhr aus Platin mit Handaufzug und springender Stunde (Kal. 007)
Länge 37,5 mm, Breite 26 mm

UNTEN RECHTS Vacheron Constantin Saltarello Ref. 43041, hergestellt 1998.
Limitierte Armbanduhr aus 18 Kt Gelbgold mit automatischem Aufzug, retrograder Minutenanzeige und Fenster für die springende Stunde (Kal. 1120/2)
Breite 36 mm

Vacheron Constantin stellte 1998 eine weitere Variation der springenden Stunde vor. Das Modell Saltarello war eine kissenförmige Armbanduhr, die historische Inspiration und modernes Design kombinierte. Sie verfügte über eine bogenförmige retrograde Minutenanzeige, über der sich ein konventionelles Fenster für die springende Stunde befand. Wenn der Minutenzeiger die 60 erreichte, sprang er zum Beginn der neuen Stunde zurück. Die Uhr war zeitgemäß gestaltet, wies mit ihren gestuften Bandanstößen und dem guillochierten Zifferblatt mit Sonnenstrahldekor aber zugleich deutliche Bezüge zum Art déco auf.

BREGUET 2296

TOURBILLONS

GEGENÜBER UND UNTEN Breguet Ref. 3350, vorgestellt 1990. Armbanduhr aus 18 Kt Gelbgold mit Tourbillon (Kal. 558) Durchmesser 36 mm

In den 1990er-Jahren nahm die Bandbreite und Verfügbarkeit von Tourbillon-Armbanduhren deutlich zu. Das 1801 von Abraham-Louis Breguet erfundene Tourbillon gilt seit jeher als eine der begehrtesten Komplikationen. Passenderweise läutete die Firma Breguet selbst das Jahrzehnt 1990 mit einem Tourbillon-Modell (Ref. 3350) ein. Die Uhr war im klassischen Breguet-Stil gehalten und mit einem guillochierten Zifferblatt mit recht kleiner Stunden- und Minutenanzeige ausgestattet, sodass darunter ausreichend Raum für das große Sichtfenster blieb, durch das der Tourbillon-Käfig betrachtet werden konnte. Ein Tourbillon in Aktion zu beobachten ist faszinierend – bei diesen Uhren sind Hemmung und Unruh in einem Tourbillon-Käfig montiert, der (bei Armbanduhren meist einmal pro Minute) um die eigene Achse rotiert, während die Unruh schwingt und das Hemmungsrad sich dreht. Es diente ursprünglich dazu, Gangfehler einer in horizontaler Position befindlichen Uhr zu kompensieren, und war daher eigentlich eher für Taschenuhren geeignet, seine faszinierende Mechanik sorgte jedoch für eine dauerhafte Beliebtheit auch bei Armbanduhren.

1991 stellte Girard-Perregaux anlässlich seines 200-jährigen Unternehmensjubiläums eine Armbanduhrenversion ihrer Three-Bridge-Tourbillon-Uhr vor. Zehn Jahre zuvor hatte Girard-Perregaux damit begonnen, eine Kleinserie von 20 Tourbillon-Taschenuhren zu konstruieren und zu fertigen. Diese basierten auf einem originalen von Constant Girard angefertigten Three Bridge Tourbillon, mit dem er einen ersten Preis bei der Weltausstellung von Paris 1867 errang. Die Entwicklung einer Armbandversion wurde 1986 aufgenommen, um die rechtzeitige Fertigstellung bis zum Jubiläum 1991 zu gewährleisten.[4] Die ansprechend schlichte lineare Konstruktion des Werks mit seinen markanten drei Brücken bildet einen reizvollen Kontrast zur mechanischen Komplexität. Mit ihrer teilweisen Skelettierung passte sie gut in die Zeit der frühen 1990er-Jahre, als sichtbare Uhrwerke immer beliebter wurden.

Eine der beeindruckendsten Tourbillon-Uhren der 1990er-Jahre war ein Modell von A. Lange & Söhne namens Pour Le Mérite. Als eine der ersten Neuerscheinungen des wiedergegründeten deutschen Uhrmacher-

GEGENÜBER Girard-Perregaux Three Bridge Tourbillon, vorgestellt 1991.
Skelettierte Armbanduhr aus 18 Kt Gelbgold mit Tourbillon (Kal. 9600S)
Durchmesser 39 mm

UNTEN A. Lange & Söhne Pour Le Mérite, vorgestellt 1994.
Armbanduhr aus Platin mit Tourbillon, Gangreserveanzeige und Saphirglasboden zum Betrachten des Werks (Kal. L 902.0)
Durchmesser 38,5 mm

betriebs unterstrich Langes Tourbillon nicht nur die Ambitionen der Firma, sondern auch ihr technisches Können. Das Zifferblatt der Uhr war mit zwei Hilfszifferblättern für Sekunden und Gangreserve und einem großen Fenster für den Tourbillon-Käfig darunter perfekt ausbalanciert. Bemerkenswert war das Gehwerk mit Schnecke und Kette, einer Antriebsart historischer Uhren, die hier mit hoher Wahrscheinlichkeit zum ersten Mal in einer Armbanduhr realisiert wurde. Kette und Schnecke sorgen für eine gleichmäßige Energieabgabe der Zugfeder an das Räderwerk. Der Gehäuseboden war mit einem Saphirkristallfenster versehen, und die Bodenplatine wies eine Aussparung auf, um den Blick auf die Schnecke und Kette freizugeben.

CHRONOGRAPHEN

Chronographen wurden auch in den 1990er-Jahren in großer Modellvielfalt produziert. Chronographenfunktionen waren Bestandteil vieler hochkomplizierter Uhren der Zeit, etwa solchen mit Ewigem Kalender. Aber auch reine Chronographen erfreuten sich einer anhaltenden Beliebtheit.

1992 stellte die International Watch Company nach dreijähriger Entwicklungszeit einen neuen Schleppzeigerchronographen unter der Bezeichnung Doppelchronograph vor. Das Modell orientierte sich stilistisch an den Militäruhren der Firma wie der berühmten Mark XI (s. S. 182) und hatte ein schwarzes Zifferblatt mit arabischen Ziffern, einen Dreieckindex bei 12 Uhr und quadratische Indizes auf den Viertelstundenpositionen. Das große Modell hatte einen Durchmesser von 42 mm. Auf dem mattschwarzen Zifferblatt befanden sich Fenster für Datum und Wochentag sowie drei Hilfszifferblätter für konstante Sekunde, Minuten- und Stundenregister. Ein zusätzlicher Drücker für die Zwischenzeitmessung befand sich links oben bei 10 Uhr.

Cartier brachte 1996 ein elegantes Chronographenmodell mit Quarzwerk im Rahmen der neu eingeführten Linie Tank Française heraus. Diese basierte auf dem ursprünglichen Design der Tank, jedoch war die Lünette zu beiden Seiten des Zifferblatts breiter, und das Gehäuse war oben gewölbt und am Boden flach. Das Modell wurde mit einem passenden Armband mit satinierten Mittel- und polierten Außengliedern angeboten. Das Zifferblatt war im klassischen Cartier-Stil mit gestreckten römischen Ziffern gehalten. Ein Hilfszifferblatt bei 12 Uhr zeigte das Datum an, zwei weitere die abgelaufenen Minuten und Stunden des Chronographen.

UNTEN Cartier Tank Française, vorgestellt 1996.
Armbandchronograph aus 18 Kt Gelbgold mit Hilfszifferblättern für Datum, 30-Minuten- und 12-Stunden-Register (Kal. 212 P)
Länge 36 mm, Breite 28 mm

UNTEN International Watch Co.
Doppelchronograph Ref. 3711, vorgestellt 1992.
Schleppzeigerchronograph aus Edelstahl mit Automatikaufzug, Hilfszifferblättern für konstante Sekunde, 30-Minuten- und 12-Stunden-Register sowie Wochentags- und Datumsfenster (Kal. 79030)
Durchmesser 42 mm

Zur Basler Uhrenmesse 1998 stellte Patek Philippe das neue Chronographenmodell Ref. 5070 vor. Mit Ausnahme der Modelle mit Ewigem Kalender und Chronograph war es der erste Armbandchronograph des Herstellers seit fast 30 Jahren. Das Design war eng an die zwischen 1950 und 1952 hergestellte Ref. 2512 angelehnt, was die abgeschrägte Lünette und die markant nach unten abfallenden Bandanstöße mit gestuften Kanten erklärt. Auch das Zifferblatt mit den aufgesetzten arabischen Goldziffern, den Blattzeigern und der Machart der Hilfszifferblätter und Kalibrierungen war typisch für Patek Philippes Chronographenmodelle der 1940er- und 50er-Jahre. Obwohl die Ref. 2512 als Inspirationsquelle für die Ref. 5070 ein übergroßes Modell war, maßen die seriengefertigten historischen Chronographen der Firma eher bescheidene 33 bis 37 mm. Die 5070 war hingegen mit 42 mm ungewöhnlich groß für Patek Philippes Verhältnisse zu diesem Zeitpunkt, wenngleich auch andere Hersteller in den frühen 1990er-Jahren bereits große Modelle vorgelegt hatten.

In der zweiten Hälfte der 1990er-Jahre begann Rolex, Daytona-Modelle mit opulentem Edelsteinbesatz anzubieten. Diese farbenfrohen Uhren wurden von dem gleichen von Zeniths El Primero abgeleiteten Kaliber angetrieben, das der Hersteller seit 1988 in seinen Chronographen verbaute. Bei den Zifferblättern reichte die Variation von Edelsteinindizes bis zu komplett mit Pavé-Diamanten besetzten Blättern. Neben silber- und champagnerfarbenen sowie schwarzen kamen auch Perlmutt- und Mineralienzifferblätter zum Einsatz. Manche Exemplare wurden mit edelsteinbesetzten Lünetten anstelle der herkömmlichen skalierten Lünette produziert. Bei einigen Modellen waren auch die geschlossenen Bandanstöße mit Diamanten oder anderen Edelsteinen besetzt.

RECHTS Patek Philippe Ref. 5070, vorgestellt 1998.
Armbandchronograph aus 18 Kt Gelbgold mit Handaufzug, Hilfszifferblättern für konstante Sekunde und 30-Minuten-Register und Tachymeter-Außenskala (Kal. CH 27-70)
Durchmesser 42 mm

GEGENÜBER Rolex Oyster Perpetual Cosmograph Daytona Ref. 16599, um 1999.
Armbandchronograph aus 18 Kt Weißgold mit automatischem Aufzug, Registern, Sodalithzifferblatt, Diamantindizes, saphirbesetzter Lünette und diamantbesetzten geschlossenen Bandanstößen (Kal. 4030)
Durchmesser 39 mm

ROLEX
OYSTER PERPETUAL
SUPERLATIVE CHRONOMETER
OFFICIALLY CERTIFIED
COSMOGRAPH
DAYTONA

KALENDERUHREN

Breguet setzte seinen Expansionskurs in den 1990er-Jahren fort und erschloss sich neue Märkte in Asien und Nordamerika. Als besonders beliebt erwiesen sich die Kalenderuhren der Marke mit ihrer traditionellen, für komplexe Anzeigen gut geeigneten Zifferblattgestaltung. Und der historische Breguet-Stil beeinflusste auch weiterhin andere Hersteller, darunter Franck Muller, der in den 1990er-Jahren eine außergewöhnlich Vielfalt an hochkomplizierten Uhren lancierte. 1992 produzierte Muller die angeblich komplizierteste Armbanduhr der Welt unter Verwendung eines Werks von Louis-Elysée Piguet, dem Muller weitere mechanische Funktionen hinzufügte. Die Uhr bot einen Ewigen Kalender, Mondphase, retrograde Monats- und Zeitgleichungsanzeige, *grande* und *petite sonnerie*, Minutenrepetition und Thermometer.[5] Das Modell orientierte sich ästhetisch eng an Uhren von Abraham-Louis Breguet. 1997 stellte Muller eine kleine Serie ähnlich komplizierter Uhren mit einem neuen Werk, dem Kaliber 97, vor. Die Abbildung gegenüber zeigt ein Exemplar der Kal. 97 mit einem Gehäuse, das vom Art déco inspiriert wurde, einer Designperiode, die großen Einfluss auf Mullers Arbeiten hatte. Das Weißgoldgehäuse war mit großen, von Formen der 1930er-Jahre inspirierten Scharnierbandanstößen ausgestattet.

Bei der Basler Uhrenmesse 1992 präsentierte Audemars Piguet ein neues hochkompliziertes Modell, das Ewigen Kalender, Chronographen und Minutenrepetition kombinierte. Die Ästhetik der Uhr war mit den schmalen Stabindizes und der runden Form von Gehäuse und Lünette noch deutlich vom Stil der 1980er-Jahre beeinflusst. Die Form der Bandanstöße und die Blattzeiger ließen jedoch gleichermaßen auch historische Einflüsse der 1940er-Jahre erkennen. Bemerkenswert war der Durchmesser des Gehäuses, der mit 42 mm für die Zeit außergewöhnlich groß war.

Anlässlich ihres 125-jährigen Bestehens lancierte die International Watch Company 1993 ihre bisher komplizierteste Armbanduhr. Das Modell mit der Bezeichnung Destriero Scafusia Ref. 1868 war ebenfalls ungewöhnlich

UNTEN LINKS Breguet Ref. 3310, um 1995.
Armbanduhr aus 18 Kt Gelbgold mit automatischem Aufzug, Ewigem Kalender, Mondphasen- und Schaltjahres- sowie Gangreserveanzeige (Kal. 502)
Durchmesser 36 mm

UNTEN RECHTS Audemars Piguet Triple Complication Ref. 25725, vorgestellt 1992.
Armbanduhr aus 18 Kt Gelbgold mit automatischem Aufzug, Ewigem Kalender, Minutenrepetition, Chronograph mit Registern sowie Mondphasen-, Schaltjahres- und 52-Wochen-Anzeige (Kal. 2880)
Durchmesser 42 mm

GEGENÜBER Franck Muller Calibre 97, um 1997
Armbanduhr aus 18 Kt Weißgold mit Ewigem Kalender, Mondphase, retrograder Monats- und Zeitgleichungsanzeige, Minutenrepetition sowie *grande* und *petite sonnerie* (Kal. 97)
Durchmesser 37 mm

FRANCK MULLER
GENEVE
•Gd. Son.
•Pt. Son.
PERPETUAL CALENDAR
GRANDE SONNERIE
JAN FEV MAR AVR MAI JUN JUL AOUT SEP OCT NOV DEC
DIM LUN MAR MER JEU VE

IWC
SCHAFFHAUSEN
TOURBILLON
SON MON DIE MIT DON FRE SAM
JAN FEB MAR APR MAI JUN JUL AUG SEP OKT NOV DEZ
SWISS
MADE

GEGENÜBER International Watch Co. Destriero Scafusia Ref. 1868, vorgestellt 1993.
Armbanduhr aus 18 Kt Gelbgold mit Ewigem Kalender, Minutenrepetition und Tourbillon, Fenstern für Jahresanzeige und Mondphase sowie Schleppzeigerchronograph mit 30-Minuten- und 12-Stunden-Register (Kal. 1868)
Durchmesser 43 mm

RECHTS Sichtboden aus Saphirkristallglas der International Watch Co. Destriero Scafusia Ref. 1868

NÄCHSTE DOPPELSEITE, LINKS Patek Philippe Ref. 5016, vorgestellt 1993.
Armbanduhr aus 18 Kt Roségold mit schwarzem Zifferblatt und Ewigem Kalender, Tourbillon, Mondphase, Minutenrepetition und retrogradem Datum (Kal. R TO 27PS QR)
Durchmesser 36 mm

NÄCHSTE DOPPELSEITE, RECHTS Patek Philippe Ref. 5035, offiziell vorgestellt 1996.
Armbanduhr aus 18 Kt Roségold mit automatischem Aufzug, Jahreskalender und Zentralsekunde (Kal. 315 S QA)
Durchmesser 37 mm

groß und mit rund 17 mm auch beachtlich hoch. Die Uhr war mit Tourbillon, Ewigem Kalender, Mondphase, Schleppzeigerchronograph mit Registern und Minutenrepetition ausgestattet. Zum Zeitpunkt ihrer Produktion war sie die komplizierteste jemals in Serie gefertigte Armbanduhr. Das Modell mit seinen 21 Funktionen und Anzeigen bestand aus 750 von Hand gefertigten und finissierten Einzelkomponenten. Trotz der imposanten Größe war das Gehäusedesign mit der abgeschrägten Lünette, den rechteckigen Chronographendrückern und den großen, nach unten gewölbten und an den Außenkanten anglierten Bandanstößen deutlich von der Jahrhundertmitte beeinflusst. Ein markanter Schieber an der linken Gehäuseflanke aktivierte den Minutenrepetitionsmechanismus. Am Gehäuseboden war trendgemäß ein Sichtfenster verbaut, durch welches das reich dekorierte Werk mit dem beeindruckenden Tourbillon-Käfig betrachtet werden konnte. Das Zifferblatt wies ein traditionelles versilbertes Finish auf, die Zeigerform war ebenfalls vom Stil der 1940er- und 50er-Jahre beeinflusst.

In den 1990er-Jahren bot Patek Philippe eine breite Auswahl an Modellen mit Ewigem Kalender an. Eines der kompliziertesten Modelle brachte das Unternehmen 1993 unter der Referenznummer 5016 heraus. Die 5016 war eine Armbanduhr mit Tourbillon und Minutenrepetition sowie Ewigem Kalender mit retrograder Datumsanzeige und Mondphase. 1996 lancierte Patek außerdem ein neues Jahreskalendermodell. Obwohl kein echter Ewiger Kalender, stellte das Werk selbstständig auf die unterschiedlich langen Monate mit Ausnahme des Februar um, sodass die Datumsanzeige nur einmal pro Jahr angepasst werden musste. Diese Kalendermechanik war weniger anspruchsvoll und daher preisgünstiger umzusetzen als der Ewige Kalender. Das Modell wurde bei der Basler Uhrenmesse 1996 vorgestellt, als sich der Absatz von Luxusuhren nach dem Boom der späten 1980er- und frühen 90er-Jahre abzuschwächen begann, und wurde zu einem Drittel des Preises angeboten, der für Pateks Standardmodell mit Ewigem Kalender zu zahlen war.[6]

PATEK PHILIPPE
GENEVE
MAY
THU
TOURBILLON

PATEK PHILIPPE
GENEVE
SWISS

WELTZEITUHREN

In den 1990er-Jahren entstand eine neue Nachfrage nach Weltzeituhren, und unterschiedliche Hersteller boten entsprechende Modelle an. So stellte Svend Andersen 1990 eine Uhr vor, die deutlich von den Weltzeituhren beeinflusst war, welche Patek Philippe ab den späten 1930er- bis in die 1950er-Jahre produziert hatte und die den von Louis Cottier erfundenen Weltzeitmechanismus nutzten (s. S. 104–105). Andersen, der vor der Gründung seines eigenen Unternehmens bei Patek Philippe gearbeitet hatte, kannte das Weltzeitmodell gut, da er diese Uhren während seiner Tätigkeit in Pateks Atelier des Grandes Complications in den 1970er-Jahren selbst serviciert hatte.[7] Andersens Weltzeitarmbanduhr namens Communication funktionierte ähnlich wie Cottiers Originale: Die Lünette wurde gedreht, bis die aktuelle Zeitzone bei 12 Uhr stand, anschließend wurden die Zeiger auf die Ortszeit eingestellt. Der 24-Stunden-Außenring zeigte nun kontinuierlich die Zeit in allen Zeitzonen der Welt an.

Auch bei Vacheron Constantin, wo man Cottiers Weltzeitsystem während der 1930er-Jahre eingesetzt hatte, entwickelte man eine auf den Originalmodellen basierende Weltzeituhr. Vacherons neues Modell wies jedoch ein modernes Styling auf und wurde als Teil der Phidias-Linie vorgestellt. Das Gehäuse der Phidias ging nahtlos in ein kräftiges und zugleich elegantes Armband über. Das Zifferblatt war mit den Längen- und Breitengraden eines Globus dekoriert. Vacherons Modell nutzte ebenfalls eine mit Orten der Welt für die unterschiedlichen Zeitzonen markierte Drehlünette. Auch hier wurde nach dem Einstellen der Ortszeit auf die 12-Uhr-Position die Weltzeit für alle Zeitzonen auf dem 24-Stunden-Ring angezeigt.

Ein neuartiges System für die Weltzeitanzeige präsentierte Jaeger-LeCoultre in Gestalt des Modells Géographique. Ein längliches Sichtfenster über der 12-Uhr-Position bot die Möglichkeit, einzelne Zeitzonen anhand charakteristischer Städtenamen anzuwählen – dies geschah über eine an der linken Gehäuseflanke bei 10 Uhr positionierte Krone. Im unteren Bereich des Zifferblatts zeigte nun ein Zeitzonen-Hilfszifferblatt die Zeit für die

UNTEN LINKS Svend Andersen Communication, vorgestellt 1990.
Armbanduhr aus 18 Kt Gelbgold mit automatischem Aufzug und Weltzeitanzeige (Kal. 951)
Durchmesser 32 mm

UNTEN RECHTS Vacheron Constantin Phidias, vorgestellt in den frühen 1990er-Jahren.
Armbanduhr aus 18 Kt Gelbgold mit automatischem Aufzug und Weltzeitanzeige (Kal. 1180)
Durchmesser 34,5 mm

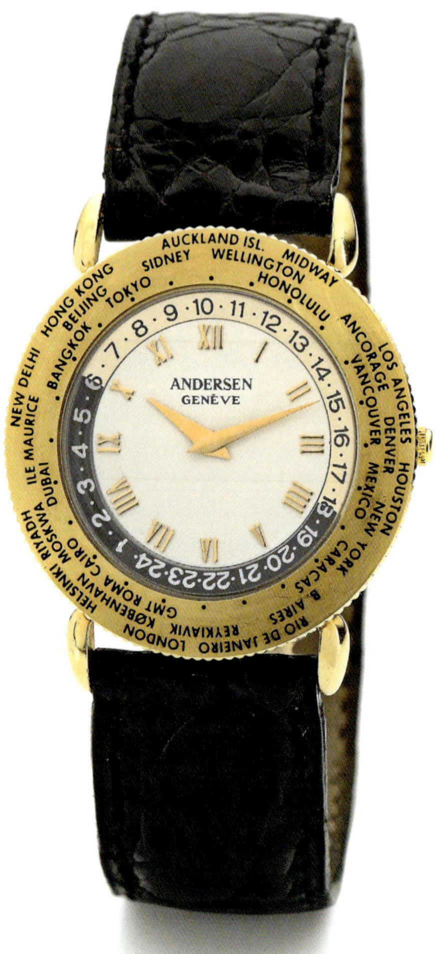

UNTEN LINKS Jaeger-LeCoultre Géographique, vorgestellt 1990.
Armbanduhr aus 18 Kt Gelbgold mit automatischem Aufzug, Zentralsekunde und zweiter Zeitzone/Weltzeitanzeige (Kal. 929)
Durchmesser 35 mm

UNTEN RECHTS Cartier Tank Cintrée, hergestellt in den 1990er-Jahren.
Rechteckige Armbanduhr aus 18 Kt Gelbgold mit Anzeige von zwei Zeitzonen (2 × Kal. 8‴)
Länge 45,5 mm, Breite 23,5 mm

im Fenster angewählte Stadt an, wobei sich dessen Stundenzeiger automatisch mit der Städtescheibe mitbewegte. Ein kleineres 24-Stunden-Hilfszifferblatt neben der Zeitanzeige für die zweite Zeitzone zeigte an, ob es sich um eine Tages- oder Nachtzeit handelte. Die Ortszeit wurde konventionell mit Stunden- und Minutenzeiger aus der Mitte angezeigt. Weiterhin war die Uhr mit einer Sektorenanzeige für die Gangreserve und einem weiteren Hilfszifferblatt für das Datum ausgestattet. Der Benutzer konnte auf diese Weise schnell und unkompliziert die Zeit in jeder Weltzeitzone ablesen. Das bei der Basler Uhrenmesse 1990 gezeigte Modell[8] wies mit der abgerundeten Form von Lünette und Flanken und den dezenten Bandanstößen beliebte Stilmerkmale der vorangegangenen Dekade auf.

Eine weitere Form der Zeitzonenanzeige boten die nach wie vor erhältlichen Uhren mit Doppelzifferblatt. In den 1990er-Jahren hatte Cartier eine Version der klassischen Tank Cintrée mit zweiter Zeitzone im Angebot. Das Zifferblatt war in eine obere und eine untere Hälfte unterteilt und zeigte zwei Zeitzonen mithilfe zweier separater Handaufzugswerke an. Zwillingszifferblätter waren auch in vorangegangenen Dekaden anzutreffen, und das Rechteckgehäuse der Cintrée eignete sich hierfür besonders gut, da die gesamte Zifferblattfläche durch zwei gleich große quadratische Blätter ausgefüllt werden konnte.

GRANDE UND PETITE SONNERIE

Angesichts der Beliebtheit von Komplikationsuhren wetteiferten die Uhrenhersteller in den 1990er-Jahren darum, immer kompliziertere Modelle zu konstruieren. Nicht alle Komplikationsuhren waren jedoch sofort als solche zu erkennen. Repetitionsuhren, die die Zeit auf Wunsch akustisch anzeigten, wurden oft mit einer Fülle weiterer mechanischer Funktionen ausgestattet, allerdings boten einige Firmen diese Uhren auch ohne zusätzliche Komplikationen an, sodass der seitliche Schieber das einzige Erkennungszeichen für ihre Komplexität war.

Auch wenn sie eine Seltenheit blieb, machte eine Form der Komplikation in den 1990er-Jahren vermehrt Furore, nämlich die Minutenrepetition mit *grande* und *petite sonnerie*. Diese Uhren zeigen auf Wunsch die laufende Zeit automatisch per Schlagwerk an. Uhren mit *grande sonnerie* schlagen die Stunde automatisch zu jeder vollen Stunde und zusätzlich zu jeder vollen Viertelstunde – üblicherweise mit einem Einzelschlag für jede Stunde und mit einem Doppelschlag für jede Viertelstunde, und zwar mit zwei getrennten Tonfedern und Hämmern. Die *petite sonnerie* schlägt im Normalfall zu jeder vollen Stunde und zu jeder vollen Viertelstunde (jedoch ohne zusätzlichen Stundenschlag). In der Regel bieten diese Uhren auch eine Minutenrepetition, die aber nicht wie gewohnt durch einen langen Schieber, sondern entweder durch einen Drücker oder einen kurzen Schieber aktiviert wird – hierdurch wird das bereits vorgespannte Schlagwerk ausgelöst. Bei einer Standard-Minutenrepetition wird das Repetitionsschlagwerk durch den langen Schieber zunächst aufgezogen und dann aktiviert.

1992 präsentierte Philippe Dufour, ein im Vallée de Joux in der Schweiz ansässiger unabhängiger Uhrmacher, eine außergewöhnliche Armbanduhr mit *grande sonnerie*. Die Uhr, deren Fertigstellung zwei Jahre in Anspruch genommen hatte, war mit ihrem weißen Emaillezifferblatt, den römischen Ziffern und gebläuten Zeigern wie eine traditionelle Taschenuhr gestaltet. Mit Schiebern oder »Schaltern« an den Gehäuseflanken konnte der Träger einstellen, ob das Schaltwerk erklingen und, wenn ja, ob es die Stunden und/oder Viertelstunden schlagen sollte. Obwohl Dufour eine verglaste Cuvette (Zwischendeckel) über dem Werk platzierte, hatte das Gehäuse zusätzlich einen massiven Scharnierboden, der es zunächst vor Blicken schützte und das Öffnen zu einem besonderen Erlebnis machte. Das Werk selbst war eindrucksvoll mit anglierten Brücken und Genfer Streifenschliff dekoriert. Der Bau dieser Uhr war eine herausragende Leistung – dabei erwiesen sich Dufours Erfahrungen, die er in den 1980er-Jahren mit der Restauration von Taschenuhren, insbesondere mit Repetitionswerken, gesammelt hatte, als unschätzbar. Philippe Dufour zählte zu einer kleinen Gruppe höchst talentierter unabhängiger Uhrmacher, deren Uhren während der anhaltenden Renaissance der mechanischen Uhr in den 1990er-Jahren immer begehrter wurden.

GEGENÜBER Philippe Dufour, vorgestellt 1992.
Armbanduhr aus 18 Kt Roségold mit zwei Räderwerken und *grande* und *petite sonnerie* sowie Trip-Minutenrepetition (Kal. 12)
Durchmesser 41 mm

N°3
PHILIPPE
DUFOUR
SWISS
PHILIPPE DUFOUR

PANERAI UND OFFSHORE

In den 1980er-Jahren herrschten bei Armbanduhren relativ moderate Gehäusegrößen vor; runde Herrenuhren maßen meist zwischen 34 und 36 mm. In den Folgejahren, verstärkt vor allem nach der Jahrtausendwende, sollte sich ein Trend zu extrem großen Gehäusen entwickeln. Auch in den frühen 1990er-Jahren wurden bereits einzelne Modelle mit größeren Gehäusen lanciert. 1993 stellten zwei Marken Modelle vor, die die üblichen Gehäusedimensionen infrage stellten und den Weg für eine neue Gattung großer Armbanduhren ebneten.

Emmanuel Gueit, ein junger Designer in Diensten Audemars Piguets, fertigte 1989 Designentwürfe für eine vollkommen neue Form des Flaggschiffmodells Royal Oak an.[9] Diese neue Royal Oak trat in dramatisch vergrößertem Format auf und erhielt eine bewusst robuste Anmutung, die dadurch bekräftigt wurde, dass es sich um ein Chronographenmodell handelte. Zwischen der verschraubten Lünette und dem Hauptgehäuse befand sich eine dicke, sichtbare Dichtung, Krone und Drücker waren mit Silikonkappen armiert und wurden von kräftigen Gehäusevorsprüngen geschützt. Das Zifferblatt mit Hufnagelmuster setzte einen zusätzlichen Strukturakzent und unterstrich ebenfalls den robusten Charakter der Uhr. Am markantesten war die Größe des Modells: Mit 42 mm Durchmesser und einer Gehäusehöhe von 15 mm war die Uhr für damalige Verhältnisse riesig. Das Modell erhielt die Bezeichnung Royal Oak Offshore und hatte sich schon zum Zeitpunkt seiner Vorstellung bei der Basler Uhrenmesse 1993 den Spitznamen »The Beast« gesichert.[10]

GEGENÜBER Officine Panerai Mare Nostrum Ref. 5218-301/A, vorgestellt 1993.
Armbandchronograph aus Edelstahl mit Hilfszifferblättern für konstante Sekunde und 30-Minuten-Register, Lünette mit Tachymeterskala (Kal. 3127)
Durchmesser 42 mm

RECHTS Audemars Piguet Royal Oak Offshore Ref. 25721ST, vorgestellt 1993.
Armbandchronograph aus Edelstahl mit automatischem Aufzug, Hilfszifferblätter für konstante Sekunde, 30-Minuten- und 12-Stunden-Register, Datumsfenster und Tachymeter-Außenskala (Kal. 2126/2840)
Breite 42 mm

MARE
NOSTRUM
PANERAI
Km/h

LUMINOR
MARINA
PANERAI
L SWISS L

GEGENÜBER **Officine Panerai Luminor Marina Ref. OP6519, hergestellt um 1999.**
Armbanduhr in Kissenform mit PVD-Beschichtung (Kal. OPII)
Breite 44 mm

Im September 1993 präsentierte die Uhrenmarke Panerai an Bord eines Kreuzers der italienischen Marine eine Serie mit drei limitierten Uhrenmodellen. Diese extrem großen Modelle basierten auf Uhren, die Panerai während des Zweiten Weltkriegs für Kampftaucher konzipiert hatte und die ursprünglich zum Tragen über dem Taucheranzug bestimmt waren. Die Modelle hießen Luminor, Luminor Marina und Mare Nostrum und waren zwischen 42 und 44 mm groß. Die Mare Nostrum war ein Armbandchronograph mit breiter, flacher Lünette und markantem schwarzem Zifferblatt mit großen Leuchtziffern. Zum Markenzeichen und stilprägend für spätere Panerai-Modelle sollten jedoch die Luminor-Modelle mit ihrem großen, kissenförmigen Gehäuse werden. Neben den massiven Gehäusen verfügten sie über einen Kronenschutz, der die Krone vollständig umgab und sie mithilfe eines Hebels arretierte. Die Luminor und Luminor Marina trugen charakteristische schwarze Zifferblätter mit großen arabischen Ziffern und Stabindizes, die meist nachleuchtend, zuweilen aber auch nur mit Leuchtakzenten darüber versehen waren. Mit seiner Kissenform, dem massiven Kronenschutz und 44 mm Durchmesser wirkte das Gehäuse der Luminor noch wuchtiger. Zur Zeit der Wiederbelebung der Marke Panerai im Jahr 1993 war der italienische Uhrenmarkt sehr einflussreich, und trotz schwieriger wirtschaftlicher Rahmenbedingungen in diesem Jahr war die Zeit reif für die Wiedereinführung einer italienischen Uhrenmarke. Der Sammlermarkt begrüßte die neuen Modelle tatsächlich enthusiastisch, und die Marke Panerai wurde 1997 von der Vendôme-Gruppe (heute unter dem Namen Richemont-Gruppe bekannt) übernommen. Im Jahr darauf folgte Panerais offizielle Weltpremiere, die den Auftakt zu einer dramatisch ansteigenden Beliebtheit in den ersten fünf Jahren unter der neuen Eigentümerschaft bildete.

Sowohl die Offshore als auch die Panerai-Modelle erwiesen sich in den folgenden Jahren als äußerst einflussreich. Ihr Erfolg erschloss einen neuen Markt für besonders große Armbanduhren. Die Auswirkungen waren nicht sofort spürbar, es setzte jedoch langsam ein Trend zu größeren Uhren ein. Zwei Jahrzehnte nach Einführung der Offshore und der Panerai-Modelle dominierten übergroße Armbanduhren den Markt, und Gehäusedurchmesser von 40 mm und darüber galten als Standard.

GLOSSAR

Ankerhemmung *siehe Hemmung*

Automatik Diese Uhren verfügen über ein Werk mit einem Zusatzmechanismus, der die Uhr beim Tragen automatisch aufzieht. Bei den meisten dieser Uhren ist ein *Rotor* auf der Werkrückseite angebracht, der sich konzentrisch um das Uhrwerk dreht – der Rotor setzt das Automatiksystem in Gang, und dieses wiederum zieht die *Zugfeder* auf, die die Uhr antreibt. Damit die Uhr bei voll gespannter Zugfeder nicht überdreht, wird der Aufzug durch unterschiedliche Vorrichtungen blockiert, verriegelt oder entkoppelt. Bevor die Rotorautomatik sich durchsetzte, waren Werke mit *Pendelautomatik* verbreitet. Anstelle eines Rotors wurde bei diesen Uhren eine Schwungmasse eingesetzt, die auf etwa 2/3 des Werkumfangs pendelte und an den Enden des Pendelwegs durch Federn gedämpft wurde.

Bandanstöße Vorsprünge am Uhrengehäuse, an deren Ende entweder ein Federsteg eingesetzt wird oder ein Metallsteg fest angebracht ist. An diesen Stegen wird das Armband angebracht.

Bassine Traditionelle Uhrengehäuseform mit gewölbtem Scharnierdeckel am Boden und einer abgerundeten Lünette, die das Uhrenglas hält.

Bombé Eine Art der Ausführung von *Bandanstößen* mit charakteristischer facettierter und ausgestellter Form. Diese Form ist eher selten anzutreffen und meist in der Mitte des 20. Jahrhunderts anzusiedeln.

Bras-en-l'air, wörtlich übersetzt »Arme in die Luft«, bezeichnet Uhren, die die Zeit mithilfe von Figuren, Tiermotiven oder Objekten anzeigen. Die Bedienung erfolgt über einen Drücker, bei dessen Betätigung die Arme oder Beine der Figur bzw. die Extremitäten des Objekts so angehoben werden, dass sie die Zeit in Stunden und Minuten auf dem entsprechend kalibrierten Zifferblatt anzeigen.

Calibré-Schliff Edelsteine in diesem Schliff sind meist facettiert und konisch und so geschliffen, dass sie sich nahtlos aneinanderfügen lassen. Die Steine haben meist eine Rechteck- oder Trapezform.

Chronograph Eine Uhr mit standardmäßiger Zeitanzeige und zusätzlicher Zeitnahme-/Stoppuhrfunktion. Ein zentraler Chronographensekundenzeiger wird mit einem oder mehreren Drückern gestartet, gestoppt und zurückgestellt. Die meisten Chronographen haben ein oder zwei *Register* in Form von Hilfszifferblättern, die die abgelaufene Zeit in Minuten und zuweilen auch Stunden anzeigen. Ein *Schleppzeigerchronograph* verfügt über zwei zentrale Chronographensekundenzeiger: Einer davon, der *Schleppzeiger*, ist über dem anderen montiert und kann unabhängig vom anderen gestoppt, zurückgestellt oder wieder an den Hauptsekundenzeiger angeglichen werden, sodass mehrere Zeiten gemessen werden können. Beim Start eines Schleppzeigerchronographen mittels eines Drückers laufen beide Sekundenzeiger zunächst zusammen; mit einem separaten Drücker kann der Schleppzeiger unabhängig gestoppt werden und in dieser Position verbleiben, bis der Hauptsekundenzeiger separat gestoppt wird, oder wieder mit dem Hauptzeiger mitlaufen. Werden beide simultan laufenden Zeiger gestoppt, können sie wieder auf die Nullposition zurückgestellt werden.

Chronometer hat zwei unterschiedliche Bedeutungen:

1. Ursprünglich bezeichnete Chronometer nur Uhren, die mit einer Chronometer*hemmung* ausgestattet waren. Bei diesen Uhren enthält die Hemmung einen *Ruhearm*, dies ist ein in einem Lagerstein gelagertes Bauteil aus Stahl, das das Hemmungsrad freigibt. Diese Art von Hemmung zeichnet sich durch eine besonders ungehinderte Funktion und geringe Reibung aus. Die englischen Uhrmacher John Arnold und Thomas Earnshaw entwickelten unabhängig voneinander Chronometerhemmungen mit Feder, von denen Earnshaws Version sich als die erfolgreichste herausstellte. Diese Chronometer zeichneten sich durch außergewöhnliche Ganggenauigkeit aus und wurden häufig zu Navigationszwecken auf See verwendet. Für den gleichen Zweck wurden auch große, in Holzgehäusen kardanisch aufgehängte Marinechronometer eingesetzt.

2. Als Chronometer werden unabhängig von der Art der Hemmung auch Uhren bezeichnet, die offiziell auf die Einhaltung der Chronometernorm geprüft wurden. Die Observatorien von Bescançon, Neuchâtel und Genf sowie offizielle Prüfstellen in Bienne, La Chaux-de-Fonds, Le Locle, Saint-Imier und Le Sentier boten die Möglichkeit, die Ganggenauigkeit dort eingereichter Uhren nach strengen Kriterien testen und bescheinigen zu lassen. Ähnliche Prüfungen wurden auch in Kew in England angeboten. Während der Prüfung wurde das Uhrwerk 15 Tage lang in fünf unterschiedlichen Positionen getestet. Um den Chronometerstatus zu erhalten, musste die tägliche Gangabweichung des Werks innerhalb bestimmter Grenzwerte liegen. Die Grenzwerte wurden im Laufe des 20. Jahrhunderts geändert und besagten in den 1960er-Jahren, dass die Gangabweichung -1 bis +10 Sekunden pro Tag nicht überschreiten durfte. 1973 wurden diese Grenzwerte von der Contrôle Officiel Suisse des Chronomètres (COSC) auf eine zulässige mittlere tägliche Abweichung von –4 bis +6 Sekunden festgelegt. Für Quarzuhren galten strengere Regeln.

Chronometerhemmung *siehe Chronometer*

Co-Axial-Hemmung Eine moderne Form der *Hemmung*, die der englische Uhrmacher George Daniels erfunden hat. Die Genialität dieser Hemmung liegt darin, dass sie die Reibung deutlich reduziert und eine Schmierung damit fast vollkommen entbehrlich macht, sodass die Effizienz gesteigert und Wartungsintervalle verlängert werden können. Daniels schloss die Entwicklung der Co-Axial-Hemmung 1974 ab und ließ sie 1980 patentieren.

Cuvette Ein Deckel, der sich über dem Werk und unterhalb des eigentlichen Gehäusebodens befindet. Diese Deckel dienen hauptsächlich als zusätzlicher Schutz gegen Schmutz und Feuchtigkeit, verleihen aber auch dem Gehäuse zusätzliche Stabilität. Manche Cuvetten sind verglast, um eine Betrachtung des Werks zu ermöglichen.

Deckuhr oder Beobachtungsuhr: Eine Taschenuhr mit hoher Ganggenauigkeit, die auf Schiffen und U-Booten für Beobachtungs- und Navigationszwecke mitgeführt wurde. Deckuhren wurden auch als zusätzliche Zeitanzeige zur Überprüfung des an Bord befindlichen Marine*chronometers* verwendet.

Dreifachkalender Eine Uhr mit Dreifachkalender zeigt Wochentag, Datum und Monat an. Uhren mit Dreifachkalender sind technisch gesehen meist *einfache Kalender*, denn obwohl *Ewige Kalender* ebenfalls Wochentag, Datum und Monat anzeigen, sind letztere erheblich komplexer und tragen daher eine eigene Bezeichnung.

Einfacher Kalender Bei einer Uhr mit einfachem Kalender werden die unterschiedlich langen Monate nicht bei der Datumsanzeige berücksichtigt, daher muss diese in allen Monaten mit weniger als 31 Tagen neu gestellt werden.

Etuiuhr Anders als herkömmliche Taschenuhren sind Etuiuhren meist rechteckig oder quadratisch geformt und fast immer mit einer Abdeckung über dem Zifferblatt ausgestattet. Etuiuhren wurden als Damen- und Herrenmodelle angeboten und waren insbesondere in den späten 1920er- und den 1930er-Jahren beliebt.

Ewiger Kalender Diese Art von Kalender*komplikation* ermöglicht die korrekte Anzeige von Wochentag, Datum und Monat unabhängig von der Zahl der Tage im Monat. Der Ewige Kalender berücksichtigt auch den Extratag im Februar während eines Schaltjahrs.

Fly-back Der Fly-back dient zur Messung kurzer Zeitintervalle. Die Funktion ähnelt der eines herkömmlichen *Chronographen*-Sekundenzeigers; anders als dieser läuft der Fly-back-Zeiger jedoch kontinuierlich und wird durch Betätigen eines Drückers lediglich auf 12 Uhr/die Nullstellung zurückgestellt, wonach er sofort wieder startet. Fly-back-Zeiger sind auch an *Schleppzeigerchronographen* zu finden; bei diesen Uhren befindet sich der Fly-back-Zeiger jedoch über dem Haupt-Chronographensekundenzeiger und kann unabhängig von diesem gestoppt, auf die Nullstellung zurückgestellt oder synchron zum Hauptzeiger gestellt werden.

Gangreserveanzeige Meist fächerförmige Sektorenanzeige mit eigenem Zeiger, die die verbliebene Aufzugsenergie der *Zugfeder* anzeigt. Auch als »Auf und Ab«-Anzeige bekannt.

Grande sonnerie *siehe Selbstschlaguhr*

Guillochierung Eine Dekorationstechnik, die mit einer speziellen Guillochierdrehbank ausgeführt wird und unterschiedliche kontrastierende Muster erzeugen kann. Sie wird bei Gehäuseböden, Zifferblättern und gelegentlich bei *Lünetten* angewendet und in manchen Fällen zur Verstärkung des Effekts mit transluzenter Emaille aufgefüllt.

Halbsavonnette Wie *Savonnette*-Uhren auch ist die Halbsavonnette mit einem Deckel über dem Zifferblatt ausgestattet, der bei der Halbsavonnette jedoch ein Sichtfenster aus Glas aufweist, um die Zeit auch bei geschlossenem Deckel ablesen zu können. Bedingt durch die kleine Fenstergröße konnte das Sichtfenster aus dickerem Glas als das eigentliche Uhrenglas gefertigt werden, um es bruchsicherer zu machen.

Hemmung Der Teil des Uhrwerks, der das *Räderwerk* stoppt und wieder freigibt und so einen Impuls von der *Zugfeder* zur *Unruh* überträgt. Von den unterschiedlichen existierenden Formen der Hemmung ist die vom englischen Uhrmacher Thomas Mudge 1754 erfundene *Ankerhemmung* bei mechanischen Uhren des 20. Jahrhunderts mit Abstand am häufigsten anzutreffen. *Siehe auch Co-Axial-Hemmung*

Hermetisch Bezeichnung für bestimmte Uhren mit einem Doppelgehäuse, das die Krone vor dem Eindringen von Schmutz und Feuchtigkeit schützen soll. Das Innengehäuse ist meist mit einem Scharnier am Außengehäuse befestigt und kann zum Aufziehen und Stellen der Zeit ausgeklappt werden. Das Außengehäuse ist zweiteilig und besteht aus einem massiven Unterteil und einem separaten Schraubdeckel mit stets gerändelter *Lünette* für leichteres Auf- und Zuschrauben mit den Fingern.

Hilfszifferblatt Ein kleines Zifferblatt innerhalb des Hauptzifferblatts einer Uhr, auf dem Zusatzfunktionen wie Sekunden oder Kalenderanzeigen wie Datum, Monat oder Wochentag angezeigt werden.

Jacquemart Eine Automatenfigur, die zeitgleich mit der Glocke oder Tonfeder einer Uhr eine Glocke anzuschlagen scheint.

Jahreskalender Diese Form der Kalender*komplikation* passt die Datumsanzeige selbstständig an die unterschiedlich langen Monate mit Ausnahme des Februars an, sodass Datum und Monat nur einmal pro Jahr neu eingestellt werden müssen.

Kaliber (Kal.) Uhrwerke werden im Normalfall mit einer Kalibernummer bezeichnet. Ein Kaliber kann mehrere Varianten haben, die oft als Suffix zu einer Basiskalibernummer zu erkennen sind. Manchen Kalibernummern ist ein Stempel oder Logo des Werkherstellers vorangestellt. Viele Uhrenmarken haben Uhrwerke zugekauft und im eigenen Haus fertiggestellt. Aus diesem Grund findet man häufig die Kalibernummer eines Werkeherstellers und die Signatur einer Uhrenmarke auf ein und demselben Werk. Werke ohne bestimmte Bezeichnung können anhand ihrer Größe in der Maßeinheit *Linie* beschrieben werden. *Siehe auch Linie*

Kanalfassung Bei dieser Art von Fassung werden Edelsteine zwischen zwei Schienen gehalten, in die sie eingeschoben werden, sodass die Fassung unsichtbar zu sein scheint. Dies wird erreicht, indem Rillen in die Flanken des Steins eingeschliffen werden. Bei Uhren kann die Fassung in der *Lünette* verborgen sein, die mit den Steinen besetzt ist.

Komplikation Jede Funktion, die über die reine Zeitanzeige hinausgeht. Es kann sich dabei um eine einfache Datumsanzeige oder um komplexe Funktionen wie Schlagwerk oder Stoppuhr handeln. Uhren mit mehreren Zusatzfunktionen werden als Komplikationsuhren bezeichnet.

Kugeluhr Uhr in Kugelform.

Lépine-Gehäuse Uhrengehäuse ohne Deckel über dem Uhrenglas und mit unmittelbar sichtbarem Zifferblatt.

Linie Die *Linie* ist eine alte Maßeinheit, die das Zeichen ''' trägt und aus der Zeit vor der Einführung des metrischen Systems stammt. Im Uhrenbereich ist sie nach wie vor als Größeneinheit für Uhrwerke gebräuchlich. Uhrwerke werden oft nach ihrer Größe in *Linien* bezeichnet, insbesondere wenn die Kalibernummer nicht bekannt oder verfügbar ist; 1 *Linie* = 2,2558 mm.

Lünette Der Teil der Uhr, der das Uhrenglas an der Uhr befestigt und meist auch das Design der Uhr mitbestimmt. Sie kann unterschiedlich geformt und abnehmbar oder voll in das Gehäuse der Uhr integriert sein. Die meistverbreiteten Ausführungen sind flach, abgeschrägt, gerundet/konvex oder konkav.

Minutenrepetition Wird meist durch einen Schieber an der Gehäuseflanke aktiviert. Der Schieber zieht ein kurzes *Gehwerk* auf, das wiederum beim Loslassen einen Schlagmechanismus antreibt, der die Zeit schlägt, und zwar meist auf gewendelten Tonfedern, die sich im Inneren des Werks befinden. Die Stunden werden zuerst geschlagen (ein einzelner Ton für jede Stunde), gefolgt von den Viertelstunden (meist mit einem Doppelschlag) und schließlich den Minuten (schnelle Einzelschläge, meist in einem höheren Ton als die vorherigen Schläge). Uhren mit *Viertelrepetition* funktionieren ähnlich, schlagen aber nur die Stunden und Viertelstunden.

Mittlere Zeit Die Standardzeit, die auf Groß- und Kleinuhren angezeigt wird. Der 24-Stunden-Tag ist ein Mittelwert aus allen Sonnenzeittagen des Jahres. *Siehe auch Zeitgleichung; Sonnenzeit*

Pendelautomatik *siehe Automatik*

Petite sonnerie *siehe Selbstschlaguhr*

Pulsometer Eine Skala auf einem *Chronographen*, die für den medizinischen Einsatz bestimmt ist. Auf dem Zifferblatt wird je nach Einteilung eine Anzahl von Pulsschlägen angezeigt. Bei einer Kalibrierung auf 30 Pulsschläge zum Beispiel wird der Chronograph gestartet, es werden 30 Pulsschläge des Patienten abgezählt und der Chronograph wieder gestoppt. Nun zeigt der Chronographensekundenzeiger auf der Skala die Pulsschläge pro Minute an.

Räderwerk Zusammenfassende Bezeichnung für die Zahnräder und Triebe, die die Verbindung zwischen dem Federhaus mit der *Zugfeder* zur *Hemmung* bilden, wird oft auch als Gehwerk bezeichnet. Uhren mit Wecker- oder Zeitschlagfunktion verfügen über ein zusätzliches Räderwerk, das Schlagwerk genannt wird.

Register *siehe Chronograph*

Reibpassung Gehäuseböden mit Reibpassung werden oft als »gedrückte« Gehäuseböden bezeichnet. Diese Gehäuseböden werden mit einem Uhrmachermesser aufgehebelt und stellen durch die enge, Reibung erzeugende Passung zwischen Gehäuse und Bodendeckel sicher, dass letzterer sich nicht im Alltagsgebrauch lösen kann.

Remontoir Eine Feder oder andere Vorrichtung, die vom *Räderwerk* aufgezogen und sich in regelmäßigen Abständen entspannt. Ein *Satellitenrad* fungiert als Bremse, um die Geschwindigkeit zu regeln, mit der sich das Remontoir wieder aufzieht.

Reversuhr Eine Uhrenform, die zum Tragen an einem Knopfloch vorgesehen ist. Sie besteht meist aus einem kleinen Zifferblatt, das auf einem kurzen Schaft sitzend aus dem eigentlichen Uhrengehäuse mit Uhrwerk hervorsteht. So kann das Zifferblatt offen getragen und das Gehäuse mit Werk hinter dem Knopfloch verborgen werden.

Rohwerk (frz.: *ébauche*) Ein Uhrwerk im Rohzustand vor der Fertigstellung. Ein Rohwerk kann lediglich aus den Grundplatinen bestehen oder bereits mit Komponenten wie Federhaus, Rücker und Sperrrad bestückt sein. Viele Uhrenhersteller fertigten keine eigenen Rohwerke, sondern kauften sie von spezialisierten Herstellern zu und führten die Endbearbeitung im eigenen Hause durch.

Rotor *siehe Automatik*

Satellitenrad *siehe Remontoir*

Savonnette Eine Uhr mit Scharnierdeckel über dem Zifferblatt, der meist mit einem Drücker in der Aufzugskrone geöffnet wird.

Schleppzeiger *siehe Chronograph*

Schnecke Diese Komponente dient dazu, die Schwankungen in der Energieabgabe der *Zugfeder* im Verlauf ihrer Entspannung auszugleichen und so eine gleichmäßige Kraftübertragung an das *Gehwerk* zu gewährleisten. Die konisch geformte Schnecke ist spiralförmig eingekerbt und mit der Zugfeder über eine Kette verbunden. Bei voll aufgezogener Zugfeder zieht diese an der Schnecke und wickelt die Kette vom engsten Teil der Windung ab, wofür sie die größte Kraft benötigt; wenn die Zugfeder nahezu entspannt ist, zieht sie am weitesten Teil der Schnecke und benötigt am wenigsten Energie. Da es im Laufe der Zeit gelang, die Kraftentfaltung der Zugfeder gleichmäßiger zu gestalten, wurde die Kraftübertragung mit Kette und Schnecke zum Beginn des 20. Jahrhunderts bei Kleinuhren nahezu obsolet.

Selbstschlaguhr Uhren dieser Art schlagen die Zeit ähnlich wie eine Großuhr. Wenn der Minutenzeiger die volle Stunde erreicht, schlägt die Uhr die Zahl der Stunden, und zwar in der Regel auf einer gewendelten Tonfeder (bei frühen Exemplaren auch auf einer Glocke). Bei den Selbstschlaguhren lassen sich zwei Typen unterscheiden: *grande sonnerie* und *petite sonnerie*, meist kann bei einer Uhr jedoch zwischen *grande*, *petite* und *stillem Betrieb* gewählt werden. Uhren mit *grande sonnerie* schlagen die Stunde automatisch zu jeder vollen Stunde und zu jeder vollen Viertelstunde erneut zusätzlich zur aktuellen Viertelstunde – üblicherweise mit einem Einzelschlag für jede Stunde und mit einem Doppelschlag für jede Viertelstunde, und zwar mit zwei getrennten Tonfedern und Hämmern. Die *petite sonnerie* schlägt im Normalfall zu jeder vollen Stunde und zu jeder vollen Viertelstunde (jedoch ohne zusätzlichen Stundenschlag). Selbstschlaguhren bieten auch eine Repetition auf Wunsch, die *Trip-Repetition*: Anders als die herkömmliche *Minutenrepetition* wird diese aber über einen Drücker und nicht über einen Schieber ausgelöst. Der Drücker löst ein vorgespanntes *Räderwerk* für das Schlagen der Zeit aus.

Siderische Zeit Die siderische Zeit ist die ursprüngliche Standardzeit der Astronomen und beruht auf der Zeit, die die Erde für eine Umdrehung um die eigene Achse benötigt: Indem man den Lauf der Erde in Relation zu einem Fixstern misst, kann man die tatsächliche Zeit berechnen, die die Erde für eine volle Umdrehung benötigt. Diese Zeitspanne nennt man siderischer Tag, er ist ca. 23 Stunden, 56 Minuten und 4,1 Sekunden lang.

Skelettiert Bei skelettierten Werken kann der Betrachter durch das Werk hindurchsehen. Bei diesen Uhren wird meist auf ein Zifferblatt verzichtet, um das skelettierte Werk von der Vorderseite aus betrachten zu können; Stundenmarkierungen können ganz fehlen, in die *Lünette* eingraviert oder auf dem Glas der Uhr markiert sein.

Sonnenzeit Die Zeit, wie sie auf einer Sonnenuhr angezeigt wird. Ein *Sonnentag* ist die Zeitspanne zwischen zwei aufeinanderfolgenden Meridiandurchgängen der Sonne. *Siehe auch Zeitgleichung*

Tachymeter Eine Skala – meist mit Meilen- oder Kilometereinteilung – auf dem Zifferblatt mancher *Chronographen*, mit der die Geschwindigkeit eines sich bewegenden Objekts über eine festgelegte Distanz gemessen werden kann. Fährt ein Auto über eine gemessene Strecke von einem Kilometer oder einer Meile, wird der Chronograph beim Start betätigt und gestoppt, sobald die gemessene Strecke durchfahren wurde. Auf der Tachymeterskala kann nun an der Position des stehenden Chronographensekundenzeigers die Geschwindigkeit in km/h oder mph abgelesen werden.

Telemeter Skala an manchen *Chronographen*, mit der Entfernungen zu Ereignissen gemessen werden können, die sowohl Schall als auch Licht von sich geben – wird der Chronograph beispielsweise gestartet, wenn ein Blitz zu sehen ist, und gestoppt, wenn der Donner zu hören ist, kann durch Ablesen des Chronographensekundenzeigers an der Telemeterskala die Entfernung des Gewitters abgelesen werden.

Tonneau Fassförmig; eine längliche Form mit konvexen Seiten.

Tourbillon Bei Tourbillon-Uhren sind *Hemmung* und *Unruh* in einem Tourbillon-Käfig montiert, der (bei Armbanduhren meist einmal pro Minute) um die eigene Achse rotiert, während die Unruh schwingt und das Hemmungsrad sich dreht. Die Tourbillon-*Komplikation* diente ursprünglich dazu, Gangfehler einer in horizontaler Position befindlichen Uhr zu kompensieren, und war daher eigentlich eher für Taschenuhren geeignet, seine faszinierende Mechanik sorgte jedoch für eine dauerhafte Beliebtheit auch bei Armbanduhren. Das Tourbillon wurde 1801 von Abraham-Louis Breguet erfunden.

Trip-Repetition *siehe Selbstschlaguhr*

Units per hour *Chronographen* mit einer Skala »Units per hour« auf der *Lünette* können als *Tachymeter* zur Messung von Geschwindigkeiten oder zur Berechnung stündlicher Produktionsraten verwendet werden. Startet man beispielsweise in einer Fabrik einen mit dieser Skala versehenen Chronographen, wenn die Produktion eines Erzeugnisses beginnt, und stoppt ihn wieder bei dessen Fertigstellung, kann am stehenden Chronographensekundenzeiger nun die Anzahl der Erzeugnisse abgelesen werden, die in einer Stunde ohne Pause produziert werden können.

Unruh Ein schwingendes Rad, das zusammen mit der Unruhspirale die Geschwindigkeit regelt, mit der die Uhr läuft und damit ihre Genauigkeit bestimmt. Über der Unruh befindet sich der Unruhkloben, eine Metallbrücke, die fast immer mit einer Regulierungsskala zum Beschleunigen oder Verlangsamen des Werks ausgestattet ist. Über dem Zentrum der Unruh befindet sich der Deckstein. Dieser bildet den Abschluss der Unruhwelle und ist bei manchen Uhren mit einer Stoßsicherung in Form einer Feder versehen, die Stöße gegen die Uhr abfedert. Im frühen 20. Jahrhundert, als es noch keine speziellen Unruhen und Federn aus temperaturkompensierenden Legierungen (wie Invar oder Glucydur) gab, bestanden Unruhen oft aus zwei miteinander verbundenen Metallstreifen, meist Stahl und Messing. Diese Unruhen waren in der Nähe der Schenkel durchbrochen, sodass sich die Enden bei Temperaturschwankungen nach innen oder außen bewegen konnten – diese Expansion und Kontraktion des Unruhrings veränderte das Trägheitsmoment der Unruh, da sich die Masse des Rings dem Zentrum der Unruh näherte oder sich von ihm entfernte. Die Elastizität einer nicht temperaturkompensierten Unruhspirale ist empfindlich für Temperaturschwankungen, die zu ungleichmäßigen Schwingungen und damit einer ungenau laufenden Uhr führen können. Durch die Expansion und Kontraktion der bimetallischen Kompensationsunruh wurden Schwankungen in der Elastizität der Unruhspirale ausgeglichen.

Viertelrepetition *siehe Minutenrepetition*

Zeiger Im Laufe des 20. Jahrhunderts wurden Zeiger in unterschiedlichen Formen hergestellt; zu den meistverbreiteten zählen:

- *Alpha*: Schmale, sich verjüngende Dreieckform mit scharfer Spitze.
- *Stab*: Gerade verlaufende Zeiger mit meist spitzen Enden.
- *Dauphine*: Schmale Dreieckform mit durchgehender Facette in der Mitte. Am Ende befindet sich eine scharfe Spitze.
- *Schwert*: Schwertzeiger verbreitern sich vom Zifferblattzentrum aus und bilden zur Spitze hin eine kurze Rautenform.
- *Feuille*: Blattförmige, schmale Zeiger mit Wölbung in der Mitte.
- *Filigran*: Meist aus Gold und mit feinen Verzierungen versehen, meist breitere Basis und feine Spitze.
- *Breguet* oder *Mond*: Meist aus gebläutem Stahl oder Gold und geformt wie ein Blattzeiger mit einer durchbrochenen Scheibe vor dem spitz zulaufenden letzten Drittel.
- *Skelett*: Meist von breiter Form und beim Stundenzeiger mit Rundung vor der Spitze. Stunden- und Minutenzeiger können Drahtstreben zur Stabilisierung und/oder zur besseren Aufnahme der Leuchtmasse aufweisen.

Zeitgleichung Der Unterschied zwischen der offensichtlichen *Sonnenzeit* (wie sie auf einer Sonnenuhr abzulesen ist) und der *mittleren Zeit* (der gemittelten Sonnenzeit). Da die Erde eine elliptische Umlaufbahn hat, beträgt der Unterschied zwischen der mittleren und der Sonnenzeit zwischen +14 Minuten und 59 Sekunden und -16 Minuten und 15 Sekunden. Sonnenzeit und mittlere Zeit stimmen am oder um den 15. April, 14. Juni, 1. September und 24. Dezember überein.

Zentralsekunde Ein Sekundenzeiger, der im Zentrum des Zifferblatts über dem Stunden- und Minutenzeiger aufgehängt ist.

Ziffernring Das kreisförmige Band, auf dem sich die Stundenindizes einer Uhr befinden. Der Ziffernring wird in der Regel nur dann erwähnt, wenn er klar vom übrigen Zifferblatt abgegrenzt ist – etwa besonders bedruckt, andersfarbig oder im Farbton abgesetzt. Bei antiken Klein- und Großuhren war der Ziffernring oft ein separater Metallring, der auf die Zifferblattoberfläche aufgesetzt wurde.

Zugfeder Sie stellt die Energie für die mechanische Uhr bereit. Die Feder wird meist über eine äußere Aufzugskrone oder bei älteren Uhren mit einem Schlüssel aufgezogen. Die Federkraft wird über das Räderwerk der Uhr freigesetzt, an dessen Ende sich die *Hemmung* befindet, die gemeinsam mit der *Unruh* die Geschwindigkeit regelt, mit der die Federkraft freigegeben wird.

ANMERKUNGEN

1900–1909

1 Georges-Frédéric Roskopf (1813–1889) wurde in Deutschland geboren, ließ sich aber 1829 in La Chaux de Fonds in der Schweiz nieder. Nach Abschluss einer Uhrmacherlehre und einigen Jahren Arbeit im Beruf entschloss er sich, eine neue Uhr für die arbeitende Bevölkerung zu konstruieren, die einfach, robust, zuverlässig und mit nur 20 Franken sehr günstig sein sollte. Die erste dieser Uhren kam 1867 heraus und bescherte Roskopf eine Bronzemedaille bei der Weltausstellung von Paris im selben Jahr.

2 D. R. Hoke, *The Time Museum Catalogue of American Pocket Watches*, Rockford, IL: Time Museum, 1991, S. 132.

3 Ebd., S. 106.

4 Ingersoll verkaufte gegen Ende des 19. Jahrhunderts Uhren für 1 $, daher wurde der Begriff »Dollar-Uhr« zum Synonym für billige Uhren aus maschinengestanzten Teilen.

5 M. Huber und A. Banbery, *Patek Philippe Genève: Wristwatches*, 2. Auflage, Genf: Patek Philippe, 1998, S. 63.

6 F. Chaille, *Girard-Perregaux*, Paris: Flammarion, 2004, S. 96.

7 K. H. Pritchard, *Swiss Timepiece Makers, 1775–1975*, Vol. 1, West Kennebunk, ME: Phoenix Publishing, 1997, S. E49.

8 F. Chaille und F. Cologni, *The Cartier Collection: Timepieces*, Paris: Flammarion, 2006, S. 112.

9 Sotheby's London, *The Celebration of the English Watch*, Part III, 15. Dezember 2016, S. 148.

10 T. Camerer Cuss, *The English Watch, 1585–1970*, Woodbridge: Antique Collectors' Club, 2009, S. 434.

11 K. H. Pritchard, *Swiss Timepiece Makers, 1775–1975*, Vol. 2, West Kennebunk, ME: Phoenix Publishing, 1997, S. L46–L47.

1910–1919

1 F. Chaille und F. Cologni, *The Cartier Collection: Timepieces*, Paris: Flammarion, 2006, S. 110.

2 F. von Osterhausen, *The Movado History*, Atglen, PA: Schiffer, 1996, S. 38.

3 »The Development of the Service Watch«, *Horological Journal* Vol. 60, Nr. 712, Dezember 1917, S. 41.

4 M. Friedman und S. Vivas, *Audemars Piguet: 20th Century Complicated Wristwatches*, Le Brassus: Audemars Piguet, 2018, S. 45–46.

5 »H. Williamson, Ltd.«, *Horological Journal*, Vol. 58, Nr. 691, März 1916, S. 98.

1920–1929

1 Patek Philippe Museum, *Patek Philippe Watches*, Vol. 2, Genf: Patek Philippe SA, 2013, S. 121.

2 Daten der Schweizerischen Uhrmacherkammer, wiedergegeben in E. Jaquet und A. Chapuis, *Technique and History of the Swiss Watch*, London: Hamlyn, 1970, S. 243.

3 J. Barracca, G. Negretti und F. Nencini, *Les Temps de Cartier*, Mailand: Publi Prom, 1993, S. 132.

4 Patek Philippe Museum, *Patek Philippe Watches*, Vol. 2, S. 274.

5 T. Camerer Cuss, *The English Watch, 1585–1970*, Woodbridge: Antique Collectors' Club, 2009, S. 425.

6 Ebd.

7 D. Boettcher, Double Case »Hermetic« Watches – Frederick Gruen (US) and Jean Finger (CH), www.vintagewatchstraps.com/waterproof.php#Hermetic, abgerufen am 3. Juni 2019.

8 J. Dowling und J. Hess, *The Best of Time: Rolex Wristwatches*, Atglen, PA: Schiffer, 2006, S. 42.

9 F. von Osterhausen, *The Movado History*, Atglen, PA: Schiffer, 1996, S. 74.

10 Aus einer Anzeige für die Ermeto, wiedergegeben ebd., S. 81.

11 H. Hampel, *Automatic Wristwatches from Switzerland*, Atglen, PA: Schiffer, 1994, S. 11.

12 R. W. Pipe, *The Automatic Watch*, London: Heywood & Co., 1952, S. 6.

1930–1939

1 Wertmäßig bedeutete dies einen Rückgang von 267 Millionen Franken im Jahr 1929 auf nur noch 71 Millionen Franken im Jahr 1932. Daten der Schweizerischen Uhrmacherkammer, wiedergegeben in E. Jaquet und A. Chapuis, *Technique and History of the Swiss Watch*, London: Hamlyn, 1970, S. 243.

2 H. Kahlert, R. Mühe und G. Brunner, *Wristwatches: History of a Century's Development*, 5. Auflage, Atglen, PA: Schiffer, 2005, S. 20.

3 J. Dowling und J. Hess, *The Best of Time: Rolex Wristwatches*, Atglen, PA: Schiffer, 2006, S. 79.

4 Zu dieser frühen Uhr mit Ewigem Kalender von Thomas Mudge siehe Sotheby's London, *Celebration of the English Watch Part II*, 7. Juli 2016, Lot 28.

5 Als erste Armbanduhr mit Ewigem Kalender gilt ein von Patek Philippe 1925 fertiggestelltes Exemplar (Nr. 97.975), das heute im Patek Philippe Museum in Genf ausgestellt ist.

6 S. Perman, *A Grand Complication: A Race to Build the World's Most Legendary Watch*, New York: Atria, 2013, S. 219.

7 Patek Philippe Museum, *Patek Philippe Watches*, Vol. 2, Genf: Patek Philippe SA, 2013, S. 153.

8 Dowling und Hess, *The Best of Time*, S. 112.

9 F. Chaille und F. Cologni, *The Cartier Collection: Timepieces*, Paris: Flammarion, 2006, S. 334.

10 D. Boettcher, The Omega Watches »Marine« and »Marine Standard«, *NAWCC Watch and Clock Bulletin*, Januar/Februar 2012, S. 37.

11 Ebd.

1940–1949

1 Chambre Suisse d'Horlogerie, »Rapport« Bericht von 1980, berechnet aus Tabellen wiedergegeben in D. Landes, *Revolution in Time: Clocks and the Making of the Modern World*, London: Viking, 2000, S. 424–25.

2 Ebd.

3 R. Meis, *A. Lange & Söhne: The Watchmakers of Dresden*, Genf: Antiquorum, 1999, S. 220.

4 Ebd., S. 218.

5 N. Foulkes, *Patek Philippe: The Authorized Biography*, London: Penguin, 2016, S. 190.

1950–1959

1 Beinhaltet gesamte Ausfuhren von Uhren und fertigen Werken; Quelle: Chambre Suisse d'Horlogerie, »Rapport« Bericht von 1980, berechnet aus Tabellen wiedergegeben in D. Landes, *Revolution in Time: Clocks and the Making of the Modern World*, London: Viking, 2000, S. 424–25.

2 M. Friedman und S. Vivas, *Audemars Piguet: 20th Century Complicated Wristwatches*, Le Brassus: Audemars Piguet, 2018, S. 131–32.

1960–1969

1 G. Rossier und A. Marquié, *Moonwatch Only: 60 Years of the Omega Speedmaster*, La Croix/Lutry: Watchprint, 2017, S. 27.

2 Ebd., S. 26–27.

1970–1979

1 Beinhaltet gesamte Ausfuhren von Uhren und fertigen Werken; Quelle: Chambre Suisse d'Horlogerie, »Rapport« Bericht von 1980, berechnet aus Tabellen wiedergegeben in D. Landes, *Revolution in Time: Clocks and the Making of the Modern World*, London: Viking, 2000, S. 424–25.

2 R. Good, »The Basle Fair: Year of the Quartz Crystal Watch«, *Horological Journal* Vol. 112, Mai 1970, S. 5.

3 Laut der offiziellen Hamilton Pulsar Pressemitteilung, wiedergegeben im *Horological Journal*, Vol. 113, Juli 1970, S. 14–15.

4 Ebd.

5 Antiquorum in Zusammenarbeit mit Omega, *Omegamania*, Genf: Antiquorum, 2007, S. 374.

6 F. Chaille, *Girard-Perregaux*, Paris: Flammarion, 2004, S. 119–20.

7 Werbeanzeige von Bulova, *Horological Journal*, Vol. 112, März 1970, S. 9.

8 M. Friedman und S. Vivas, *Audemars Piguet: 20th Century Complicated Wristwatches*, Le Brassus: Audemars Piguet, 2018, S. 229.

9 Ebd.

10 Ebd.

11 F. Müller, *Piaget*, New York: Abrams, 2014, S. 193.

12 Corum, ‚Introducing the Brand', www.corum-watches.com/en/the-watch-brand, abgerufen am 22. Januar 2019.

13 Übersetzung aus einem Tissot-Katalog in spanischer Sprache von 1969.

14 Modern Horology: »New from Basle – the Plastics Watch Has Arrived«, *Horological Journal*, Vol. 113, Nr. 11, Mai 1971, S. 8.

15 E. Hornby, *The Adventures of Edward Hornby*, Wellingborough: Skelton's Press, 1984, S. 34.

16 Auszug aus einem Artikel von George Daniels für den Sotheby's-Katalog zu *Important Clocks, Watches, Wristwatches and Barometers*, London, 22. Juni 1999.

1980–1989

1 ‚Jewellery, Watches and Accessories', *Horological Journal*, Juli 1980, S. 21.

2 G. Viola und G. Brunner, *Time in Gold: Wristwatches*, Atglen, PA: Schiffer, 1988, S. 219.3
Die Société Suisse pour l'Industrie Horlogère, bekannt unter der Abkürzung SSIH, war ein Zusammenschluss Schweizer Uhrenhersteller, der in den schweren Jahren nach dem Börsenkrach an der Wall Street von den Vorständen der Firmen Omega und Tissot gegründet wurde. Angesichts der gemeinsamen Interessen beider Firmen und zur Stärkung ihrer Marktposition entschloss man sich zu einer Kooperation auf der Handels- und Fertigungsebene und teilte Produktionstechniken und Uhrwerke. 1932 stieß der auf Komplikationsuhrwerke spezialisierte Hersteller Lemania dazu.

4 Die Allgemeine Gesellschaft der Schweizerischen Uhrenindustrie, bekannt unter der Abkürzung ASUAG, wurde 1931 während der Weltwirtschaftskrise nach dem Börsenkrach an der Wall Street gegründet und durch Schweizer Banken und die Schweizer Regierung gestützt. Die beiden wichtigsten Tochterunternehmen der ASUAG waren Ebauches SA, zu der Hersteller von Uhrwerken und Komponenten gehörten, und die General Watch Co., in der Hersteller von fertigen Uhren zusammengeschlossen waren. Zur Gruppe gehörte eine Vielzahl von Herstellern, wodurch die ASUAG in den 1970er-Jahren zum weltgrößten Hersteller von Uhren und Uhrwerken wurde.

5 Société de Microélectronique et d'Horlogerie, bekannt unter der Abkürzung SMH.

6 Angaben von M. Schmid und B. Müller für den Auktionskatalog *The History of Swatch Design: The Schmid & Müller Collection*, Sotheby's Genf, November 2015, S. 3, 10.

7 Ebd., S. 12.

8 R. Carrera, *Swatchissimo, 1981–1991*, Genf: Antiquorum, 1991, S. 79.

9 ‚Limited Edition Pop Art', *Horological Journal*, Mai 1988, S. 18.

10 Ebd.

11 R. Carrera, *Swatchissimo*, S. 368.

12 Ein Exemplar von Keith Harings Uhr wurde als Illustration von C. Pollan im Supplement des *New York Magazine* mit dem Titel *Christmas Gifts New York* (2. Dezember 1985) mit einer wie folgt zu übersetzenden Unterschrift abgebildet: »Keith Haring Swatch-Armbanduhr für rund 50 $ bei Bloomingdale's … Macy's … und Saks Fifth Avenue«.

13 R. Carrera, *Swatchissimo*, S. 381.

14 F. Cologni, *Secrets of Vacheron Constantin*, Paris: Flammarion, 2005, S. 163.

15 Jaeger-LeCoultre, Allgemeiner Katalog, 1993.

16 G. Pergola, S. Mazzariol und G. Dosso, *Rolex Daytona: A Legend is Born*, Prato: Vintage Watches, 2006, S. 238.

17 M. Friedman und S. Vivas, *Calendar Watches: Audemars Piguet*, Le Brassus: Audemars Piguet, 2018, S. 229.

18 Viola und Brunner, *Time in Gold*, S. 17; die Autoren geben einen Einzelhandelspreis von 400.000 DM an.

19 Das Jahr 1984 wird auf dem Umschlag der *Antiquarian Horology*, Vol. 17, Nr. 1, Herbst 1987 angegeben.

20 J. Knudsen, *The Jürgensen Dynasty: Four Centuries of Watchmaking in Two Countries*, Woodbridge: Antique Collectors' Club (?), 2013, S. 325.

21 N. Foulkes, *Patek Philippe: The Authorized Biography*, London: Penguin, 2016, S. 310–311.

1990–1999

1 T. Treffry, »Alain Silberstein, Watch Architect«, *Horological Journal*, Vol. 138, Nr. 4, April 1996, S. 126.

2 S. Urquhart, »A Tribute to Dr George Daniels«, verfasst für den Auktionskatalog *The George Daniels Horological Collection*, Sotheby's London, 6. November 2012, S. 81.

3 F.-P. Journe, »A Tribute to Dr George Daniels«, verfasst für *The George Daniels Horological Collection*, S. 85.

4 F. Chaille, *Girard-Perregaux*, Paris: Flammarion, 2004, S. 92.

5 A. Downing, »Franck Muller: Contentious Watchmaker«, *Horological Journal*, Vol. 140, Nr. 9, September 1998, S. 299.

6 A. Downing, »Luxury Mechanical Watches in Trouble«, *Horological Journal*, Vol. 138, Nr. 4, April 1996, S. 110.

7 Andersen Genève, »Heures du Monde/Worldtime Watches«, www.andersen-geneve.ch/world-time, abgerufen am 26. Januar 2019.

8 »On Show at Basel«, *Horological Journal*, Vol. 132, Nr. 11, Mai 1990, S. 369.

9 M. Friedman und S. Vivas, *Audemars Piguet: 20th Century Complicated Wristwatches*, Le Brassus: Audemars Piguet, 2018, S. 241.

10 Ebd.

BIBLIOGRAPHIE

Barracca, Jader, Giampiero Negretti und Franco Nencini, *Ore d'Oro, 2: orologi da polso – passione e investimento / Ore d'Oro, 2: Wrist Watches – Investment and Passion*, Mailand: Editoriale Wrist, 1987

Barracca, Jader, Giampiero Negretti und Franco Nencini, *Les Temps de Cartier*, 2. Aufl., Mailand: Publi Prom, 1993

Britten, F. J., *The Watch and Clock Makers' Handbook, Dictionary and Guide*, 10. Aufl., London: E. & F. N. Spon, 1902

Brunner, Gisbert und Christian Pfeiffer-Belli, *Swiss Wristwatches: Chronology of Worldwide Success*, Atglen, PA: Schiffer, 1991 (Deutsche Ausgabe: *Schweizer Armbanduhren: Chronologie eines Welterfolges; Swiss-Watch-Design in alten Anzeigen und Katalogen*, München: Callwey 1990)

Brunner, Gisbert, Christian Pfeiffer-Belli und Martin Wehrli, *Audemars Piguet: Masterpieces of Classical Watchmaking*, 2. Aufl., Le Brassus: Audemars Piguet, 2000 (Deutsche Ausgabe: *Audemars Piguet: Meisterwerke klassischer Uhrmacherkunst*, München: Callwey 1992)

Camerer Cuss, Terence, *The English Watch, 1585–1970*, Woodbridge: Antique Collectors' Club, 2009

Carrera, Roland, *Swatchissimo, 1981–1991*, Genf: Antiquorum, 1992

Chaille, François, *Girard-Perregaux*, Paris: Flammarion, 2004

Chaille, François und Franco Cologni, *The Cartier Collection: Timepieces*, Paris: Flammarion, 2006

Chapuis, Alfred und Eugène Jaquet, *The History of the Self-winding Watch, 1770–1931*, überarbeitete englische Ausgabe, übersetzt von R. Savarè Grandvoinet, Neuchâtel: Éditions du Griffon, 1956

Clerizo, Michael, *George Daniels: A Master Watchmaker and His Art*, London: Thames & Hudson, 2013

Cologni, Franco, *Jaeger-LeCoultre: The Story of the Grande Maison*, Paris: Flammarion, 2006 (Deutsche Ausgabe: *Jaeger-LeCoultre: die Geschichte der Grande Maison*, Paris: Flammarion, 2006)

Cologni, Franco, *Secrets of Vacheron Constantin*, Paris: Flammarion, 2005 (Deutsche Ausgabe: *Auf den Spuren von Vacheron Constantin: 250 Jahre Schweizer Uhrmacherkunst*, Paris: Flammarion 2005)

Daniels, George, *All in Good Time: Reflections of a Watchmaker*, überarbeitete Ausgabe, London: Philip Wilson, 2013

Dowling, James und Jeffrey Hess, *The Best of Time: Rolex Wristwatches*, 3. Aufl., Atglen, PA: Schiffer, 2006

Fallet, Estelle, *Tissot: The Story of a Watch Company*, Le Locle: Tissot, 2002 (Deutsche Ausgabe: *Roman einer Uhrenfabrik*, LeLocle: Tissot 2002)

Foulkes, Nicholas, *Patek Philippe: The Authorized Biography*, London: Penguin, 2016

Friedman, Michael und Sébastian Vivas, *Audemars Piguet: 20th Century Complicated Wristwatches*, Le Brassus: Audemars Piguet, 2018

Goldberger, John, *Longines Watches*, Bologna: Damiani, 2006 (Deutsche Ausgabe: *Longines Watches (dt.)*, Ulm: Ebner 2006)

Hampel, Heinz, *Automatic Wristwatches from Switzerland*, Atglen, PA: Schiffer, 1994 (Deutsche Ausgabe: *Automatic-Armbanduhren aus der Schweiz: Uhren, die sich selber aufziehen*, München: Callwey 1992)

Hornby, Edward, *The Adventures of Edward Hornby*, Wellingborough: Skelton's Press, 1984

Huber, Martin und Alan Banbery, *Patek Philippe Genève*, Zürich: Ineichen, 1982 (Deutsche Ausgabe: *Patek Philippe, Geneve / Martin Huber & Alan Banbery*, München: Huber 1993, 2. Aufl., Überarb.: Hans-F. Tölke)

Huber, Martin und Alan Banbery, *Patek Philippe Genève: Wristwatches*, 2. Auflage, Genf: Patek Philippe, 1998

Hoke, Donald Robert, *The Time Museum Historical Catalogue of American Pocket Watches*, Rockford, IL: The Time Museum, 1991

Isnardi, Alberto, *Tudor Anthology*, Novi Ligure: Isnardi, 2013

Jaquet, Eugène und Alfred Chapuis, *Technique and History of the Swiss Watch*, überarbeitete Ausgabe, London: Hamlyn, 1970

Kahlert, Helmut, Richard Mühe und Gisbert Brunner, *Wristwatches: History of a Century's Development*, 5. Aufl., Atglen, PA: Schiffer, 2005 (Deutsche Ausgabe: *Armbanduhren: 100 Jahre Entwicklungsgeschichte*. 5., erw. Aufl., Nachdr. der Ausgabe von 1996, München, Callwey 2001)

Knudsen, John, *The Jürgensen Dynasty: Four Centuries of Watchmaking in Two Countries*, Woodbridge: Antique Collectors' Club, 2013

Lambelet, Carole und Lorette Coen, *The World of Vacheron Constantin*, Lausanne: Éditions Scriptar, 1992 (Deutsche Ausgabe: *Die Welt von Vacheron Constantin*, Genève, Lausanne: Ed. Scriptar 1992)

Landes, David, *Revolution in Time: Clocks and the Making of the Modern World*, überarbeitete Ausgabe, London: Viking/Penguin Group, 2000

Lang, Gerd-R. und Reinhard Meis, *Chronograph: Wristwatches to Stop Time*, Atglen, PA: Schiffer, 1993 (Deutsche Ausgabe: *Chronographen, Armbanduhren: die Zeit zum Anhalten*, München: Callwey 1992)

Loomes, Brian, *Watchmakers and Clockmakers of the World: Complete 21st Century Edition*, London: NAG Press, 2006

Loring, John, *Tiffany Timepieces*, New York: Abrams, 2004

Marchenoir, Julien, *Treasures of Vacheron Constantin*, Paris: Éditions Hazan, 2011

Marozzi, Daria und Gianluigi Toselli, *Longines*, Bologna: Edizioni Giada, 1990

Meis, Reinhard, *A. Lange & Söhne: The Watchmakers of Dresden*, trans. Alan Downing, Genf: Antiquorum, 1999 (Deutsche Ausgabe: *A. Lange & Söhne: eine Uhrmacherdynastie aus Dresden*, München: Callwey 2011)

Mondani, Franca und Guido Mondani, *100 Years of Rolex, 1908–2008*, Genf: Guido Mondani Editore & Ass., 2008

Müller, Florence, *Piaget: Watchmakers and Jewellers since 1874*, New York: Abrams, 2014

Osterhausen, Fritz von, *The Movado History*, Atglen, PA: Schiffer, 1996 (Deutsche Ausgabe: *Die Movado History*, München: Callwey 1996)

Patek Philippe Museum, *Patek Philippe Watches*, 2 Bde., Genf: Patek Philippe, 2013

Pergola, Carlo, Stefano Mazzariol und Giovanni Dosso, *Rolex Daytona, dalla nascita al mito: un viaggio tra tecnica e stile / Rolex Daytona, a Legend is Born: A Journey through the Techniques and Style*, Prato: Vintage Watches, 2006

Perman, Stacy, *A Grand Complication: The Race to Build the World's Most Legendary Watch*, New York: Atria International, 2013

Pritchard, Kathleen, *Swiss Timepiece Makers, 1775–1975*, 2 Bde., West Kennebunk, ME: Phoenix, 1997

Randall, Anthony, *The Time Museum Catalogue of Chronometers*, Rockford, IL: The Time Museum, 1992

Rossier, Grégoire und Anthony Marquié, *Moonwatch Only: 60 Years of Omega Speedmaster*, überarbeitete Ausgabe, La Croix/Lutry: Watchprint.com, 2017

Rudoe, Judy, *Cartier, 1900–1939*, London: British Museum Press, 1997

Sala, Pietro Giuliano, *Universal Watch Genève: Chronographs and Complicated Wristwatches*, Cassina de Pecchi: Vallardi, 2010

Schmidt, Ryan, *The Wristwatch Handbook: A Comprehensive Guide to Mechanical Wristwatches*, Woodbridge: Antique Collectors' Club, 2016 (Deutsche Ausgabe: *Armbanduhren: Technik – Funktionen – Design*, München: Deutsche Verlags-Anstalt 2017)

Skeet, Martin und Nick Urul, *Vintage Rolex Sports Models*, 3. Aufl., Atglen, PA: Schiffer, 2008 (Deutsche Ausgabe: *Klassische Rolex-Sportuhren: alle Modellreihen seit 1952*, Königswinter: Heel 2011)

Sotheby's London, *George Daniels Retrospective Exhibition, 18–23 July 2006: Sotheby's in Association with Bobinet*, Ausstellungskatalog, Sotheby's London, 2006

Thompson, David, *Watches*, London: British Museum Press, 2008

Tölke, Hans-F. und Jürgen King, *IWC: International Watch Co., Schaffhausen*, Zürich: Ineichen, 1987 (Deutsche Ausgabe ebd, 1986)

Viola, Gerald und Gisbert Brunner, *Time in Gold: Wristwatches*, Atglen, PA: Schiffer, 1988 (Deutsche Ausgabe: *Zeit in Gold: Armbanduhren*, München: Signum 1988)

Wesolowski, Zygmunt M., *A Concise Guide to Military Timepieces, 1880–1990*, Marlborough, Wilts: The Crowood Press, 1996

ZEITSCHRIFTEN

Horological Journal: Vol. 58, Nr. 691 (März 1916); Vol. 60, Nr. 712 (Dezember 1917); Vol. 112 (März 1970); Vol. 113 (Juli 1970); Vol. 138, Nr. 4 (April 1996); Vol. 140, Nr. 9 (September 1998)

NAWCC Watch and Clock Bulletin, Januar/Februar 2012

AUKTIONSKATALOGE

Antiquorum Genève, *Important Modern and Vintage Timepieces*, 11. November 2012

Antiquorum Genève, *The Magical Art of Cartier*, Antiquorum/Étude Tajan, 19. November 1996

Antiquorum Genève, *Omegamania: Thematic Auction*, 14–15 April 2007

Antiquorum Geneva, *The Quarter Millennium of Vacheron Constantin*, 3. April 2005

Antiquorum Hong Kong, *Important Collectors Wristwatches, Pocket Watches*, 23. April 2006

Antiquorum Hong Kong, *Important Modern and Vintage Timepieces*, 22. Februar 2014

Antiquorum New York, *Important Collectors Wristwatches, Pocket Watches*, 18. Juni 2008

Bonhams, *Fine Jewellery*, London, New Bond Street, 9 Dezember 2010

Bonhams, *Fine Watches and Wristwatches*, London, New Bond Street, 20. Juni 2018

Bonhams, *The First World War Centenary Sale*, London, Knightsbridge, 1. Oktober 2014

Bonhams, *Sports, Competition and Collectors' Motor Cars, F1 Memorabilia, Automobilia and Models*, Chichester, Goodwood, 24. Juni 2005

Bonhams, *Watches and Wristwatches*, London, Knightsbridge, 16. September 2014

Bonhams, *Watches and Wristwatches*, London, 22. November 2016

Sotheby's Geneva, *A Collection of 69 Exceptional 20th Century Watches*, 13. Mai 2003

Sotheby's Geneva, *Exceptional Wristwatches*, 17. Mai 2004

Sotheby's Geneva, *Important Watches*, various, 1999–2019

Sotheby's Geneva, *Important Watches Including the Highly Important Henry Graves Jr Supercomplication*, 11. November 2014

Sotheby's Geneva, *The Yellow Gold Calibre 89: Patek Philippe's Most Complicated Watch*, 14. Mai 2017

Sotheby's Geneva, *Magnificent Jewels and Noble Jewels*, 17. Mai 2011; 16. Mai 2017

Sotheby's Geneva, *Important Watches*, various, 2002–2019

Sotheby's London, *The Celebration of the English Watch, Part I* (15. Dezember 2015); *Part II* (7. Juli 2016); *Part III* (15. Dezember 2016); *Part IV* (6. Juli 2017)

Sotheby's London, Fine and Important Watches auctions, including those held in conjunction with the Clock, Barometer and Scientific Instrument Departments 1997–2019

Sotheby's London, *Fine Timepieces Including George Daniels Masterpieces*, 19. September 2017

Sotheby's London, *The George Daniels Horological Collection*, 6. November 2012

Sotheby's London, *Fine Jewels*, 11. Juni 2015

Sotheby's New York, *Important Watches*, various, 2002–2019

Sotheby's New York, *Masterpieces from the Time Museum*, 2. Dezember 1999

Sotheby's New York, *Masterpieces from the Time Museum, Part Four, Vol. III*, 14–15. Oktober 2004

Sotheby's New York, *Watches from the Collection of the Late Reginald H. Fullerton, Jr. and his Grandfather Henry Graves, Jr.*, 14. Juni 2012

Sotheby's New York, *Magnificent Jewels*, 19 April 2016; 8. Dezember 2016

WEBSITES

www.acollectedman.com
www.ahsoc.org
www.antiquorum.swiss
www.blackbough.co.uk
www.bonhams.com
www.christies.com
www.hodinkee.com
www.nawcc.org
www.phillips.com
www.sothebys.com
www.vintagewatchstraps.com

DEUTSCHSPRACHIGE UHRENWEBSITES

Armbanduhren Magazin online (Online-Auftritt Uhrenzeitschrift): www.armbanduhren-online.de

Chronometrophilia (Schweizerische Vereinigung der Uhrenfreunde) www.chronometrophilia.ch

Dg-chrono (Gesellschaft für Chronometrie) www.dg-chrono.de

Faszination Uhrwerk (Informationen und Bildmaterial über Uhrwerke): www.faszination-uhrwerk.de

Uhren-Muser (Händler und Auktionen) www.uhren-muser.de

Watchtime.net (Magazin mit Fachbeiträgen, Firmenporträts und Tests): www.watchtime.net

Watch-Wiki (Uhrenlexikon): watch-wiki.org/index.php?title=Hauptseite

DANKSAGUNG

Ein Projekt wie dieses wäre undenkbar ohne die Hilfe einer Fülle von Personen. Der allererste Dank gebührt jedoch Adam Withington, ohne dessen uneingeschränkte Unterstützung, Ermutigung und Geduld dieses Buch niemals das Licht der Welt erblickt hätte. Besonders dankbar bin ich meinem Bruder Oliver Barter, der gemeinsam mit dem übrigen Team bei Prestel entscheidenden Anteil an der Verwirklichung des Buches hatte: Meine Redakteure Lincoln Dexter und Anna Godfrey, Lektorin Aimee Selby und Produktionsmanagerin Friederike Schirge sowie Peter Dawson und Alice Kennedy-Owen von Grade Design haben unermüdlich an der Realisierung gearbeitet.

Sotheby's hat den weit überwiegenden Anteil an Fotografien für dieses Buch beigesteuert, wofür ich dem Haus meinen herzlichen Dank aussprechen möchte. Da ich selbst für einige Jahre bei Sotheby's arbeiten durfte, war die Zusammenarbeit mit alten und neuen Kollegen ein besonderes Vergnügen beim Schreiben dieses Buchs. Daryn Schnipper, die das Vorwort zu diesem Buch verfasst hat, ist eine der ganz Großen in der Welt der Uhren; die jetzige Chefin der Uhrenabteilung von Sotheby's ist seit über 20 Jahren eine Freundin und Mentorin für mich, und ihre Unterstützung meiner Arbeit an diesem Buch war von unschätzbarem Wert. Mit bewundernswerter Geduld haben mich die Mitarbeiter von Sotheby's dabei unterstützt, Bildmaterialien von weltweiten Auktionen der letzten beiden Jahrzehnte zusammenzutragen, daher möchte ich allen danken, die ich unablässig mit Fotowünschen behelligt habe; ebenso möchte ich mich bei den Sotheby's-Uhrenabteilungen in London, New York, Genf und Hongkong bedanken. Neben Daryn Schnipper möchte ich mich ausdrücklich bedanken bei Joanne Albertyn, Caitie Barrett, Benoît Colson, Charlie Foxhall, Jennifer Laster, David Mountain, Geraldine Nager, Sarah Soulen, Janet Tham, Katharine Thomas, Barbara Waginski, Douglas Walker, Tiffany Yeung sowie den Sotheby's Digital Images-Teams in London und New York. Ebenso zu großem Dank verpflichtet bin ich der Schar von hervorragenden Fotografen bei Sotheby's. Da dieses Buch eine Fülle von Fotografien aus Auktionen der vergangenen 20 Jahre enthält, stammen die Fotos von vielen unterschiedlichen Fotografen, mein besonderer Dank gilt Jasper Gough, Amanda Harvey und Ed Parrinello, die über die Jahre viele Tausend Uhren für Sotheby's-Auktionen angefertigt haben.

Auch andere Auktionshäuser haben freundlicherweise Bildmaterial für dieses Buch bereitgestellt, dafür bedanke ich mich herzlich bei Julien Schaerer von Antiquorum Genève, Bryony Bedingham, Jonathan Darracott, Charles Dower und Penelope Morris von Bonhams und Carl Palmegren von Bukowskis. Herzlich bedanken möchte ich mich auch bei der Faerber Collection; JD Clerc und Tim Fischer von galerie123.com; Sian Griffiths; Anthony Kingsley; Nathalie Marielloni; Stefano Mazzariol und Virginia Giansoldati von mazzariolstefanolibrary.com; sowie bei der Stephen Russell Collection NYC.

Auch viele Uhrenhersteller haben ihre Zeit für mich geopfert und mir Informationen und Bildmaterialien zur Verfügung gestellt, daher möchte ich folgenden *maisons* und Einzelpersonen danken, die meine vielen Anfragen so geduldig beantwortet haben: Raphaël Balestra, Dave Grandjean, Michael Friedman und Sébastian Vivas bei Audemars Piguet; Paula Cost bei Bulova; Jennifer Bochud und Stéphanie Lachat bei Longines; Phillipa James bei Movado; der internationalen Presseabteilung von Omega; Elia Cottier, Sylvie Dricourt und Peter Friess bei Patek Philippe; Alain Borgeaud bei Piaget; Dr. Roger Smith OBE bei Roger W. Smith; Faye Lovenbury bei Seiko; Priscila Viana bei Swatch; Lysiane Blanchet, Sigrid Offenstein und Christian Selmoni bei Vacheron Constantin sowie Catherine Cariou und Julien Marchenoir bei Van Cleef & Arpels.

ÜBER DEN AUTOR

Alexander Barter beschäftigt sich seit mehr als zwei Jahrzehnten beruflich mit antiken Uhren. 1996 kam er zur Uhrenabteilung von Sotheby's, wo er zunächst in London und später in Genf tätig war. Auf zahlreichen Reisen hat er Uhren auf der ganzen Welt in Augenschein genommen und bewertet. 2005 wurde er zum stellvertretenden Chef der weltweiten Uhrensparte von Sotheby's berufen, bevor er 2009 sein eigenes Unternehmen Black Bough mitbegründete. Barter ist Berater für Sotheby's, Mitglied der *Antiquarian Horological Society* und Ehrenmitglied der *Worshipful Company of Clockmakers*, der weltweit ältesten Gesellschaft für Uhren und Zeitmessung.

BILDNACHWEIS

O = oben; U = unten; M = Mitte, L = links; R = rechts; OL = oben links, OR = oben rechts; UL = unten links; UR = unten rechts

© Antiquorum Genf, www.antiquorum.swiss: S. 74L, 187M, 222L, 227L

© Audemars Piguet, www.audemarspiguet.com (Fotografin: Karin Creuzet): Frontispiz, S. 42O, 42M, 42UL, 42UR, 65R, 67, 177, 240L, 240R, 290

© Black Bough, www.blackbough.co.uk: S. 10L, 16L, 16R, 48O, 50, 72, 73, 73U, 76L, 76R, 79R, 87R, 91O, 91U, 99, 100, 120R, 124O, 126L, 126R, 130, 136L, 136R, 137U, 143R, 146L, 146R, 147L, 148O, 152R, 153, 155, 156L, 156R, 160L, 160R, 161O, 166, 178L, 178R, 181R, 196L, 196R, 217, 217R, 223, 226L, 227R, 246L, 246R, 247L, 247R.

© Bonhams, www.bonhams.com: S. 48U, 54R, 152L, 207U, 237R, 316L

© Bukowskis, www.bukowskis.com: S. 171

© Galerie 123 Genf, www.galerie123.com: S. 8, 80

© Compagnie des Montres Longines Francillon SA, www.longines.com: S. 28, 96, 97

© Omega, www.omegawatches.com: S. 118

© Patek Philippe, www.patek.com: S. 44L, 44R, 69, 108OL, 108OR, 108UL, 108UR, 167L, 203R, 224, 285L, 285R

© Piaget, www.piaget.com: S. 192 (Archives Piaget), 194 (Fotograf: Fabien Cruchon)

© Seiko, www.seikowatches.com: S. 199R

© Sotheby's, www.sothebys.com: Umschlagbild, S. 4, 7, 10 R, 11, 12, 13, 14L, 14R, 15L, 15R, 17, 18, 19O, 19U, 20O, 20U, 21L, 21M, 21R, 22L, 22R, 23L, 23R, 24, 25, 27O, 27U, 30, 31L, 32L, 32R, 33O, 33U, 34, 35O, 35U, 36L, 36R, 37O, 27R, 37U, 38L, 38R, 39L, 39R, 40, 41, 43, 45, 46, 47O, 47UL, 47UR, 49O, 54L, 55, 56, 57, 58O, 58U, 59L, 59R, 60, 61L, 61R, 62L, 63, 64L, 64R, 65L, 66O, 66U, 68L, 68R, 70, 71L, 71R, 74R, 78, 79L, 82, 84O, 84U, 85L, 85R, 86, 87L, 88O, 88U, 91M, 92, 93L, 93R, 94, 95O, 95U, 98, 101, 102, 103, 104L, 105, 107, 109O, 109UL, 109UR, 110, 111, 112OL, 112OR, 113, 114, 115, 117O, 117U, 120L, 121, 122L, 122R, 123, 127L, 127R, 128, 129, 131O, 131U, 132, 133L, 133R, 134O, 134U, 135O, 135U, 137O, 138, 139, 140, 141, 142, 143L, 144, 145, 148U, 149O, 149UL, 149UR, 154, 157, 158O, 158UL, 158UR, 159, 161U, 162, 163L, 163R, 164, 165, 167R, 168, 169, 170L, 170R, 172, 173, 174, 175, 176, 179O, 180O, 180U, 181L, 182, 183, 184, 185L, 185R, 186O, 186U, 187L, 188, 189R, 190–91, 195L, 195R, 197L, 197R, 198, 199L, 200O, 200U, 201, 202, 203L, 204, 205L, 205R, 206L, 206R, 207O, 208, 209, 210, 211L, 211R, 212, 213, 214, 215, 216, 219L, 219R, 220, 221, 222R, 226R, 228L, 228R, 229L, 229R, 230L, 230R, 231O, 231U, 232, 233O, 233U, 234L, 234R, 235, 236L, 236R, 237L, 238, 239, 241, 242L, 242R, 243, 244, 245, 248O, 238U, 252, 253, 254L, 254R, 255, 256L, 256R, 257O, 257U, 258L, 258R, 259, 260, 261, 264, 265L, 265M, 265R, 268L, 268M, 267R, 269, 270L, 270R, 271, 272, 273, 274, 275, 276L, 276R, 277, 278, 280, 281, 282L, 282R, 283L, 283R, 284, 286, 287, 288, 289, 292L, 292R, 293L, 293R, 294L, 294R, 295, 296L, 296R, 297, 298, 299, 300L, 300R, 301L, 301R, 302, 303, 304, 305L, 305R, 306, 307, 308, 309, 310L, 310R, 311, 312, 313, 314, 315, 316R, 317L, 317R, 319, 320, 321, 322

© Stefano Mazzariol, www.mazzariolstefanolibrary.com: S. 52, 75L, 75R

© Swatch, www.swatch.com: S. 263L, 263M, 263R, 266, 267L, 267M, 267R

© Vacheron Constantin, www.vacheron-constantin.com: 3R, 51, 62R, 83O, 83U, 90L, 90R, 104R, 124U, 125O, 125U, 187R, 189L, 279

© Van Cleef & Arpels, www.vancleefarpels.com: S. 116L, 116r

Historische Abbildungen: S. 49U, 77, 89, 147R, 150, 179U, 218, 250

Kalibernummern und Größe in *Linien* der Uhrwerke wurden, soweit bekannt, in die Bildunterschriften aufgenommen. In Fällen, in denen die jeweilige Uhr nicht zugänglich war und das Kaliber oder die Größe in *Linien* nicht nachgeprüft werden konnten, wurde auf diese Informationen in den Bildunterschriften verzichtet. Die Datumsangaben in den Bildunterschriften beziehen sich jeweils auf Herstellung oder Verkauf der abgebildeten Uhr und, sofern nicht ausdrücklich angegeben, nicht auf das Datum der Markteinführung eines Modells.

REGISTER

Kursive Seitenzahlen verweisen auf Abbildungen.

A. Lange & Söhne *siehe* Lange & Söhne, A.
Aegler 92
Agam, Yaacov *265*, 266
Agassiz 104
AHCI (Académie Horlogère des Créateurs Indépendants) 261
Alain Silberstein 293–294, *293*
Albert, Gilbert 200, *200–201*, 203, *203*, 206, *207*
Alix, Louis 114, 115
Andersen, Svend 261, 316, *316*
Arbib, Richard 162
Art déco 34, 54, 60, 64, 76, 88, 90, 287, 294, 296, 300, 301, 310
Art nouveau 10, 12, 18
ASUAG (Allgemeine Gesellschaft der Schweizerischen Uhrenindustrie) 261
Audemars Piguet *2*, *42*, 43, 44, *58*, 65, *65–67*, 66, 68, *98*, 127, *129*, 159, 160, *160*, 170, 176–178, *177*, *195*, 215–217, *216*, 229, 231, 234–235, *234*, 238, 240, *240–241*, 260–261, *261*, 270, *270–271*, 274, *275*, 276–278, *278*, *290*, 300, *300*, 310, *310*, 320, *320*

Battelle Institute 228
Baumburger, Peter 280–282
Belle Époque 10, 12
Berney, Wilfred 240
Beyner, André 260
Biver, Jean-Claude 273
Blancpain 79, 164, *164*, 261, 273, *273*
Blockley, Herbert 71
Borer, Émile 92
Borgel *48–49*, 50, 72, *72*, 75, 122
Botly & Lewis 72
Boucheron 18
Brancusi, Constantin 200
Breguet *10*, 12, 64, *64*, 78, *102–103*, 103, 170, *170*, 249, 258, *259*, 261, 282, 298, 300, *300*, *302–303*, 303, 310, *310*
Breitling 168, *170*, 212, 213, 236, 237, *238*, 246
Buclin, Paul 285
Bulgari 205, *205*
Bulova 198–199, 222, *222*, 223, 229
Buren 187

Calabrese, Vincent 261
Carrier-Belleuse, Albert-Ernest 18
Cartier 17, 32, 34, *34–35*, 36, *39–40*, 41, *41*, 54, *56*, *58–59*, 60–63, *61–63*, *84–85*, 88, 94, 110, 112, *112*, 114, *114*, 116, *117*, *128*, 130, *131*, 148, *148*, *158*, 203, *203*, 254, *254*, 256, *256*, *258*, 265, 300, *301*, 306, *306*, 317, *317*
Centre Electronique Horloger (CEH) 199, 228, 232
Chapiron, Christian (‚Kiki Picasso') 266, *266*
Charles Frodsham 22–23, *22*
Chaumet, Jacques und Pierre 258
Chauvot, René-Alfred 88
Chopard 268, *268*
Clutton, Cecil 249
Concord *228*
Cooper, Gordon 211
Corum 231, *231*, 242, *244*, 252, *252*
Cottier, Louis-Vincent 104–105, 166, 316
Cousteau, Jacques 152, 164
Cutts, Harry 79
Cyma 126, *126*

Daniels, George 6, *7*, *248*, 249, 280–282, *280–281*, 297–298, *298*
Dimier, George 90
Dimier, Jacqueline 240
Ditisheim, Paul *21*
Dufour, Philippe 261, 318, *319*
Dunhill *54*

Ebauches SA 199, 228–229
Eisele, Don *210*, 211
Electro/Data Inc. 226
Elgin National Watch Company 10
ETA 228–229, 262, 293, 297
Eterna 17, 146, *146*
European Watch & Clock Co. *56*, *59*, *61–63*, *84–85*, *114*
Exposition Internationale des Arts Décoratifs (1925, Paris) 60

Favre-Leuba 88, 219, *219*
Felsa 147
Finger, Jean 72, *73*, 75
Folin, Jean-Michel 266, *267*
Fouquet, Georges 36, *36*
Fremont, Vincent 265

Gagnan, Émile 152
Gallet & Co., 126
Gay Frères 130, *133*
Genbrugge, Lucie und Jean 294, *294*
Genta, Gérald *202*, 203, 229, 234, 235, 254, 276, *276*
Girard-Perregaux 17, 223, *226*, 228, 303, *304*
Gleitze, Mercedes 75
Golay Fils & Stahl *14*
Golay, Georges 234, 240
Golay, Jean-Daniel 240
Gondolo & Labouriau 54–59, *57*
Graff, John 18, *18*
Graves, Henry Jr 66, 106, 285
Grima, Andrew 206, *207*
Grimm, Maurice 260
Grinberg, Gedalio 265
Gruen, Frederick 72
Gübelin *58*, 66–68, *67*
Gueit, Emmanuel 320
Gueit, Jean-Claude 242

Haas Neveux & Cie 36, *38*, *65*
Hamilton 88, *150*, 162, *162–163*, 212–213, 223, 226–227, *226–227*
Haring, Keith 266, *267*
Harrods *49*
Harwood, John 79, *79*, 82, 92, 93, 146
Hauser-Zivy 36
Hayek, Nicholas 261
Henri Sandoz & Fils 14, *15*
Henri Stern Watch Agency 143–144
H. Moser & Cie 43, *43*, 46, *46*
Hetzel, Max 222
Heuer 211–213, *211–212*, 236, *236*, 246
Hillary, Sir Edmund 153
Hornby, Edward 249
Huguenin Frères & Cie 76, 188, *190–191*
Husson, Henri *15*, 16
Hysek, Jörg 229, 296

Ingersoll 328 Anm. 4
Internationale Meridiankonferenz (1884) 26
International Watch Company (IWC) 182–183, *182–183*, 185, 199, 221, 229, *234*, 235, 252, *253*, 256, *256*, 276, *277*, 292, 306, *307*, 310–313, *312–313*
Investcorp 258
IWC *siehe* International Watch Company

Jaeger, Edmond 114
Jaeger-LeCoultre 82, 85, 88, *88–89*, 94, 116, 130, *131*, *133*, 147, *147*, *180*, 181, 185, *185*, 186, *187*, *220*, 221, 229, 235, 240, 254, 270, *270*, *292*, 293, 316–317, *317*
Journe, François-Paul 261, 298, *299*
Jump & Sons 12, *14*
Junghans 134

Lange & Söhne, A. 134–135, *135*, 137, *137*, 292, *292*, 303–305, *305*
Lange, Walter 292
Le Phare 24, *25*, *229*
LeCoultre *siehe* Jaeger-LeCoultre

LeCoultre, Jacques-David 88
Lemania 236
Léon Hatot SA *31*, *59*, 92
Lindbergh, Charles 96
Lip 223, 260
Longines 18, *20*, *28*, *33*, 36, *37*, 60, *60*, *72*, 96, *96–97*, 134, *134*, 137, *137*, 147, 155–156, *156*, 196, *196*, 222–223, *223*

Malle, Louis 152
Meylan, Charles-Henri 23, *23*, 24
Mido *54*
Miró, Joan 293
Mock, Elmar 262
Mondrian, Piet 200
Moretti, Raymond 268
Movado 32–34, *32–33*, 76, *76–77*, *85*, 90, *91*, *130*, *143*, 144, 149, 178, *178*, 181, *181*, *219*, 221, *264–265*, 265–266
Mudge, Thomas 103, 297, 325
Müller, Bernard 262
Muller, Franck 294, *294*, 296, 310, *311*
Müller, Jacques 262

NASA 208–211
Newman, Paul 208
Norgay, Tenzing 153

Omega 6, 12, *12*, 46, *47*, 82, 114–115, *115*, *118*, 120–122, 136, *136*, 137, 144, 146–147, *147*, 155–156, *155*, *157*, 170, *171*, 178, *178*, 185, *185*, 196, *196*, 199, 206, *207*, 208–211, *210*, 217, *217*, 228, *228*, 230–231, *231*, 232, *232*, 236–237, *237*, 260, 261, 273, 297, *297*

Packard, James Ward 66, 106
Paillet, Fernand 18, *19*, *20*
Pan American Airways 167
Panerai 134–136, *135*, 320–323, *321–322*
Patek Philippe *11*, 12, *13*, 14, *30*, *35*, 41, 43, 44–45, *44–45*, 54–59, *55*, *57*, 66, 68–69, *68–69*, 78, 82, *82*, *87*, 88, 94, *94–95*, 104, 105, *105*, 106, *107–109*, *111*, 112, *113*, *120–122*, 127, *127–128*, 130, *132–133*, 140, *141–142*, 143, 148, *149*, *158*, 159, 160, 166–167, 168, *167–168*, 173–176, *174–175*, 186, *186*, 188, *189*, 196–198, *198–199*, 199, 200, *200–201*, *203*, 206, *206*, 215, *214–215*, *224*, 229, 233, *233*, 234–235, *235*, 237–238, 242–244, *245*, 254, *254–255*, 260, *268*, 274–276, *274*, *276*, *284–289*, 285–287, *293*, 308, *308*, 313, *314–315*, 316
Pellaton, Albert 183
Perpetual Selfwinding Watch Company 79

Perregaux, Paul 75
Perrelet, Abraham-Louis 78
Perret, Georges 75
Philippe, Adrien 78
Piaget 187, *192*, 194, *194–195*, 199, *204*, 205, 228, 242–244, *242–243*, 256–258, *258*
Piccard, Jacques 219
Piguet, Frédéric (Louis-Elysée) 273, 282, *283*, 310
Piguet, Jacques 273
Porsche, Ferdinand Alexander 256
Pratt, Derek 280–282, *282–283*

Record 160, *161*
Recordon, Spencer & Perkins *78*
Richemont Group 298, 323
Rochat, Michel 240
Rolex 31–32, *32*, *52*, 72, 74–75, *74–75*, 82, 90, *91*, 92–93, *93*, 100, *101*, 104, 110, *110*, 120, *120*, *122–123*, 125, 136, 139, *139–140*, 144, *144–145*, 146, 152–155, *152*, *154*, 164, *165*, 167, *167*, 168, *169*, 173, *172–173*, 178, *179*, 183–185, *184*, 188, *188*, 196, *197*, 199, *202*, 203, 208, *208–209*, 217, *218*, 219, 221, *221*, 230, *230*, 233, *233*, 237, 238, *239*, 256, *257*, 268, *268*, 270–272, *272*, 296, *296*, 308, *309*
Rolls 92, *92*, 93
Rolls-Royce 231, *231*
Roskopf 10

Santos-Dumont, Alberto 17
Scandinavian Airlines (SAS) 160
Scheufens, Gerhard 282
Schild SA 79
Schirra, Walter 208
Schmid, Marlyse 262
Schmitz Frères & Cie 126
Schnyder, Rolf 258–260
Seeland *18*
Seiko 199, *199*, 212, 213
Sekonda 227–228, *227*
Simpson, Wallis, Duchess of Windsor 116
SMH (Société de Microélectronique de d'Horlogerie) 261
Smith, Roger 297
Sprecher, Franz 262
SSIH (Société Suisse pour l'Industrie Horlogère) 261
Stern Frères 106, 188, *189*
Stern, Charles und Jean 106
Stern, Henri 200
siehe auch Henri Stern Watch Agency

Stern, Philippe 285
Studer, Max 285
Swatch Group 261, 262, 297, 298
Swatch-Uhren *250*, 262, *263*, 266, *266–267*, 293

Texina 90, *91*
Thomke, Ernst 262
Thompson, George 44–45
Tiffany & Co. 18, *20*, 215
Tissot *80*, *100*, *124*, 166, *166*, 246–247, *246–247*, 261
Touchon *64*
Trey, César de 88
Tudor 153, *152–153*

Ulysse Nardin 258–260, *260*, *295*, 296
Universal Genève *87*, *99*, 100, *138*, 139, 143–144, *143*, 160, *160*, 187
Urban Jürgensen & Sønner 282, *282–283*
Urquhart, Stephen 297
Usher & Cole *70–71*, 71

Vacheron Constantin *4*, *31*, 51, *51*, *62*, *66*, 82, *82–83*, *86*, 88, 90, *90*, 104–105, *104*, 112, *112*, 125, *124–125*, 127, 159, *159*, 160, *161*, *176*, 187, *187*, *189*, 229, *229*, 238, 268, *269*, 278, *279*, 294, *294*, 296–297, *296*, 300–301, *301*, 316, *316*
Van Cleef & Arpels 82, 116, *116–117*
Vendôme Group *siehe* Richemont Group
Vergely, Joseph 36
Verger Frères 18, *20*, *62*, 82, *82–83*, 90, *90*
Victorin Piguet & Cie 43, 45, *44–45*, *68–69*, 69, 103, *102–103*
Vuffray, Georges 228
Vulcain 180, *181*

Wall-Street-Börsenkrach (1929) 59, 79, 82, 87, 106
Walsh, Don 219
Waltham 10, *10*
Warhol, Andy 76, *264*, 265–266
Weems, Philip Van Horn 96, 134
Weltkrieg, Erster 6, 17, 32, 34, 44, 48–51, 79
Weltkrieg, Zweiter 105, 112, 120, 134–137, 152, 182, 323
Willis, T. J. 22
Wilsdorf, Hans 72, 75, 120, 153

Yokoo, Tadanori 266, *267*

Zenith 212–213, *213*, *217*, 236, *236*, 272, 282

Foto Covervorderseite: Patek Philippe Calatrava Ref. 96,
hergestellt 1941 (siehe S. 120/121).
© Sotheby's, Foto: Jasper Gough

Projektleitung: Lincoln Dexter, Anna Godfrey / Sabine Schmid
Übersetzung aus dem Englischen: Ansgar Knirim, Münster
Lektorat: Aimee Selby / German Neuendorfer
Register: Christoper Phipps
Gestaltung Einband und Layout: Peter Dawson,
Alice Kennedy-Owen, gradedesign.com /
Sofarobotnik, München & Augsburg
Satz: Weiß-Freiburg GmbH — Grafik und Buchgestaltung
Herstellung: Friederike Schirge
Lithographie: Reproline Mediateam, Unterföhring
Druck und Bindung: DZS Grafik, d.o.o., Ljubljana
Papier: Profisilk

MIX
Paper from responsible sources
FSC® C106600

Penguin Random House Verlagsgruppe FSC® N001967

Printed in Slovenia

ISBN 978-3-7913-8812-0

www.prestel.de